Galápagos

Scienza e società

Via Mercalli 14, 20122 Milano (Italy)
tel. 02 58 45 981 – fax 02 58 45 98 96
info@sironieditore.it
www.sironieditore.it

Sironi Editore è un marchio di Alpha Test S.r.l.

Progetto grafico, composizione e impaginazione: Sironi Editore, Milano
Progetto grafico di copertina a cura dell'Ufficio grafico Alpha Test-Sironi
Immagine tratta da *Least Wanted: A Century of American Mugshots*
Copyright © 2006 Mark Michaelson
www.leastwanted.net

L'autrice ringrazia Innocemce Project e la Fondazione Armenise-Harvard per la Science Writer Fellowship, che le ha permesso di condurre le sue ricerche negli Stati Uniti.

prima edizione: ottobre 2009
ISBN: 978-88-518-0122-9

Stampato da Arti Grafiche Franco Battaia S.r.l., Zibido San Giacomo (MI)
per conto di Sironi Editore
nel mese di ottobre 2009

Alice Andreoli

Identità alla prova

La controversa storia del test del DNA tra crimini, misteri e battaglie legali

SIRONI EDITORE

Indice

Parte quarta – Approfondimenti

Prefazione

Libri che si occupano di scienze forensi ce ne sono davvero pochi nel panorama italiano. E quei pochi disponibili sono in genere manuali tecnici per gli addetti ai lavori. Quest'opera, invece, è qualcosa di più. Può considerarsi un testo pregevole per imparare e capire la storia, le possibilità e i limiti dell'analisi del DNA, ma è anche un volume che consente al lettore di proiettarsi nel mondo e apprendere con precisione e obiettività cosa è stata e cosa rappresenta, oggi, l'analisi del DNA a fini identificativi e giudiziari.

Lo considero un saggio scientifico di particolare valore culturale, soprattutto in questo preciso momento storico, in cui il Parlamento italiano ha da poco approvato la legge che istituisce la Banca dati nazionale di DNA, e in cui si discute molto circa l'affidabilità di questo tipo di esame nonché, più in generale, della prova scientifica.

L'approccio narrativo scelto è tra i più seducenti: con uno stile sobrio, garbato e delicato, costantemente ancorato alla realtà di fatti documentati da una ricostruzione storica esemplare, l'autrice riesce a descrivere in maniera compiuta il ruolo che l'analisi del DNA ha avuto negli ultimi venticinque anni. E lo fa attraverso il racconto di crimini ed eventi tra i più tragici e intriganti, nello scenario nazionale e internazionale: dalla strage di Capaci a quella di Nasiriya, dall'attentato alle Torri Gemelle allo tsunami. Ma anche attingendo a delitti noti e meno noti in cui il DNA è stato protagonista, come il caso di O.J. Simpson, l'omicidio di Dobbiaco o lo stupro della Caffarella.

Decisamente nuova e interessante risulta la parte del libro dedicata alla validità degli esami scientifici in ambito giudiziario e agli errori commessi nel passato. Un argomento di estrema attualità, soprattutto dopo il recentissimo rapporto redatto dalla National Academy of Sciences statunitense in tema di certificazione e standardizzazione di esperti e laboratori di scienze forensi. A questo aspetto l'autrice dedica particolare attenzione ampliando la sua visuale critico-descrittiva, non limitandosi alla narrazione dei casi in cui il fallimento era imputabile al solo test del DNA, ma esplorando altri episodi delittuosi in cui l'errore era dipeso da una attività investigativa inadeguata: sia quella più tradizionalmente riferibile a interrogatori o testimonianze, sia quella relativa ad altre indagini scientifiche, come l'esame delle impronte digitali.

Coinvolgente e appassionante è il racconto dell'attività di Innocence Project, una associazione sorta nel 1992 alla Cardozo School of Law dell'Università Yeshiva di New York a opera di due avvocati penalisti, Barry Scheck e Peter Neufeld, con l'obbiettivo di riaprire tutti quei casi in cui il processo si era concluso con una condanna ingiusta o discutibile portando in galera degli innocenti. Ripercorrendo i fatti criminali più eclatanti, l'autrice descrive come l'applicazione delle più recenti possibilità offerte dall'analisi del DNA a casi vecchi anche di trent'anni abbia consentito di scagionare 242 cittadini americani, diciassette dei quali già condannati a morte.

Di grande interesse – e molto rassicuranti – sono infine i dati che si riferiscono ai casi risolti attraverso l'uso delle banche dati nazionali di DNA istituite in Gran Bretagna e in USA, e ai benefici che questi istituti hanno prodotto ai fini della sicurezza e della giustizia.

Ho conosciuto l'autrice nell'ambito del corso "Dei delitti e delle indagini" tenuto quest'anno all'Istituto A.C. Jemolo di Roma, in tema di scienze forensi, giornalismo giudiziario e attività investigativa pubblica e privata. Nonostante io sia stato testimone diretto dell'evoluzione dell'analisi del DNA nell'ultimo quarto di secolo, leggendo il suo libro ho rivissuto le stesse emozioni della scoperta; le ansie e le attese dei primi test; le aspettative riposte nei primi casi risolti; le certezze e i dubbi sollevati dal dibattito all'interno della comunità scientifica internazionale; la soddisfazione di poter dare una soluzione a reati complessi; la grande fiducia riconosciuta alle possibilità attuali e le ulteriori speranze per il futuro.

Questa è un'opera rivolta a tutti, ma che potrà rivelarsi particolarmente utile a periti e consulenti, agli appartenenti alle forze dell'ordine, ad avvocati e magistrati, e a tutti coloro che si occupano o mostrano interesse per l'analisi del DNA e per la prova scientifica.

Colonnello Luciano Garofano
Comandante del RIS
Reparto investigazioni scientifiche dei Carabinieri di Parma

Settembre 2009

Introduzione

Le identità ritrovate

Questa è la storia di una scoperta scientifica che ha cambiato il mondo. È la storia di una guerra che si è combattuta per anni tra aule di giustizia e laboratori scientifici. È la storia di condannati a morte riconosciuti innocenti e come risorti, di assassini scoperti quando erano già certi di averla fatta franca. Ma è anche la storia di un gruppo di donne che ha ritrovato i nipoti mentre scopriva che mai avrebbe potuto ritrovare i figli. È la storia di grandi gialli e leggende del passato che, quasi per magia, trovano una soluzione. È una storia di avvocati e scienziati, di giudici e poliziotti, di star del football e di emarginati senza un soldo. È una storia di piccole storie, dell'Italia delle madonnine che piangono lacrime di sangue e degli scambi di persona. Ma è anche una storia di inganni, di frodi in camice bianco, di investigatori disonesti, di prove ritenute a torto infallibili, di luci e ombre, dove si intrecciano i molteplici destini di identità messe alla prova. Tante storie in una sola: un'incredibile avventura che ha messo la scienza come mai prima al servizio della ricerca della verità, e che parla di molecole e di ingegno, di libertà e riscatto, di giustizia e identità. E cosa c'è di più essenziale dell'identità? Questa è la storia del test del DNA, la più grande rivoluzione di sempre nell'investigazione criminale, la prova scientifica per eccellenza, il più potente strumento mai creato in grado di provare un'identità, di restituirla a chi l'ha perduta, a chi l'ha nascosta, a chi è stata negata. Qualcuno l'ha definita la prova perfetta, una vera macchina della verità, un paradigma, l'ultima frontiera di chi crede che la scienza possa darci ogni risposta. Ma in cosa consiste? Ed è davvero infallibile? Per rispondere a queste domande bisogna tornare indietro di un quarto di secolo...

Prologo

1984, RITORNO AL FUTURO

La nostra storia comincia nel 1984. E questa è la prima sorpresa. Perché accade proprio il contrario di quanto aveva temuto George Orwell. Proprio nell'anno consacrato dalla letteratura all'idea dell'omologazione universale, si apre la strada a un altro futuro, si scopre una chiave per individuare ciò che rende unico ogni individuo. L'esatto opposto.

In quel 1984 al governo in Gran Bretagna c'è Margaret Thatcher ed è l'anno del duro braccio di ferro con il sindacato dei minatori, sconfitto dopo quasi un anno di scioperi. La Lady di ferro diventa l'alleata ideale del presidente Ronald Reagan, rieletto quell'anno alla Casa Bianca per il secondo mandato. Gli americani cantano con Bruce Springsteen *Born in the USA*, che sale in vetta alle classifiche, e Apple lancia sul mercato il primo computer con il mouse, segnando il boom dell'informatica. A Los Angeles si disputano le Olimpiadi, boicottate dai Paesi del blocco sovietico. Ma a spaventare il mondo non c'è solo la guerra fredda, un'altra minaccia lo scuote: l'AIDS ha già fatto decine di migliaia di vittime. Il 1984 è l'anno in cui viene isolato il virus dell'HIV, e tra due scienziati, il francese Luc Montagnier, e lo statunitense Robert Gallo, scoppia una polemica sulla paternità della scoperta. L'Italia festeggia il premio Nobel per la fisica a Carlo Rubbia. Alla presidenza del Consiglio c'è il socialista Bettino Craxi, che governa il Paese con l'alleanza della Democrazia cristiana e di tre forze minori. Sandro Pertini, anche lui socialista ma soprattutto ex partigiano, è il presidente della Repubblica. Alle elezioni europee che si svolgono all'indomani della morte del suo leader Enrico Berlinguer, il Partito comunista fa il pieno di voti e supera per la prima volta la DC. Si apre la stagione dei pentiti di mafia, con le rivelazioni di Tommaso Buscetta. La Ferrari presenta la Testarossa. Il 1984 si chiude per l'Italia con quella che si annuncia come una nuova strage di Stato, la bomba sul treno rapido 904.

In quel 1984 tre storie tra loro lontane, tre destini, si incrociano. A legarle è un filo rosso ancora impercettibile che diventerà evidente solo molti anni più tardi. Tre vicende umane, con tre diversi protagonisti: sono tre storie simbolo, distanti tra loro, ma al tempo stesso vicinissime.

Una si svolge a Buenos Aires, in Argentina. C'è una nonna, Elsa Pavón, che riporta finalmente a casa la nipote rapita. Sono anni che la sta cercando, ma quando la ritrova deve dimostrare che è davvero Paulita, sua nipote. Sarà una prima grande vittoria in una lotta che le nonne alla ricerca dei nipoti scomparsi stanno conducendo da anni.

Anche la seconda è una storia americana, ma dell'altra parte dell'America. A Baltimora, USA, c'è un ragazzo che ha solo ventidue anni e un giorno viene arrestato per l'omicidio di Dawn Hamilton, una bambina di nove anni violentata e finita a colpi di pietra in un bosco alla periferia della città. Ma Kirk Bloodsworth è innocente. E in prigione non smette mai di pensare a come può provarlo.

La terza storia – che ha avuto il potere quasi magico di connettere le prime due – è quella di un ricercatore di genetica dall'intuito e dalla tenacia straordinari. Con una dote in più, rarissima: quella di immaginare il futuro. Si chiama Alec Jeffreys, lavora a Leicester, in Inghilterra. Viene da una famiglia povera, e quando era bambino nessuno avrebbe immaginato che sarebbe diventato professore all'università. Ed è proprio da lì, da quell'università, che tutto ha avuto inizio.

La dimostrazione impossibile

Nel 1984 in Argentina accade un fatto cruciale per la storia che andiamo a raccontare. Per la prima volta la Corte suprema ammette una prova scientifica per accertare la parentela di una bambina, la figlia rapita di due dei trentamila *desaparecidos*, vittime della brutale dittatura che si è da poco conclusa dopo aver tentato, in parte con successo, lo sterminio di un'intera generazione.

La prova ammessa dalla Corte suprema, un test del sangue, è costosa, complessa, laboriosa. Ma è moltissimo per le donne che tutti giorni a Buenos Aires si radunano davanti alla Casa Rosada con i loro fazzoletti bianchi in testa. Sono le *abuelas*, le nonne di Plaza de Mayo, e la loro battaglia per riabbracciare i nipoti sottratti dagli stessi militari che ne hanno ammazzato i genitori ha tagliato il primo traguardo. È l'avverarsi di un sogno che inseguono da anni. Precisamente dal 1979, quando avevano letto una notizia che le aveva riempite di speranza. Un trafiletto in cronaca: «Un uomo che negava la paternità è stato smentito da un esame del sangue comparativo sul presunto figlio ed è risultato essere il padre».[1]

Era stato allora che le nonne si erano messe in testa di usare la genetica per ritrovare i nipoti. Se un test genetico aveva dimostrato che quello era il padre, poteva anche dimostrare che non lo era. E dunque si poteva dimostrare che avevano rubato i bambini. Era la prova che le nonne cercavano: una prova scientifica, finalmente.

> Andavamo in giro guardando i volti. Più di una volta io stessa ho seguito una donna con in braccio un bambino che somigliava a uno dei miei figli. In quel momento io nemmeno sapevo se mio nipote era maschio o femmina, però ricordo che mi misi a seguire una donna e dopo, quando me la trovai di fronte la guardai la faccia. Era uguale a quella del bambino, quella donna era evidentemente sua madre.

Estela Carlotto si dà appuntamento ogni giorno con le altre nonne a Plaza de Mayo. È lì che arrivano le denunce anonime. C'è sempre qualcuno che avvicina le donne e all'orecchio sussurra qualcosa: «È un matrimonio dove non ci sono mai stati figli e adesso hanno un bebè». Così le *abuelas* vanno a casa e si ingegnano per andare a vedere il piccolo. «Ma non potevamo mica andare da un giudice e dire quello è mio nipote perché somiglia a mia figlia quando era bambina» spiega Nélida Navajas. «No, dovevamo avere qualcosa, una prova forte». Le nonne cercano nipoti sottratti alla nascita, o al massimo di due, tre anni, e non hanno idea di come ritrovarli. Non hanno idea di come siano diventati, né di dove siano. Il sequestro dei figli per ragioni politiche è un crimine inedito, non è mai stato commesso al

---

[1] I virgolettati e tutti i riferimenti sulle storie delle madri di Plaza de Mayo, dove non altrimenti specificato, sono tratti da: ABUELAS DE PLAZA DE MAYO, *Las Abuelas y la genetica. El aporte de la ciencia en la busqueda de los chicos desaparecidos*, luglio 2008 (www.*abuelas*.org.ar/material/libros/LibroGenetica.pdf). In tutto il libro, le traduzioni dalle fonti originali sono dell'autrice.

mondo nulla di simile. E mentre si ingegnano su cosa fare, contando solo sulla loro creatività, le donne di Plaza de Mayo cominciano insistentemente a porsi una domanda. «E quando abbiamo trovato un bambino, come facciamo per identificarlo? Come facciamo a sapere a chi di noi appartiene? Come riconoscerlo? Come non sbagliare?». Quando leggono quella notizia su *El Día* comincia ad aprirsi uno spiraglio di speranza. Dice Rosa Roisinblit:

> Se una persona dice «No, questo bambino non è mio figlio», basta prendergli il sangue, confrontarlo con quello del bambino e si sa se mente o dice la verità. Si chiama filiazione, però nel nostro caso i padri erano *desaparecidos*. Per questo cominciammo a chiedere al mondo se il sangue delle nonne poteva servire.

Il problema non tarda a riproporsi. Nel maggio del 1980, le *abuelas* individuano le sorelline Tatiana Ruarte Britos e Malena Jotar. Hanno le fotografie, ma non bastano. Il giudice chiede una prova incontrovertibile. Sono passati tre anni dal loro sequestro e le bambine sono cresciute.

Trovare i nipoti è solo il primo passo. Racconta Maria Isabela Choribik de Mariani:

> Le pensavamo tutte, per esempio io conservavo ciocche di capelli di mia nipote prima che la sequestrassero. Li inviai ad Amnesty International per vedere se potevano usarle per identificarla. Mi dissero che era difficile, soprattutto perché i capelli erano stati tagliati molti anni prima e non contenevano follicoli. Altre domandavano: ho un dentino da latte di mio nipote, potrei usarlo per identificarlo? Oppure: ai bambini deve esser stata presa l'impronta del piede perché in sala parto, quando nasce un bambino, lo si identifica con l'impronta del pollice della madre e quella dei piedi del figlio.

Ma quelle impronte, se anche ci fossero, servirebbero a poco perché le impronte plantari cambiano molto rapidamente. Le *abuelas* compilano questionari con quanti più particolari possibile, ma oltre ai gruppi sanguigni, nei casi migliori, o ai difetti fisici, i questionari abbondano di dettagli poco utili come i gusti o gli interessi verso un giocattolo piuttosto che un altro. Come avrebbe potuto evolversi un'ernia ombelicale? Una macchia congenita sarebbe svanita con la crescita? E per i nipoti nati nelle prigioni clandestine, come fare? Non c'è nulla di tangibile per identificarli. Ci vuole qualcosa che dia certezza.

Le nonne interpellano i medici ma nessuno sa dare una risposta. Il problema è che loro non chiedono di escludere la parentela, ma al contrario di provarla. E per dei nipoti, non per dei figli. Un amico medico espone per la prima volta la questione a un congresso di ematologia a San Paolo, in Brasile. Rimangono tutti atterriti da quello che sta accadendo in Argentina. Ma il risultato è soltanto quello di promuovere un progetto di legge che impone di prelevare le impronte digitali ai neonati e di archiviarle in tre diversi Paesi.

Nel 1980 una delegazione delle madri di Plaza de Mayo arriva a Parigi dove all'Ospedale della Pietà incontra un noto ematologo. La domanda è la stessa: esiste un elemento costitutivo del sangue che appartiene a un'unica famiglia? Il luminare riunisce i colleghi genetisti ed esperti di trasfusioni e tutti cominciano a disquisire ma nessuno risponde alla semplice domanda delle nonne. Le invitano a prendere un caffè, regalano loro un portacenere, e dopo quattro ore le salutano, nervosi per non aver saputo rendersi utili. Quello che le donne raccontano è incredibile, nessuno ne ha mai sentito parlare. Ma sarà vero? Le nonne partono per la Germania, l'Inghilterra, l'Italia e la Svezia. All'Ospedale pediatrico di Uppsala a riceverle è un medico, insieme al traduttore. Racconta Estela:

> Gli raccontammo tutta la storia e l'uomo quando finimmo il racconto ci guardava fisso. Aveva cominciato a grattarsi la faccia, i capelli. Non poteva credere che accadessero quelle cose. Alla fine era tutto spettinato, con i nervi tirati. Ci faceva quasi pena vederlo così. Ma allo stesso tempo quella era la reazione che stavamo cercando.

Nel 1982 le *abuelas* viaggiano per dodici Paesi alla ricerca di una risposta. A novembre di quell'anno sono a Washington, all'Assemblea generale dei diritti umani. È lì che un'amica fornisce il telefono di un ematologo argentino in esilio. Si chiama Victor Penchaszadeh e vive a New York. È scappato per un colpo di fortuna nel 1975 da uno squadrone della morte mentre era al lavoro. Ed è proprio a New York che le madri sono dirette, per un incontro all'ONU.

Ma devono andare anche nello studio di un'artista esperta di computer. La visita non risponde a una curiosità estetica: le madri sono lì per la "macchina dell'età". Così l'artista ha chiamato la sua ultima invenzione, che permette di invecchiare il volto di una persona. Forse si possono tracciare identikit dei nipoti così come potrebbero apparire ad anni di distanza dal loro sequestro. Forse non è molto, ma quanto poteva costare tentare? «Intorno ai 1.500 dollari, ci disse. Così prendemmo di corsa l'uscita. Non avevamo un soldo».

Quel giorno le madri di Plaza de Mayo tornano in albergo, dove hanno concordato un appuntamento con il medico argentino in esilio. Lavora da un anno al Mount Sinai Medical Center e conosce bene la situazione in Argentina; fa anche parte di una commissione sui diritti umani di connazionali espatriati. Nonostante ciò resta impressionato dall'incontro. «La passione, il miscuglio di sofferenza e di forza, la determinazione che non ha ostacoli che la possano fermare. Questa era l'impressione» racconta Penchaszadeh.[2]

È quel giorno che arriva la prima risposta. Sì, si può studiare la parentela con il sangue, ma nel caso dei bambini dei *desaparecidos* non ci sono i genitori ed è una complicazione non da poco. Senza i campioni di sangue dei genitori, si può analizzare quello dei parenti prossimi, nonne, zii, cugini, ma il risultato è meno certo. È un'impresa mai tentata prima.

Si devono analizzare alcune macromolecole dette *antigeni*. In particolare, gli antigeni di istocompatibilità, o HLA, si trovano sulla membrana di tutte le cellule e ci difendono da ciò che è estraneo e potenzialmente nocivo. Nei trapianti, per esempio, sono responsabili del rigetto di un organo. Gli antigeni di istocompatibilità sono una misura della similitudine tra le persone e quindi anche dei vincoli di parentela. All'inizio degli anni Ottanta si possono analizzare almeno otto diversi sistemi di antigeni del sangue e identificare una persona con una margine di errore che varia tra 1 su 100 e 1 su 1.000. Non è niente male per le *abuelas*!

---

[2] Victor B. PENCHASZADEH, "Abduction of children of political dissidents in Argentina and the role of human genetics in their restitution", *J. Public Health Policy*, 13, 3, 1992, pp. 291-305.

«Sentite, devo studiare, non esiste alcuna esperienza internazionale di identificazione di nipoti a partire dai nonni, però ho tutte le ragioni per essere ottimista». Per Penchaszadeh aiutare le *abuelas* è già diventata una missione. Chiama al telefono un famoso ematologo. È Fred Allen, direttore del Blood Center di New York, che li raggiunge all'hotel e ascolta la loro storia mentre Penchaszadeh traduce. «Datemi un po' di tempo,» dice Allen «me ne occuperò personalmente, bisognerà adattare i modelli di calcolo statistico dei test di paternità, ma qualcosa penso che possiamo fare».

Il giorno dopo le *abuelas* incontrano Eric Stover, direttore del programma Scienza e diritti umani della American Association for the Advancement of Science (AAAS), a Washington. È lui a metterle in contatto con Mary-Claire King, una genetista di Berkeley, in California. Lei saprà elaborare un modello statistico. Il suo maestro è un genetista italiano, professore a Stanford, si chiama Luca Cavalli-Sforza.

Ormai c'è una rete di scienziati al lavoro e di lì a un anno, nell'ottobre 1983, le *abuelas* ricevono una telefonata da Washington. Uno scienziato cileno, Cristian Orrego, dice alle nonne che a maggio del 1984 si terrà un simposio annuale dell'AAAS, e che sono riusciti a includere nella conferenza anche la questione delle *abuelas*.

«Ci possiamo venire?». «Come fate a non venire?! E parlerete anche, racconterete quello che vi è successo e saranno le vostre storie a dare valore a ciò che noi scienziati stiamo facendo!» risponde Orrego.

Il test del DNA sarebbe stato scoperto di lì a pochi mesi, ma intanto l'identificazione genetica si poteva fare sui prodotti del DNA, cioè sulle decine di proteine che mostravano varianti tra le persone ma che erano simili nella stessa famiglia. Il sangue delle nonne serviva. Serviva, eccome. Serviva anche quello di zii, fratelli, cugini. Più sangue c'era, meglio era.

Il 24 maggio 1984, il dottor Fred Allen scriveva questa lettera alla presidentessa dell'Associazione delle *abuelas* di Plaza de Mayo:

> Cara Maria,
> è stato bello rivederti ieri. Ammiro il vostro coraggio e la determinazione nella missione di ritrovare i bambini scomparsi

e farò ogni cosa per aiutarvi. I paragrafi che seguono sono un riassunto di quello che ci siamo detti al convegno. I test sui gruppi sanguigni che effettuiamo nei casi di paternità sono:
globuli rossi (AB0, MNs, Rh, Kell, Duffy, Kidd), con potere di esclusione per non-padri pari al 75%;
proteine del siero (aptoglobina, Gm, Km, Gc, Tf, C3), con potere di esclusione pari al 71%;
enzimi dei globuli rossi (fosfatasi acida, fosfoglucomutasi, gliossilasi, esterasi-D), con potere di esclusione pari al 61%;
HLA, con potere di esclusione pari al 95%;
Il totale, incluso l'HLA, è di 99,86%. Il potere di esclusione nel caso dei nonni è inferiore a quello dei genitori, ma è abbastanza per tornarvi utile [...]
Il Laboratorio genetico Evelyn Sussman del Blood Center di New York sarà felice di effettuare tutti i test che ho elencato alle vostre famiglie. Se non c'è uno dei due nonni, si potrà testare uno qualunque dei vostri figli. Se non potete rimborsarci le spese, nessun problema, faremo il lavoro in ogni caso. Io mi occuperò in prima persona dei calcoli statistici durante il tempo libero e non voglio alcun rimborso. [...] Spero davvero tanto che il programma abbia successo e spero anche che tutto questo possa contribuire in modo significativo al successo della vostra causa.

Paulita torna a casa

Facciamo un passo indietro e torniamo alla nonna Elsa Pavón. La donna conosce le *abuelas* quando è già da tempo alla ricerca della figlia e della nipote. I militari se la sono portata via dopo averne ucciso i genitori, il 18 novembre 1978, quando Paulita non aveva ancora compiuto due anni. È nelle mani di un commissario di polizia. Si chiama Rubén Lavallén ed è coinvolto in prima persona nel sequestro dei genitori della piccola. All'anagrafe risulta che la bambina è stata partorita da Teresa Leiro, la moglie di Lavallén, che l'ha messa al mondo nella casa del commissario di polizia Ferreyra, assistita dal medico della polizia Jorge Héctor Vidal. La data di nascita è stata posticipata di due anni.

È il caso a far ritrovare a Paulita la strada di casa. Il cognato poliziotto di Elsa le diceva sempre di lasciar perdere. «Io me ne intendo, rinunciaci, non la troverai mai. Era una bimba troppo carina». Ma nel 1980 Elsa riceve la visita di un'amica che le porta delle fotografie della bambina. Le ha scattate una donna che invoca la massima riservatezza. È una vicina di casa dei Lavallén, che una sera li ha sentiti litigare: «Hai ucciso i genitori di questa creatura e adesso vorresti sbolognarmela». Dal mattino seguente Elsa comincia a frequentare l'elegante quartiere di Buenos Aires dove vivono i Lavallén. Vede la nipote per la prima volta di spalle: indossa un grembiulino rosa e sta andando all'asilo, quando invece dovrebbe frequentare la scuola elementare. Paulita scende dall'autobus e lei la riconosce immediatamente. Le sembra la fine di un incubo ma un improvviso trasloco dei Lavallén la fa ripiombare nel buio, fino a quando il destino non arriva di nuovo in suo soccorso. Un uomo ha riconosciuto la bambina in un manifesto, uno dei tanti affissi dalle *abuelas* in tutta la città e tollerati ormai in un regime arrivato all'agonia: «È Paula Logares. Chi l'ha vista?». L'uomo stacca il manifesto e lo porta a casa, dove anche la moglie riconosce la piccola. Sono i genitori di una compagna d'asilo di Paulita. Cominciano a sfogliare l'elenco telefonico e dopo diversi tentativi ai tanti Logares della città, Elsa risponde alla telefonata che aspetta ogni giorno. Di nuovo un autobus, di nuovo Paulita e il suo sguardo, quello del suo vero padre, e le manine, identiche a quelle della madre. Felicità e amarezza al tempo stesso. La bambina abbraccia alla fermata di un autobus l'uomo che ha sequestrato e massacrato i suoi genitori.

Il 13 dicembre 1983 le *abuelas* presentano una denuncia per il caso di Paula Logares, contro i genitori *apropriadores* ottenendo un'ordinanza del tribunale per prelevare il sangue alla bambina e confrontarlo con quello dei presunti familiari, cioè i fratelli e la sorella della madre Monica, la nonna e i genitori di Claudio Logares, il padre *desaparecido*. I campioni vengono analizzati all'Ospedale Durand di Buenos Aires e i risultati sono inequivocabili: Paula è compatibile con la famiglia Grinspon-Logares. I Lavallén dichiarano ai media che Paula è la loro figlia naturale ma rifiutano di sottoporsi alle analisi del sangue, appellandosi alla violazione della privacy. Il giudice sembra dare ragione a Elsa Pavón, ma i Lavallén dicono a quel punto che l'unica famiglia che Paula riconosce è la loro e che strappare la bambina alla sua famiglia sarebbe un grave trauma. Il tribunale accetta l'argomentazione, pur sapendo che i Lavallén stanno progettando una fuga all'estero. Le *abuelas* si appellano alla Corte suprema.

Esattamente un anno dopo, il 13 dicembre 1984, si ritrovano in tribunale, ma stavolta Elsa ha un'arma vincente da portare davanti al giudice: un'analisi del sangue che dice che Elsa Pavón è al 99,95% la nonna materna di Paula.

Paula Eva Logares, per tutti Paulita, aveva otto anni quando la Corte suprema di Giustizia ha stabilito che doveva tornare a vivere con lei. Non è stato facile, soprattutto quando il giudice ha detto alla bambina che Elsa era sua nonna, la madre di sua madre Monica Grinspon, *desaparecida* insieme al padre Claudio Logares il 18 maggio 1978 da Montevideo, in Uruguay, dove si erano trasferiti per sfuggire alla repressione della dittatura argentina. La loro consegna da parte della polizia uruguayana ai militari argentini faceva parte di uno scambio di favori ben codificato dal Piano Condor, un patto di ferro tra Argentina, Cile, Bolivia, Uruguay, Paraguay e Brasile, che consentiva di operare "in trasferta" per sequestrare e uccidere gli oppositori politici. Un'idea del regime cileno di Pinochet, abbracciata con entusiasmo dall'Argentina e affidata a generali del calibro di Suarez Mason.

È cominciato così il lento ritorno a casa di Paulita. Non è stato facile per la bambina neppure capire che la nonna la stava cercando da tempo. Per lei la mamma era la donna che l'aveva allevata e si rifiutava persino di guardare le foto dei suoi veri genitori. I Lavallén potevano incontrarla una volta a settimana. Poi fu lei a decidere di non vederli più. Per dispetto le avevano impedito persino di portarsi via le sue bambole preferite.

In quel 1984 le *abuelas* avevano finalmente incontrato quello che sarebbe diventato il loro più grande alleato: la scienza. Ma, per arrivare a portare a casa Paulita, lo sforzo da parte di scienziati come Penchaszadeh e Allen era stato immenso. Si sarebbe potuto ripetere un lavoro che richiedeva così tanto tempo? Le *abuelas* festeggiavano la sentenza che riportava a casa Paulita ma si chiedevano se quel laborioso e complesso test sul sangue si sarebbe potuto replicare per tutte loro, che si stringevano felici attorno a Elsa, perché la sua felicità era anche la loro, il suo sogno realizzato era quello di tutte.

L'incubo di Kirk

Elsa sta per vincere la sua battaglia quando a Fontana Village, vicino a Baltimora, comincia la seconda delle tre storie destinate a essere connesse da un debito comune verso la scienza in quel cruciale 1984.[3] È il 25 luglio. Chris, dieci anni, e Jackie, non ancora otto, siedono sulla riva del Becky's Pond, un lago alla periferia semideserta della città. Stanno pescando e Jackie ha preso una tartaruga. La ispeziona fiero e la infila nel secchio. È in quel momento che si avvicina un uomo. «Ehi, signore. Guarda la mia tartaruga!». «È molto bella». «Chris! Jackie!». Una voce in lontananza chiama i bambini. È Dawn Hamilton. Tra poche settimane andrà in quarta elementare. «Avete visto Lisa?». No, non l'hanno vista. È la cuginetta di Dawn e la zia le ha chiesto di andare a cercarla. «Vuoi vedere la mia tartaruga?» chiede Jackie. «Devo trovare Lisa, mi aiutate a cercarla?». «No, non vedi che stiamo pescando?» dice Chris. «Ti aiuto io a cercarla» le dice l'uomo. I due si incamminano nel bosco vicino. Una donna sente la piccola Dawn chiamare a gran voce: «Lisa! Lisa! Lisa!». Poi sente l'uomo pronunciare una frase: «Io e Lisa stiamo giocando a nascondino, andiamo a cercarla».

Cinque ore dopo Dawn Hamilton viene ritrovata nel bosco con il cranio fracassato. I suoi pantaloncini blu e la biancheria sono sui rami di un cespuglio. Aveva nove anni.

Il giorno dopo sulla prima pagina di *The Baltimore Sun* appaiono due foto: una mostra una bambina sorridente senza un dentino, l'altra due uomini che portano via un sacco nero. Baltimora è scossa da un orrore difficile da descrivere. La polizia diffonde un identikit sulla base della descrizione che dell'assassino hanno dato Chris e Jackie: «Alto e magro, capelli biondi ricci e baffi, con indosso una

---

[3] Ove non altrimenti specificato, le citazioni e i riferimenti sulla storia di Kirk Bloodsworth sono tratti da: Barry SCHECK, Peter NEUFELD e Jim DWYER, *Actual Innocence*, New American Library, 2003.

maglietta attillata e pantaloncini».[4] Una ricompensa di 1.000 dollari viene offerta a chiunque fornisca informazioni utili e il telefono in centrale comincia a squillare. Il 3 agosto arrivano 286 telefonate. Una donna dice di aver riconosciuto nell'identikit il commesso di un negozio di mobili della zona, si chiama Kirk. Nient'altro. La proprietaria del negozio racconta che un giorno si era presentato dopo essersi congedato dal corpo dei Marines, alla disperata ricerca di un lavoro. Aggiunge che non ha mai avuto un commesso migliore, che Kirk Bloodsworth è un gran lavoratore e che sta pensando persino di aprire una filiale con lui manager, e che lui ne è entusiasta. La sera prima dell'omicidio Kirk ha lavorato fino alle dieci e mezza. Poi, la settimana seguente, da un giorno all'altro, non si è fatto più vedere. Non ha nemmeno fatto una telefonata.

La polizia arriva a Essex, alla periferia di Baltimora, appena 3 miglia da Fontana Village. A casa di Kirk trova Wanda, la moglie. Tra loro è un continuo litigio e qualche tempo prima lei se n'è tornata da sua madre. Poi Kirk è andato da lei, e c'è stata una discussione. Ha preso la sua roba e se n'è andato. Wanda ha denunciato la scomparsa alla polizia, dicendo che forse Kirk è tornato dal padre, a Cambridge, in Maryland. Lì Bloodsworth viene condotto in centrale.

I giornali raccontano che è stata consultata la famosa unità scientifica dell'FBI sul comportamento per ricostruire il profilo psicologico dell'assassino. I *profilers* suggeriscono alla polizia di interrogare i sospetti mostrando artefatti della scena del crimine, oggetti simili a quelli presenti sul luogo dove è stata trovata Dawn. Kirk accetta di rispondere alle domande a una condizione: che non lo costringano a tornare da Wanda. È furente perché nella famiglia della moglie che vive con loro nessuno cerca mai uno straccio di un lavoro, sono tutti dei perfetti buoni a nulla, sei parassiti. E poi Wanda passa intere notti fuori casa. Ha fatto una denuncia di scomparsa? Be', lui non vuole tornare a casa. Kirk abbassa lo sguardo e scuote il capo. No, lui a casa non ci può tornare, anche perché ha fatto un «gesto orribile». Si sente in colpa Kirk, ma solo

---

[4] Cyril H. WECHT, John T. RAGO, a cura di, *Forensic Science and Law. Investigative Applications in Criminal, Civil, and Family Justice*, Taylor and Francis, New York 2006, p. 40.

perché insieme alla moglie ha lasciato una barca di debiti e quella non è proprio una bella cosa, ma non ne può più.

Nella stanza dell'interrogatorio ci sono una grossa pietra, dei pantaloncini e delle mutandine. Nessuno vi accenna. Gli scattano delle polaroid. Kirk non ricorda cosa ha fatto il 25 luglio, deve esser stato a casa perché era un mercoledì, il suo giorno libero. La sera prima ha lavorato fino alle dieci e mezza, poi è andato con Wanda in un bar dove hanno avuto una discussione. Il giorno dopo se n'è andata dalla madre, ma lui a Fontana Village non c'è mai stato. Non ha niente a che fare con l'omicidio.

Le foto vengono mostrate ai bambini, Chris e Jackie, insieme ad altre. Jackie non riconosce nessuno. Chris guarda la foto di Kirk e dice che anche l'uomo del lago aveva i baffi, ma l'uomo del lago aveva i capelli biondi, non rossi. L'uomo che ha visto il giorno in cui Dawn è sparita era magro e scuro di carnagione. Kirk ha i capelli rosso fuoco, pesa 100 chili e quando prende il sole non si abbronza, si brucia.

I poliziotti vengono a sapere nel frattempo che Kirk ha raccontato agli amici dell'interrogatorio soffermandosi su alcuni dettagli: c'erano una pietra e dei pantaloncini. Era rimasto impressionato. Eccome se si è accorto di quelle cose: i criminologi avevano ragione. Con un mandato lo vanno ad arrestare.

Quando Kirk arriva a Baltimora è molto arrabbiato. Uno degli agenti gli spiega che ci saranno decine di giornalisti e fotografi, gli chiede se vuole una giacca per coprirsi il volto. No, perché nascondersi? Quando non si è fatto nulla, non si ha nulla da nascondere. La polizia chiama i pochi testimoni e dice che quella sera è meglio non guardare la TV che mostrerà il sospettato in manette. Ma è difficile resistere alla tentazione.

Quando Jackie e Chris arrivano per il riconoscimento, ci sono sei uomini dietro lo specchio. I bambini sono terrorizzati. Jackie timidamente indica il numero 3. È un poliziotto. Chris non riconosce nessuno. Esce dalla stanza e va dalla madre. Qualche istante dopo la donna si avvicina agli agenti. Dice che il figlio ha avuto paura, temeva che quell'uomo potesse sentire la sua voce, ma lo ha riconosciuto, è il numero 6. Un mese dopo la madre di Jackie racconterà che anche suo figlio gli ha confessato di aver riconosciuto il numero 6. Lo stesso ripeteranno davanti alla Corte. Lo stesso dirà la donna che il giorno dell'omicidio ha visto Dawn con un uomo nel bosco, indicando Kirk.

Al processo gli agenti raccontano del test psicologico, quello con la pietra e gli indumenti da bambino.

> DOMANDA: L'imputato ha mostrato una reazione?
> RISPOSTA: Sì, molto evidente.
> DOMANDA: E qual è stata la sua reazione?
> RISPOSTA: Non è stata una reazione immediata, ma a lungo termine. Ha ricordato tutti gli oggetti che avevamo sistemato sul tavolo, anche se li avevamo spostati dietro un televisore.

Un altro particolare inquieta la Corte. L'accusa afferma che quando la polizia lo ha raggiunto per la prima volta Kirk ha detto che non sarebbe potuto tornare a casa, perché aveva fatto un «gesto orribile», evitando di specificare che quando è stato interrogato Kirk ha spiegato che il gesto si riferiva ai debiti lasciati da pagare a Wanda.

È un processo indiziario e dura solo due settimane. La sentenza arriva in un paio d'ore. Alla prima votazione undici giurati su dodici sono per la colpevolezza. In due ore il verdetto è unanime. Con una manciata di false testimonianze oculari e un'impronta di scarpa trovata sul collo della vittima, la procuratrice Ann Brobst chiede e ottiene il massimo della pena.

I processi negli Stati Uniti si svolgono in due fasi, nella prima la Corte stabilisce se l'imputato è colpevole, in una seconda udienza viene comminata la pena. Il 22 marzo 1985 Kirk viene condannato alla pena di morte e a due ergastoli. In aula scoppia un applauso e la gente grida: «Camera a gas».

> Io non ho mai, mai, compiuto un atto violento, specialmente su un bambino. Non è questo il modo di fare giustizia, vostro onore, non ho commesso alcun crimine il 25 luglio 1984. Se l'avessi fatto, l'avrei confessato il primo istante.

In quel momento Kirk sente le ginocchia tremare, sta quasi per cadere a terra, riesce appena a reggersi in piedi. Deve provare la sua innocenza. Ma come?

Il momento più duro, durante tutti gli anni che Kirk passa in galera, è probabilmente quello della morte di sua madre, che insieme al padre è stata sempre al suo fianco. Lei non ha mai pensato che suo figlio fosse colpevole e questo, insieme a un'incrollabile fede in Dio, ha dato a Kirk la forza di andare avanti. I suoi hanno speso ogni centesimo per tirarlo fuori. Senza successo.

Università di Leicester, 10 settembre

Il 10 settembre 1984 cade di lunedì e Alec Jeffreys è appena arrivato al lavoro. I laboratori di biologia dell'Università di Leicester sono ancora deserti. C'è tempo per una rapida occhiata ai risultati di un esperimento marginale allestito con Jenny Foxon prima di salutarsi per il fine settimana. È lì, sopra il bancone. Galleggia dentro un contenitore di plastica collegato a un elettrodo: un quadrato di gelatina, grande come il palmo di una mano. Un «orribile pasticcio pieno di macchie e sbavature»,[5] pronto per essere gettato nel cestino. Questione di un istante e Jeffreys nota qualcosa. Ancora non sa che quell'istante marcherà il prima e il dopo della sua vita. L'adrenalina sale tanto da fargli girare la testa. In quell'«orribile pasticcio di macchie» compare qualcosa di straordinario. Proprio come chi, analfabeta dalla nascita, vedesse per la prima volta parole di senso compiuto in quello che gli era sempre apparso un caotico mucchio di segni incomprensibili. Jeffreys racconterà:

> Quella mattina, alle 9.05 di lunedì 10 settembre 1984 abbiamo ottenuto, assolutamente per caso, la prima impronta digitale del DNA, dall'aspetto davvero terrificante, un orribile pasticcio di macchie e sbavature confuse! Ma abbiamo capito subito che ci eravamo essenzialmente imbattuti in un metodo basato sul DNA per l'identificazione biologica. In quel momento la mia vita è completamente cambiata.

La chiamano *serendipity*, termine anglosassone che significa scoprire qualcosa per caso mentre si è intenti a cercare altro. Proprio come Jeffreys, anche Alexander Fleming stava per gettare tra i rifiuti una coltura batterica ammuffita quando notò che intorno alla muffa

[5] Ove non altrimenti specificato, i virgoletti e i riferimenti alla scoperta di Alec Jeffreys sono tratti da: Nick ZAGORSKI, "Profile of Alec J. Jeffreys", *PNAS*, 103, 13 giugno 2006.

i batteri non crescevano. Fu così che scoprì la penicillina. Ma non è solo fortuna. Per capire cosa sta accadendo ci vuole intuito, prontezza, ci vuole in realtà molto lavoro. Di Archimede si dice che stesse facendo il bagno quando scoprì la legge sul galleggiamento dei corpi. Racconta la leggenda che uscì di scatto dalla vasca e cominciò a correre nudo per le vie di Siracusa gridando: «Eureka!» (Trovato!).

Alec Jeffreys indossava invece il camice quando, quel mattino, ha cominciato a correre come un pazzo fuori dalla stanza dei raggi X, gridando: «Credo proprio che qui abbiamo trovato qualcosa di davvero eccitante!». In meno di mezz'ora aveva già stilato una lista dei potenziali usi della sua scoperta, una scoperta a cui aveva già dato un nome. Intuitivo, immediato, suggestivo e potente: *genetic fingerprinting*, impronta digitale genetica. Poteva accertare paternità e parentele, ricostruire interi alberi genealogici, e se un criminale lasciava una traccia biologica sulla scena di un crimine si poteva persino smascherare la sua identità. Non serviva più che fosse sangue, si poteva usare qualunque traccia biologica. Questo era un metodo che arrivava giusto al bersaglio: il DNA.

La prova dell'innocenza

Nel penitenziario del Maryland Kirk legge di tutto, è diventato il bibliotecario. È l'unico modo che ha per pensare ad altro, per non precipitare nel baratro dove si perde ogni speranza di uscire vivi. Essere condannati per aver stuprato e ucciso una bambina non è un buon biglietto da visita in carcere. Quando è entrato, gli hanno quasi spaccato la testa e hanno cercato di sodomizzarlo. E una guardia lo ha avvicinato una volta per sussurrargli in un orecchio: «Lo sai che le guardie sono anche peggio dei prigionieri?». Un giorno gli hanno chiesto se avesse voglia di fare un dipinto. «Certo che sì, dove?». «Vorremmo portarti nella camera a gas in modo da fartela pitturare tutta carina per il tuo debutto, capitano Kirk». La sua cella è accanto alla camera delle esecuzioni capitali. Ma Kirk coltiva anche qualche amicizia, come quella con il compagno di prigionia Ruffner, con cui condivide la passione per i libri e il sollevamento pesi. C'è persino qualche guardia che gli vuole bene, che gli crede quando ripete fino allo sfinimento di essere innocente.

Un giorno in biblioteca legge di un test genetico che può provare l'identità di una persona a partire da una traccia biologica, come il sangue o lo sperma. Ha un tuffo al cuore, capisce subito che per lui è la sola possibile via di salvezza: un test in grado di dimostrare scientificamente la sua innocenza. Lo ha messo a punto uno scienziato inglese. Kirk deve farlo, assolutamente. Ma dov'è il DNA? Bisogna forse esumare il cadavere di Dawn Hamilton? E si potrà ancora trovare qualcosa?

Kirk ha ventitré anni. Ne passano altri nove. Era stato arrestato il 7 agosto 1984. Torna in libertà il 28 giugno 1993, dopo 3.247 giorni durante i quali è stato per tutti l'assassino di Dawn Hamilton. Era rimasto qualcosa della scena del delitto: i pantaloncini, custoditi in un armadio dell'Archivio reperti della polizia. Una traccia dello sperma del killer, grande quanto una moneta da 10 centesimi. Quanto bastava per eseguire il test che ha scagionato Kirk da ogni accusa. Ad aspettarlo fuori dalla prigione c'è suo padre, assieme al cugino David. Un'emittente locale ha persino affittato una limousine per venirlo a prendere.

Attualmente negli Stati Uniti i test del DNA sono usati prima di un processo. Per più di un quarto dei sospetti le accuse cadono prima di diventare imputati. Nel 2004 il governo americano ha stanziato un finanziamento da 25 milioni di dollari in cinque anni destinato a sostenere le spese dei test genetici per i detenuti che si dichiarano innocenti. Si chiama Kirk Bloodsworth Post-Conviction DNA Testing Program.[6]

Per questo provvedimento si è battuto in prima persona anche Kirk, che oggi lavora come impiegato per un'organizzazione non governativa che si occupa di riforme per migliorare il sistema della giustizia. È diventato un personaggio pubblico. Un simbolo. Nel 2004 vola a Londra per un altro appuntamento di quelli che non si dimenticano, davanti a un pubblico in smoking e lustrini, riunito per un'occasione solenne: i Pride of Britain Awards,[7] il prestigioso premio "Orgoglio britannico" assegnato a cittadini che hanno con-

---

[6] Intervista a Kirk Bloodsworth, *Larry King Live* (CNN), 30 luglio 2005 (edition.cnn.com/TRANSCRIPTS/0507/30/lkl.01.html).

[7] www.prideofbritain.com/contentpages/winners/2004/sir-alec-jeffreys.aspx.

tribuito a rendere il mondo un posto migliore. Quell'anno il premio va a un professore di genetica dell'Università di Leicester, Sir Alec Jeffreys, il ricercatore che – un mese dopo l'arresto di Kirk – ha inventato il test del DNA. Cambiando, così, non solo il destino di Kirk, ma quello di migliaia di persone in tutto il pianeta.

E infatti Alec Jeffreys è diventato Sir, cioè baronetto della regina. Lo sconosciuto ricercatore che a trentaquattro anni aveva fatto quella straordinaria scoperta quasi per caso resta colpito dall'incontro con il primo, in ordine di tempo, dei condannati a morte che gli devono la vita. A Kirk, dall'inizio degli anni Novanta al 2009, ne sono seguiti sedici. Ai quali vanno aggiunti tutti quegli altri, più di duecentoquaranta, che non hanno avuto la condanna capitale ma ugualmente, dopo aver trascorso in media dodici anni in carcere, devono la libertà a Sir Alec Jeffreys.

Quel giorno del 2004, Kirk, li rappresenta tutti. Se a onorare Jeffreys in occasione dei Pride of Britain Awards ci fossero tutte le persone beneficate dalla sua scoperta, la sala della cerimonia non basterebbe: oltre agli ex condannati a morte, agli ex detenuti, ci sarebbero decine di bambini orfani, accompagnati dalle loro vere nonne. Già, perché dopo la battaglia per l'identità di Paulita, le *abuelas* non si sono fermate. E la scoperta del test del DNA ha reso la loro lotta, almeno per l'aspetto scientifico, meno difficile.

«Voglio ringraziarlo, perché lui è davvero il mio salvatore» dice Kirk Bloodsworth.[8]

«Oggi, ogni volta che si accende il televisore, si sente parlare del DNA e di come sia servito per catturare un criminale, o scagionare un innocente. Ha avuto un impatto sulla vita di... Dio solo sa quante persone, in un modo molto diretto. Ed è cominciato con me, nel mio laboratorio. Di questo sono estremamente fiero» è la risposta di Sir Alec Jeffreys.

---

[8] Questa e la successiva dichiarazione sono tratte da UNIVERSITÀ DI LEICESTER, *The Gene Genius*, settembre 2004, nota stampa in occasione del ventennale della scoperta del DNA *fingerprinting* (www.le.ac.uk/ua/pr/gen%20supp.pdf).

Parte prima

La scoperta

Capitolo 1

UN'INVENZIONE

All'inizio degli anni Ottanta, pensare di ricavare un'impronta da una traccia biologica era fantascienza. Si poteva stabilire la paternità con le proteine del sangue, ma risalire all'identità da una traccia biologica era impensabile. Ci riuscì, il 10 settembre 1984, Alec Jeffreys scoprendo nel DNA sequenze ripetute una dopo l'altra e il modo di metterle in evidenza.

Per giungere alla scoperta del genetista, bisogna fare un lungo passo indietro: un paio di secoli di tecniche applicate alla scienza criminologica. Anche quello che resta il più noto – e tuttora fondamentale – sistema di identificazione, cioè le impronte digitali, è stato preceduto da altri tentativi di stabilire criteri certi per distinguere un individuo dall'altro. Le stesse impronte digitali, proprio come il test del DNA, non si sono affermate subito come prova scientifica riconosciuta e legalmente valida.

Per coincidenza, proprio negli anni in cui Jeffreys faceva le sue ricerche, era entrato in funzione il primo sistema d'archivio automatizzato per le impronte digitali, una vera rivoluzione nell'investigazione scientifica: prima il confronto si era sempre fatto a mano.

Impronte digitali

Il primo utilizzo a fini identificativi delle impronte digitali è antichissimo: i babilonesi le apponevano sulle tavolette d'argilla ed era il loro modo di firmare i documenti.[1] Si deve però a un avvocato della Roma antica, Quintiliano, la prima utilizzazione delle impronte digitali a scopo investigativo: se ne servì per incastrare un cieco accusato di aver assassinato la madre. Un caso che restò isolato, almeno stando a quanto ci dicono i documenti dell'antichità.

---

[1] Si rimanda, qui e nel seguito, a Massimo PICOZZI e Alberto INTINI, *Scienze forensi. Teoria e prassi dell'investigazione scientifica*, UTET Giuridica, Torino 2009. Per una trattazione divulgativa: Carlo LUCARELLI e Massimo PICOZZI, *Tracce criminali*, Mondadori, Milano 2006.

Nel 700 d.C. le impronte, ma solo per siglare i documenti, venivano utilizzate anche in Cina. Non a scopi investigativi, benché nella storia delle scienze forensi la Cina abbia avuto un posto di primo piano. È cinese, infatti, il primo trattato di medicina legale. Fu redatto nel 1247 e s'intitolava *Hsi Yuan Chi Lu* (Sul lavare via i torti e le accuse ingiuste). L'autore, Sung Tzhu, non era un medico ma un giurista. I medici nell'antica Cina si limitavano a curare i malati e, non godendo di alta considerazione sociale, non si occupavano di questioni legali; così, erano i burocrati mandarini come Tzhu a vestire i panni dei giudici e quelli dell'accusa.[2] Per questa ragione dovevano essere buoni detective. Tzhu nel suo manuale insegna a determinare l'ora di un decesso, distinguere un omicidio da un suicidio, una morte accidentale da un avvelenamento o da una malattia, un annegamento da uno strangolamento. È un trattato che precede di secoli i lavori dei fondatori della medicina legale moderna, Fedele Fortunato e Paolo Zacchia.[3] Ma mai si parla delle impronte.

I primi corsi universitari di medicina forense nascono in Italia nel XVII secolo e nel 1686 sarà un italiano, Marcello Malpighi, professore di anatomia a Bologna, a scoprire le caratteristiche delle impronte digitali; senza però individuarne le potenzialità ai fini dell'individuazione e, dunque, dell'investigazione. Passa un secolo e mezzo prima che (nel 1823) un altro cattedratico, Jan Evangelist Purkinje, professore di anatomia a Breslavia, si occupi delle impronte proponendo la prima classificazione sulla base della forma di creste e solchi. Sono tempi di grande fermento per le scienze forensi. Viene pubblicato il primo trattato di tossicologia e, nel 1853, viene scoperto il primo test per rilevare la presenza di sangue che sarà poi perfezionato dal tedesco Walter Specht, inventore del *luminol* (nome comune del composto chimico 5-ammino-2,3-diidro-1,4-ftalazindione).

A introdurre l'utilizzo delle impronte digitali a fini identificativi – ovvero la *dattiloscopia* – non è un investigatore né uno scienziato, ma un funzionario del governo inglese in India, interessato a

---

[2] Lu GWEI-DJEN e Joseph NEEDHAM, "A History of Forensic Medicine in China", *Medical History*, 32, 4, ottobre 1988, pp. 357-400.

[3] Fedele FORTUNATO, *De relationibus medicorum*, Palermo, 1602, e ZACCHIA Paolo, *Questiones medico-legales*, Roma, pp. 1621-35.

smascherare truffe. Sir William Hershel è responsabile degli stipendi dei soldati indiani e non ci mette molto a scoprire i raggiri dei truffatori che si nascondono tra le file dell'esercito riscuotendo lo stipendio più volte. Siamo nel 1858.

La scienza arriva alla stessa conclusione nel 1880, quando il medico scozzese Henry Faulds, considerato il padre delle impronte digitali, suggerisce per la prima volta sulla rivista *Nature* l'opportunità di usarle come prova scientifica sulla scena del crimine.

> Quando esistono impronte digitali insanguinate o impronte su argilla, vetro ecc., queste possono portare all'identificazione scientifica dei criminali. Anche se io ho avuto esperienze in due soli casi [...] non ci sono dubbi sul vantaggio di avere, accanto alle foto dei criminali, anche le impronte dei loro solchi digitali che non cambieranno mai per tutta la loro vita.[4]

Faulds, che lavorava in Giappone, non riuscì tuttavia a convincere Scotland Yard. Riportò un caso accaduto a Tokyo, in cui le impronte trovate su palle da biliardo in una ricca abitazione dove era avvenuto un furto con scasso, scagionavano un innocente incastrando il vero colpevole. Nessuno sembrò interessarsene a Londra.

Nell'Ottocento nacque anche l'entomologia forense, lo studio degli insetti nelle indagini criminologiche, ma solo alla fine del secolo il sistema delle impronte digitali cominciò a diffondersi, con la pubblicazione di *Finger Prints*. Questo trattato, scritto da Francis Galton, cugino di Charles Darwin e teorizzatore dell'eugenetica e della purezza della razza, portò la prima evidenza statistica sulla bontà del metodo dattiloscopico. Era il 1892. La polizia argentina, fu la prima ad adottarlo, abbandonando il sistema di riconoscimento più diffuso all'epoca, quello di Alphonse Bertillon.

Scatti fotografici di fronte e di profilo e un cartellino che riportava innumerevoli misurazioni del corpo: piedi, orecchie e naso. Tutti gli arrestati in quegli anni erano sottoposti al cosiddetto *bertillonage* da quando, nel 1879, il medico fondatore dell'antropometria segnaletica aveva messo piede alla prefettura di Parigi. Solo tre anni prima,

---

[4] Henry FAULDS, "On the Skin-furrows of the Hand", *Nature*, 22, 28 ottobre 1880, p. 605.

nel 1876, Cesare Lombroso, padre dell'antropologia criminale, aveva pubblicato *L'uomo delinquente*, sostenendo la possibilità di individuare a colpo sicuro un criminale dai tratti somatici. Bertillon prendeva anche le impronte digitali, ma non erano che un dettaglio rispetto a orecchie, fronti, nasi o piedi. Tuttavia, mentre questi dettagli corporei potevano cambiare nel tempo, non era così per le impronte di Galton, che lui stesso definiva «permanenti».

Di lì a poco, in ogni caso, le impronte saranno accolte per la prima volta in un'aula di giustizia inglese. Il 13 settembre 1902 vengono accettate come prova in un processo, portando alla condanna ai lavori forzati di uno scassinatore. L'imputato si professa innocente, ma la sua impronta viene rilevata sulla vernice fresca di una finestra.

Negli Stati Uniti, intanto, a fugare ogni dubbio sulla validità del metodo è però un fatto che ha dell'incredibile, accaduto l'anno dopo in Kansas, nella prigione di Leavenworth. È lì che il criminale Will West viene portato dopo l'arresto. Gli agenti lo spogliano e cominciano a misurarlo scrupolosamente. Alla fine della schedatura restano sbigottiti: la sua scheda è la copia esatta di quella di un altro detenuto, che per di più è un omonimo. Unica differenza: le impronte digitali. Il caso segnerà la fine del *bertillonage*.

Con il caso Stratton, nel Regno Unito, arriva la consacrazione del metodo dattiloscopico in un'aula di tribunale nel Regno Unito. Siamo nella prima decade del Novecento. Sul banco dell'accusa siede lo stesso procuratore che ha incastrato per la prima volta un ladro con un'impronta digitale, ma questa volta si tratta di un duplice omicidio, quello dei coniugi Farrow. Alla fine del marzo 1905 il commesso del negozio dei Farrow, nella cittadina di Deptford, arriva al lavoro. Nota subito qualcosa di strano: la serranda è ancora abbassata. Non appena riesce a entrare trova il cadavere di Thomas Farrow, riverso a terra in una pozza di sangue. Sua moglie è al piano superiore e anche lei è stata aggredita. È ancora viva ma in coma, e morirà senza risvegliarsi. Sul luogo viene rilevata l'impronta di un pollice destro impressa sulla cassa da cui è sparito l'incasso. Gli agenti della sezione impronte – che nel frattempo era stata istituita a Scotland Yard – lavorano senza sosta, ma l'impronta non sembra appartenere ad alcuno dei fermati. Presto però spunta un testimone che racconta di aver visto due uomini in fuga dal negozio. Poi c'è un altro testimone che dice di aver notato nei paraggi un conoscente, Alfred Stratton. Viene arrestato con il fratello Albert; l'impronta appartiene a lui. La prova deve però superare il vaglio della Corte e a contestare il nuovo metodo scientifico c'è niente meno che il padre delle impronte, Henry Faulds. Lo scienziato sostiene che per un'identificazione certa occorrono tutte e dieci le dita. Ma intanto le prove contro gli Stratton diventano schiaccianti: si scopre che hanno pagato falsi testimoni per avere un alibi e viene ritrovata la refurtiva. I fratelli verranno condannati all'impiccagione.

Il personaggio Sherlock Holmes nasce dalla penna di Arthur Conan Doyle nel 1887. Sebbene le impronte digitali come tecnologia di identificazione debuttino nella fiction con il romanzo *Wilson lo zuccone* (1894) di Mark Twain, è significativo che Doyle usi un'impronta come indizio solo nel 1904, in *L'avventura del costruttore di Norwood*: il caso Stratton aveva colpito anche l'immaginario collettivo.[5]

Nei primi anni del secolo breve, le impronte digitali si affermano in tutto il mondo. Nel 1895, presso la sua cattedra di medicina legale di Siena, Salvatore Ottolenghi – un sostenitore della dattiloscopia – organizza il primo corso di polizia scientifica.[6] Nel 1902 il corso viene esteso ai funzionari della pubblica amministrazione. Nel 1907 Giovanni Gasti stila il sistema che da allora viene adottato in Italia per il prelievo delle impronte. Tra gli allievi della scuola di polizia scientifica c'è Ugo Sorrentino, che tra il 1917 e il 1943 dirigerà il Servizio centrale di segnalamento e identificazione. Sarà lui a far luce su uno dei più noti delitti politici della storia del nostro Paese, l'omicidio di Giacomo Matteotti, proprio grazie a un'impronta. Il 10 giugno 1924 il deputato socialista Matteotti viene rapito, dopo aver denunciato pubblicamente Mussolini di violenze e brogli elettorali. Sull'auto usata per il sequestro, Sorrentino rileva alcune impronte latenti, risolvendo il caso: i fermati sono cinque uomini della polizia personale del Duce.

---

[5] Andrew MAUNDER, Grace MOORE, a cura di, *Victorian Crime, Madness, and Sensation*, Ashgate, Aldershot and Burlington 2004, p. 201.

[6] Salvatore BUZZANCA, "La figura di Salvatore Ottolenghi", *Instrumenta*, 16, gennaio-aprile 2002, pp. 318-19.

La tecnica delle impronte ottiene un'altra importante vittoria nel 1934 a Chicago. Dopo la fuga da un carcere di massima sicurezza, John Dillinger si è conquistato la fama di nemico pubblico numero uno. Edgar Hoover, capo dell'FBI, è sulle sue tracce. Dillinger si procura un nuovo volto con 5.000 dollari e la complicità di un chirurgo plastico. Al latitante non mancano gli appoggi. Confidenti infiltrati nella polizia lo avvertono che cambiare volto non basta perché c'è un nuovo metodo d'indagine nelle mani degli investigatori, le impronte digitali, che può facilmente incastrarlo. Dillinger si fa bruciare i polpastrelli con l'acido. Ma qualcuno riconosce la voce del gangster in un locale e alla polizia arriva la soffiata. Una sera di luglio l'FBI lo aspetta all'uscita di un teatro. Gli agenti sparano e lo uccidono. All'obitorio prendono le impronte. Nonostante l'acido, sui bordi dei polpastrelli sono rimasti solchi e creste sufficienti per la sua identificazione.

Si comincia a parlare di un archivio di impronte digitali solo intorno alla metà del XX secolo, in Inghilterra, con il caso inglese della piccola June Ann Devaney. È una mattina di maggio del 1948, quando una bambina di soli tre anni scompare dall'ospedale dove è ricoverata per una polmonite. Il suo corpo viene trovato straziato nei giardini della clinica. Sul pavimento della sua stanza gli inquirenti vedono orme che portano all'armadietto dei farmaci, quindi al letto della bambina, dove viene trovato un flacone di vetro. Ci sono impresse delle impronte digitali. È caccia all'assassino e parte una schedatura di massa. A ogni maschio sopra i sedici anni della cittadina del Lancashire, circa 46.000 persone, vengono rilevate le impronte. Pochi mesi dopo viene arrestato Peter Griffith, un mugnaio di ventidue anni che confessa l'omicidio.

Con i primi elaboratori di calcolo, nel 1977, nasce il sistema d'archivio automatizzato delle impronte digitali, tuttora indispensabile, l'Automatic Fingerprint Identification System (AFIS), che in tempo reale compara anche un solo frammento di impronta con le decine di migliaia contenute in una banca dati. Appena entrato in funzione ha permesso di identificare un serial killer che aveva commesso quindici delitti a Los Angeles. Se eseguito a mano, lo stesso confronto tra tutte le impronte archiviate avrebbe occupato una persona a tempo pieno per oltre sessant'anni.

Molti altri metodi d'indagine scientifica sono stati messi a punto nell'ultimo secolo. Nel 1921 si ha l'invenzione del *poligrafo*, la presunta macchina della verità, realizzata da John Larson, uno strumento che riscuoterà consenso per diversi anni prima di sparire. D'altra parte, diverse tecniche ritenute scientifiche si sono rivelate del tutto inaffidabili. Come l'analisi pilifera (ovvero dell'aspetto di peli e capelli), che ha portato alla condanna di molti innocenti fino a non molti anni fa. Nel 1930 Tomás Gonzáles, capo della polizia di Città del Messico, mise a punto il primo test per residui da sparo, il cosiddetto "guanto di paraffina", un sistema largamente inaffidabile in uso fino agli anni Sessanta quando, nella balistica forense, è stato soppiantato dallo *stub* (piccolo supporto per microscopia che consente prelievi dalle superfici più diverse). Nel 1941 a Murray Hill, nei laboratori Bell, i tecnici si cimentarono nello studio della voce per l'identificazione. E nel 1969 il fotografo Jacques Perry inventò il *fotofit*, un sistema capace di assemblare varianti di un volto umano, per trovare somiglianze tra identikit e volti reali. Ma, fino al test del DNA, le impronte digitali sono rimaste la prova principe.

Se le impronte digitali restano ancora oggi un efficace metodo d'indagine, quelle genetiche rappresentano qualcosa di ben più interessante, perché si trasmettono da una generazione all'altra: seguono cioè le leggi mendeliane.

Legami di sangue

Figlio di contadini, il monaco ceco Gregor Mendel passava ore coltivando piante di pisello nel giardino del convento agostiniano di Altbrunn, vicino a Brno. Così, impollinando fiori, scoprì la genetica, avendo notato che alcune caratteristiche passavano da una generazione di piante alla successiva secondo regole prestabilite e che in questo passaggio alcune erano dominanti, altre recessive.

Mendel cominciò a impollinare piante di pisello dai semi lisci con altre dai semi rugosi. Il risultato di questo incrocio fu una progenie di piante dai semi lisci: il carattere era dominante. Piantò i semi ottenuti e lasciò autofecondare le piante. L'autofecondazione avviene naturalmente nelle piante di pisello, con lo stame che produce il polline (il gamete maschile) che si deposita sui pistilli (i gameti femminili). Mendel raccolse i semi: due terzi erano lisci, un terzo erano rugosi. Cominciò a trarre alcune conclusioni: la progenie era simile a una delle due linee parentali, e alla seconda generazione tornava il carattere che era scomparso nella prima. Come poteva un carattere scomparire per poi ricomparire? L'unica spiegazione era che venisse trasmesso da due fattori distinti contenuti nei gameti.

Oggi li chiamiamo *alleli*. In pratica, si tratta di due forme alternative di uno stesso carattere: una dominante che è manifesta a occhio nudo, l'altra recessiva, invisibile. Quando il carattere mascherato riappariva, era successo che due alleli recessivi, che contraddistinguevano quel carattere, erano stati ereditati insieme: in questo modo la rugosità del seme era di nuovo evidente.

Mendel aveva scoperto la prima legge della genetica, cioè il *principio di segregazione*, per cui una coppia di alleli, o le due varianti di uno stesso carattere, si separano durante la formazione dei gameti e vengono ereditate casualmente nell'una o nell'altra forma dalla generazione filiale. Alla prima generazione tutte le piante avevano ereditato un allele per il seme liscio e uno per il seme rugoso (erano tutte *eterozigoti* per quel carattere), ma tutte apparivano con il seme liscio, perché dominante. Alcune piante alla seconda generazione mostravano un seme rugoso, il carattere recessivo. Queste piante avevano cioè due alleli identici (erano *omozigoti*), quelli recessivi del seme rugoso.

Mendel fece un'altra scoperta con una serie di incroci in cui erano implicati due caratteri distinti, il colore del fiore e la forma del seme. Capì che ogni carattere si distribuisce in modo indipendente dall'altro durante la produzione dei gameti: un principio noto come seconda legge di Mendel. Il monaco pubblicò i suoi lavori nel 1865, ma nessuno li prese in considerazione per tre decenni. Diventò abate e si dedicò allo studio delle api e della meteorologia prima di morire nel 1884.

Occorrerà attendere il 1900 perché qualcuno rispolveri le sue deduzioni, valide non solo per le piante di pisello, ma per qualsiasi organismo vivente. Nel 1909 il danese Wilhelm Johannsen battezzò i caratteri mendeliani *geni*. La genetica era ancora una scienza sconosciuta ma intanto nel 1901 un biologo austriaco, Karl Landsteiner, aveva fatto una scoperta che gli valse il premio Nobel, quella dei gruppi sanguigni.

Prima che fossero isolate le proteine che rivestono i globuli rossi, chiamate antigeni e alla base del sistema AB0 – attraverso il quale oggi ognuno di noi sa qual è il suo gruppo sanguigno – le trasfusioni di sangue rappresentavano una lotteria tra la vita e la morte. Presto ci si accorse che i gruppi sanguigni seguono le semplici regole mendeliane.

Nel sistema AB0 esistono quattro gruppi (A, B, AB e 0) e due alleli dominanti (che chiamiamo a e b), più un allele recessivo (z). Chi ha una coppia di alleli recessivi, è cioè omozigote per z, appartiene al gruppo 0. Sia a che b sono dominanti su z, quindi basta ereditare a o b, insieme a z, per essere rispettivamente di gruppo A o di gruppo B. Lo stesso accade se si ereditano due alleli a o due alleli b. Quando invece si ereditano dai genitori l'allele a e l'allele b insieme, si appartiene al gruppo AB (perché a e b sono *codominanti*, cioè nessuno dei due prevale sull'altro e si manifestano entrambi).

La scoperta che il sangue poteva differire da una persona a un'altra lasciò per la prima volta intravedere la possibilità di identificare una persona da una traccia ematica, un sistema che fino agli anni Ottanta è rimasto cruciale nell'identificazione in campo forense.

Geni e generazioni

Gli scienziati cominciarono ai primi del Novecento a ipotizzare che i caratteri ereditari si trovassero dentro i cromosomi, strutture filiformi presenti nelle cellule che si potevano osservare al microscopio. Ma era soltanto una teoria: la teoria dell'ereditarietà cromosomica.

La prova la fornì nel 1910 Thomas Morgan. Studiando un moscerino della frutta (*Drosophila melanogaster*), mostrò che i caratteri ereditari, o geni, erano effettivamente localizzati nei cromosomi. Morgan studiò anche la divisione delle cellule, che avviene in due modi molto diversi, per *mitosi* e per *meiosi*. Nella mitosi, dalla cellula madre se ne formano due identiche; tale processo avviene nelle cellule somatiche, dal greco *soma* (corpo), cioè in tutte le cellule eccetto quelle riproduttive. Con la meiosi, invece, si generano quattro cellule diverse dalla cellula madre; il numero dei cromosomi si dimezza, dando origine ai gameti femminili (gli ovuli) e maschili (gli spermatozoi).

In una cellula somatica i cromosomi sono 23 coppie, cioè ognuno è presente in doppia copia; i gameti hanno invece solo 23 cromosomi singoli, una copia per ciascuno. Quando i gameti si uniscono per formare un embrione, i 23 cromosomi tornano a essere in coppia: ognuno di noi ha un padre e una madre e ognuno dei nostri cromosomi proviene da una copia materna e una paterna.

Ogni copia dei singoli cromosomi è quasi identica, con piccole differenze. Per esempio quelle che regolano il colore degli occhi. Se il padre ha gli occhi azzurri e la madre castani, i figli possono averli castani o azzurri. Il colore castano risulta dominante, ma è possibile che un figlio abbia gli occhi azzurri se eredita sia dal padre sia dalla madre lo stesso allele recessivo, cioè quando in entrambe le copie del cromosoma che esprime il colore degli occhi è presente la variante azzurra.

Al momento del concepimento gli alleli si assortiscono dando luogo a combinazioni uniche. Il risultato è che tutti i figli sono diversi tra loro, a meno che non siano gemelli monozigoti. Per garantire quanta più diversità possibile, al momento della formazione dei gameti, durante la meiosi, ognuna delle 23 coppie di cromosomi si unisce e scambia dei pezzi, come se si scambiassero dei tasselli in due mosaici quasi identici: un fenomeno noto come *crossing over*. Per questo ogni cromosoma trasmesso da una madre e da un padre alla generazione successiva non è mai esattamente lo stesso cromosoma che i genitori hanno a loro volta ereditato. Se così non fosse potrebbe capitare, anche se la probabilità sarebbe comunque molto bassa, che due fratelli che non sono gemelli monozigoti risultino identici.

Nei primi decenni del Novecento, cercando quali molecole contenessero le informazioni ereditarie, si è scoperto che i cromosomi erano formati da proteine unite a un altro composto misterioso: l'*acido desossiribonucleico*, il DNA. Tutti erano certi che depositarie del patrimonio genetico fossero le proteine. Questo perché appariva insensato immaginare che un acido dalla composizione tanto semplice potesse esprimere la complessità della vita. Per decenni il DNA fu ritenuto un composto inerte e decisamente poco interessante.

A scoprire la sua vera natura furono Oswald Avery, Colin MacLeod e Maclyn McCarthy, nel 1944. Con i loro esperimenti mostrarono che era quello l'agente chimico che produceva un cambiamento ereditario, e non le proteine. Tuttavia per quasi un decennio non se ne venne a capo. Il materiale genetico doveva essere una molecola in grado di replicarsi in maniera accurata e autonoma, ma anche di cambiare sé stesso, perché senza diversità non ci sarebbe stata l'evoluzione. Come poteva un composto così elementare, formato solo da quattro mattoni chimici, essere così versatile?

Si sapeva che era fatto di uno zucchero, il desossiribosio, di un gruppo chimico fosfato, e di basi azotate di due diversi tipi: le purine, chiamate *adenina* (A) e *guanina* (G), e le pirimidine, chiamate *timina* (T) e *citosina* (C). Si sapeva anche che in un acido nucleico a doppio filamento la quantità di purine era sempre uguale a quella delle pirimidine: a tanta adenina corrispondeva altrettanta timina, così per guanina e citosina.

Ma che forma poteva mai avere questa molecola? La risposta arrivò nel 1953, quando due giovani scienziati del Cavendish Laboratory di Cambridge, James Watson e Francis Crick, svelarono la struttura della molecola misteriosa: una doppia elica. Il DNA era semplice solo in apparenza. Secondo il modello proposto da Watson e Crick era formato da due lunghe catene di zucchero e fosfato, che costuivano una sorta di telaio come le assi parallele di una scala, mentre i quattro diversi nucleotidi, A, T, G e C, che correvano lungo queste assi, si univano a formare i pioli. La scala si arrotolava a chiocciola, formando un'elica. Le due catene erano unite da legami chimici che accoppiavano a ogni A una T e a ogni G una C. I due filamenti erano quindi tra loro complementari.

Dalla struttura si intuiva immediatamente il meccanismo che consentiva alla molecola di replicarsi: i due filamenti della doppia elica si srotolavano e ognuno poteva duplicarsi, dando luogo a due ulteriori filamenti, tra loro complementari che formavano due scale a chiocciola. Il DNA era duplicato.

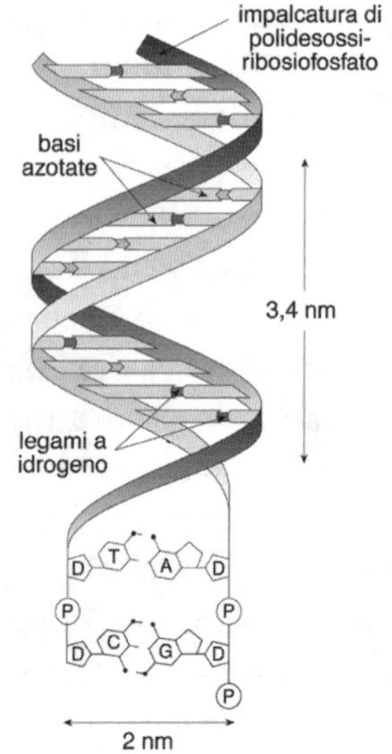

Figura 1 – La struttura a doppia elica del DNA, *descritta per la prima volta nel 1953. Ciascuno dei due filamenti complementari è composto da una sequenza di nucleotidi (a loro volta costituiti da una delle quattro basi azotate* A, C, T, G; *dal gruppo fosfato* P; *dallo zucchero desossiribosio* D). *Il* DNA *umano comprende circa 6 miliardi di nucleotidi. Se venisse "disteso", la sua lunghezza arriverebbe a 2 metri.*

La pubblicazione dei risultati su *Nature*[7] ebbe un riscontro planetario immediato e Watson e Crick, insieme a Maurice Wilkins, nove anni dopo conquistarono il Nobel per la medicina. Nelle foto dell'epoca apparivano sempre scanzonati e sorridenti, ma le polemiche li travolsero presto. Dietro alla scoperta a loro attribuita si nasconde infatti ancora oggi una verità quasi sconosciuta. I due giovani e brillanti scienziati erano arrivati al risultato grazie a una fotografia ai raggi X, scattata da una scienziata di nome Rosalind Franklin, che lavorava alle dipendenze di Wilkins. Secondo la Franklin, un'esperta della diffrazione ai raggi X, quella tecnica avrebbe permesso di vedere la struttura della molecola. E lei la vide. Era nella fotografia numero 51, da cui si poteva ricavare una spirale, una doppia elica. La foto sparì per arrivare nelle mani di Watson e Crick, con la complicità di Wilkins. Rosalind Franklin non venne neppure citata su *Nature*, né tanto meno in occasione del Nobel. Morì a trentasette anni, prima dell'assegnazione del premio nel 1962, per un tumore contratto a causa delle elevate dosi di radiazioni cui era stata esposta.

[7] James WATSON e Francis CRICK, "Molecular Structure of Nucleic Acids, a Structure for Deoxyribose Nucleic Acid", *Nature*, 171, 25 aprile 1953, pp. 737-38.

Watson e Crick l'avevano descritta come «la terribile Rosy», poco attraente e molto gelosa del suo lavoro. Ma in realtà era una donna mite e amava il suo mestiere. Se si scoprì la struttura del DNA fu grazie alla sua fotografia.

Dunque si conoscono la composizione, la struttura e le modalità di replicazione e trasmissione di questa molecola che contiene le informazioni genetiche. Ma si dovranno attendere decenni prima di vedere gli effetti di queste conoscenze nelle indagini di polizia, anche perché la complessità del DNA è ben lungi dall'essere compresa: si sa che esistono variazioni sul tema, chiamate alleli, o ancora *polimorfismi*, o *loci*, o *marcatori*.[8] Come nelle variazioni in uno spartito musicale, anche nel genoma esistono tratti in cui le note possono cambiare all'interno di una stessa melodia. Jeffreys sarà il primo a sintonizzare l'udito su quelle infinitesime variazioni di melodia.

DNA fingerprinting

Nato a Oxford nel 1950 da una famiglia di origini modeste, Alec Jeffreys non era certo destinato a mettere piede nella più prestigiosa delle università inglesi, all'ombra della quale era cresciuto. Né lui né la sua famiglia avevano mai pensato a quella possibilità, semplicemente fuori dalla loro portata. Eppure, contro tutte le aspettative, grazie al preside del liceo a cui quello studente modello con il pallino per le scienze non era passato inosservato, nel 1968 Alec Jeffreys varcò la soglia di Oxford.

Fin da piccolo era stato attratto dall'invenzione. Si può dire che ce l'avesse nei geni, visto che anche il padre e il nonno erano prolifici inventori. La passione del piccolo Alec fu incoraggiata dai regali paterni, che presto divennero grandi tesori: il microscopio e il kit del piccolo chimico.

«Erano gli anni felici della chimica, quando scendevi dal farmacista e potevi comprare qualsiasi cosa desiderassi». Tra i risultati

---

[8] Un tratto di DNA, o locus, si definisce polimorfico quando esistono almeno due forme alternative, delle quali la più rara ricorre con una frequenza di almeno uno ogni cento persone. Quando la frequenza dell'allele più raro è inferiore, si parla invece di variante.

scientifici di quegli anni ci fu anche la detonazione dell'albero di mele di sua zia, di cui mostra ancora oggi i segni, con una cicatrice sul viso. Il motivo per cui Jeffreys porta da sempre la barba. Ancora oggi ci scherza: «La scienza si impara molto rapidamente in questo modo».[9]

A Oxford, dopo la laurea in biochimica nel 1972, segue il dottorato di ricerca in genetica; poi Jeffreys parte per Amsterdam, dove ottiene un assegno di ricerca. Lì avviene un incontro decisivo per la sua carriera, quello con il biochimico Richard Flavell.

> Mi disse: «Abbiamo questo folle progetto di isolare geni di mammifero, in particolare il gene della beta-globina di coniglio. Saresti interessato?». Nessuno, a quell'epoca, aveva mai isolato un singolo gene di mammifero, così ho risposto: «Sì, ci puoi scommettere».

Il progetto è in effetti parecchio ambizioso, tanto che neppure Jeffreys e Flavell ne cavano un ragno dal buco. Isolare un gene nel DNA era come tentare di raccogliere, bendati, un ago in un pagliaio. Eppure i due riescono parzialmente nell'impresa. Sfruttano la scoperta di uno scienziato dell'Università di Edimburgo, Edward Southern, che nel frattempo ha escogitato un raffinato sistema, chiamato *Southern blot*: una sonda molecolare radioattiva capace di legarsi al DNA in punti definiti. Jeffreys e Flavell mettono a punto una sorta di calamita molecolare che si lega a un gene specifico. L'ago non si estrae dal pagliaio, ma si può cercare di capire dov'è finita la calamita. I due mettono a punto la prima mappa genetica per localizzare il gene di un mammifero.[10] Non solo. Il risultato conduce a un'altra importante scoperta, quella degli *introni*,[11] frammenti di DNA che, sorprendentemente, non sono geni, cioè non contengono le informazioni per fabbricare proteine, ma sono sequenze senza un significato noto. Una scoperta spiazzante, e non

---

[9] Qui e nel seguito del capitolo, ove non altrimenti specificato, i virgolettati di Alec Jeffreys sono tratti da Nick ZAGORSKI, "Profile of Alec J. Jeffreys", cit.

[10] Alec J. JEFFREYS e R.A. FLAVELL, "A physical map of the DNA regions flanking the rabbit beta-globin gene", *Cell*, 12, 2, 1° ottobre 1977, pp. 429-39.

[11] Alec J. JEFFREYS e R.A. FLAVELL, "The rabbit beta-globin gene contains a large insert in the coding sequence", *Cell*, 12, 4, 1° dicembre 1977, pp. 1097-108.

una qualsiasi, ma una pietra miliare nello studio del genoma. In quel 1977 infatti è ancora opinione diffusa che il DNA sia una lunga sequenza ininterrotta di geni.

L'equazione è semplice: a ogni tratto di DNA corrisponde un gene, quindi una proteina. Le proteine sono infatti le molecole organiche più abbondanti nelle cellule, ciò che fa funzionare gli organismi viventi di cui costituiscono circa la metà del peso secco. Ne esiste una grande varietà: dalla cheratina dei capelli e delle unghie, alla miosina che forma i muscoli, fino agli anticorpi del sangue responsabili delle difese immunitarie, o alle molecole che regolano i processi vitali come l'emoglobina, l'insulina o gli ormoni sessuali. Ebbene, a partire da quelle pionieristiche ricerche di Jeffreys ci si accorse che l'equazione "un gene-una proteina" era da rivedere.

Al punto che, quando il genoma umano è stato interamente sequenziato con il Progetto genoma umano, avviato nel 1990 e terminato nel 2001, si è scoperto che i geni, cioè la parte codificante del genoma, rappresentano solo il 2% del DNA. Le stime più recenti parlano di circa 30.000 geni; il resto, che in un primo tempo è stato liquidato come «DNA spazzatura», è costituito da sequenze con funzione di regolazione dei geni che sono ancora in gran parte sconosciute. Si tratta del cosiddetto DNA intergenico, o non codificante, rappresentato da una gran quantità di sequenze ripetute in serie.

Ed è qui che si annida la diversità tra le persone. Non *nei* geni, ma *tra* i geni. La ragione è intuitiva: da un punto di vista evolutivo, un gene non può permettersi variazioni, come una macchina ben collaudata non può permettersi una modifica casuale di un ingranaggio, perché smetterebbe di funzionare. Tanto che le mutazioni nei geni possono portare a malattie genetiche gravi, come l'emofilia o la fibrosi cistica. Se invece una mutazione avviene fuori dai geni, la modifica non compromette le funzioni vitali di un organismo. Lo rende solo diverso da un altro. Ed è proprio a questo tipo di variazioni intergeniche che si interessano i genetisti forensi.

Ciò porta al secondo importante aspetto: per distinguere una persona da un'altra non è affatto necessario sequenziare l'intero genoma, perché lo troveremmo identico al 99,5%. Le differenze tra una persona e un'altra sono dell'ordine dello 0,5%, ma sono disperse ovunque nella doppia elica, su cui corrono in sequenza 6 miliardi di nucleotidi. Come un libro, scritto con solo quattro lettere. A ogni persona corrisponde un libro, anche se i libri tra loro sono quasi identici perché c'è in media una differenza ogni tre milioni di lettere. Ora, se si potesse stendere su un tavolo il DNA contenuto in ogni cellula del nostro corpo, risulterebbe lungo quasi 2 metri, ma lo spazio in cui è contenuto varia tra i 10 e i 100 millesimi di millimetro. Basta questo per immaginare quanto ingegno ci sia voluto per escogitare un sistema di confronto, una sorta di lente di ingrandimento che permettesse di vedere l'invisibile, cioè quelle minime differenze sparse ovunque.

A fine anni Settanta, quando Jeffreys scopre gli introni, questo traguardo era ancora lontano. Ma era già evidente che non era possibile mettersi a tavolino, srotolare il DNA e analizzarlo per intero al fine di distinguere un individuo da un altro. Non aveva alcun senso e non lo ha ancora oggi. Il DNA era un capolavoro di architettura molecolare che rappresentava un cubo di Rubik, un rompicapo, da qualunque parte lo si prendesse. Quando Jeffreys e Flavell, nel tentativo di localizzare un singolo gene, aprirono la strada agli introni, la comunità scientifica rimase attonita da quella ignota prateria di DNA senza senso che si profilava all'orizzonte. Ma, appunto, in un primo tempo se ne erano sottovalutati i confini.

Un «orribile pasticcio»...

Nel 1977 Jeffreys pubblica insieme a Flavell la sua scoperta. Ha ventisette anni e come debutto non è niente male. Quell'anno torna in Inghilterra dove accetta un incarico come docente all'Università di Leicester, dove ancora oggi insegna. La logica conseguenza sarebbe stata quella di continuare a studiare gli introni, ma Jeffreys si rende conto da subito che non ne ha i mezzi. I laboratori più all'avanguardia nel mondo guardano con interesse alla sua scoperta, mentre lui ha solo una cattedra e Jenny Foxon, un tecnico di laboratorio part time. Ciò nonostante, nel 1979 giunge a un'altra importante scoperta, ma stavolta, anche se per un soffio, arriva secondo.[12]

Un altro scienziato ha individuato prima di lui gli RFLP (*Restriction Fragment Lenght Polymorphisms*). Un nome ostico, che significa "polimorfismi di lunghezza dei frammenti di restrizione", per un concetto abbastanza semplice. Esistono in natura certe molecole contenute nei batteri che servono a digerire il DNA, cioè a sminuzzarlo. È il modo che usano i batteri per uccidere una cellula, colpendola al cuore. Queste molecole sono chiamate enzimi di restrizione e funzionano come forbici molecolari. Hanno la capacità di riconoscere e tagliare il DNA in corrispondenza di precisi punti.

Facciamo un esempio: l'enzima di restrizione Eco RI riconosce una particolare sequenza di sei nucleotidi, GAATTC. Immaginiamo di trovare all'interno del DNA la sequenza di basi AAAGAATTCAAA. L'enzima, individuata la sequenza, effettuerà un taglio generando due frammenti: AAAG e AATTCAAA. Ma se un solo nucleotide è mutato, per esempio la sequenza è diventata AAATAATTCAAA, allora l'enzima non effettuerà alcun taglio.

Ogni enzima di restrizione riconosce un particolare sito di taglio e da un DNA intero usando diversi enzimi di restrizione si ricavano tanti pezzi, un miscuglio di frammenti di diversa lunghezza. Ma allora, DNA identici tagliati dagli stessi enzimi di restrizione producono un numero ben determinato di frammenti di precise lunghezze, sempre gli stessi. Geniale. Era possibile a questo punto distinguere un DNA da un altro? No.

Da tempo gli scienziati sapevano come separare le proteine contenute in una miscela, ma con un miscuglio di frammenti di DNA nessuno aveva idea di cosa fare. La tecnica per separare le proteine è la cosiddetta *elettroforesi*, che consiste nell'applicare un campo elettrico a una lastra di gelatina dove è stata iniettata la miscela proteica, trattata in modo da conferire carica negativa alle proteine. Al passaggio della corrente le proteine si muovono da un polo all'altro e si separano in base al loro peso molecolare. Colorando le proteine si possono osservare bande nitide e distinte sulla gelatina:

---

[12] Alec J. JEFFREYS, "DNA sequence variants in the G gamma-, A gamma-, delta- and beta-globin genes of man", *Cell*, 18, 1° settembre 1979, pp. 1-10.

ogni banda corrisponde a una precisa proteina. Certo, se uno avesse saputo come separare i frammenti di DNA ottenuti con gli enzimi di restrizione, si sarebbe potuto misurarli e contarli. Ma se si fa un'elettroforesi con un miscuglio di frammenti di DNA, il risultato è invece una lunga striscia dove ogni singolo frammento risulta indistinguibile dall'altro. Ciò è dovuto al fatto che i frammenti sono di ogni possibile dimensione. Ognuno migrerà al polo opposto a seconda della sua dimensione, ma sarà comunque qualcosa di indistinguibile a occhio nudo.

La scoperta degli RFLP ha dato grande impulso alla ricerca in genetica, tuttavia questi polimorfismi, o varianti genetiche, richiedevano un lavoro immane e non erano poi così interessanti per distinguere un DNA da un altro, visto che non erano nemmeno molto variabili. Erano più che altro una frustrazione.

Ma ci dovevano pur essere pezzi di DNA che fornissero informazioni di qualche utilità sulle differenze tra gli individui, che permettessero di distinguerli tra loro. I primi li trova proprio Jeffreys.

Sta studiando dei campioni spediti da colleghi di Cambridge, in missione in Antartide. Sono campioni di muscolo di foca congelato e servono a studiare l'evoluzione della mioglobina, una proteina molto abbondante nei tessuti muscolari. Con la calamita molecolare, Jeffreys isola il gene della mioglobina nelle foche. Ma trova anche qualcosa di assolutamente nuovo. È una strana sequenza che si ripete identica. Non è un gene. La chiama "minisatellite", o VNTR, cioè *Variable Number Tandem Reapeats,* una sequenza che si ripete in tandem (cioè testa-coda, invertita nella sua sequenza come in un gioco di specchi, un numero variabile di volte). È il 1983.[13]

Lì per lì non sembra un granché come scoperta, non è neppure variabile tra le foche. Però il numero di ripetizioni nelle foche è diverso da quello del DNA di altre specie di mammifero, dal babbuino alla mucca, fino al topo e alle piante di tabacco. Ogni specie ha un numero di ripetizioni caratteristico. E se ci fosse anche nell'uomo? C'è. Ma non può servire a distinguere le persone, perché il numero

[13] Alain BLANCHETOT *et al.*, "The seal myoglobin gene: an unusually long globin gene", *Nature,* 301, 24 febbraio 1983, pp. 732-34.

di ripetizioni di quel minisatellite non è variabile tra diversi individui. Nel frattempo però altri scienziati hanno scoperto nuovi minisatelliti come quello di Jeffreys e le sequenze sono sempre simili, hanno cioè pezzi in comune, anche se nessuno ha la più pallida idea di cosa significhino.

Jeffreys tenta allora un nuovo esperimento: crea una nuova calamita molecolare, con la tecnica di Southern, in grado di captare diversi minisatelliti, cioè di agganciarsi a una sequenza comune di minisatelliti diversi. A questo punto estrae il DNA da alcuni campioni di sangue e lo spezzetta con le forbici molecolari, gli enzimi di restrizione. Inserisce la sonda radioattiva che va a legarsi solo a quei frammenti in cui si trova una sequenza complementare, cioè sui minisatelliti, i tratti del DNA che si ripetono identici per lo stesso numero di volte della sonda. Tutti i frammenti che gli enzimi hanno prodotto sono trasferiti ai bordi di un quadrato di gelatina a cui è applicato un campo elettrico. A seconda della dimensione, i frammenti migrano con velocità diverse da un bordo all'altro della gelatina. Una foto ai raggi X mostra diverse bande di colore scuro, in fila una dopo l'altra. A ogni banda corrisponde un frammento di dimensione diversa che contiene cioè un numero diverso di ripetizioni del minisatellite. Bingo! Nel laboratorio ci sono vari campioni di DNA estratto da Jenny Foxon. C'è persino il suo DNA e quello dei suoi familiari. È l'esperimento da allestire prima del week end.

Lunedì 10 settembre 1984 Jeffreys e i suoi collaboratori fissano quell'esperimento ammutoliti. La sonda molecolare radioattiva si è legata a diversi minisatelliti nel genoma umano. E questi minisatelliti sono distribuiti in modo unico: si distinguono tutti i membri della famiglia Foxon, ognuno mostra un diverso tracciato che appare come un codice a barre, ogni barra rappresenta un allele. Come un'impronta digitale. Un'impronta digitale genetica, un *DNA fingerprinting*. Non solo: i minisatelliti sono trasmessi dai genitori ai figli secondo la modalità mendeliana.

E pensare che in un primo momento ad Alec Jeffreys era sembrato un «orribile pasticcio».

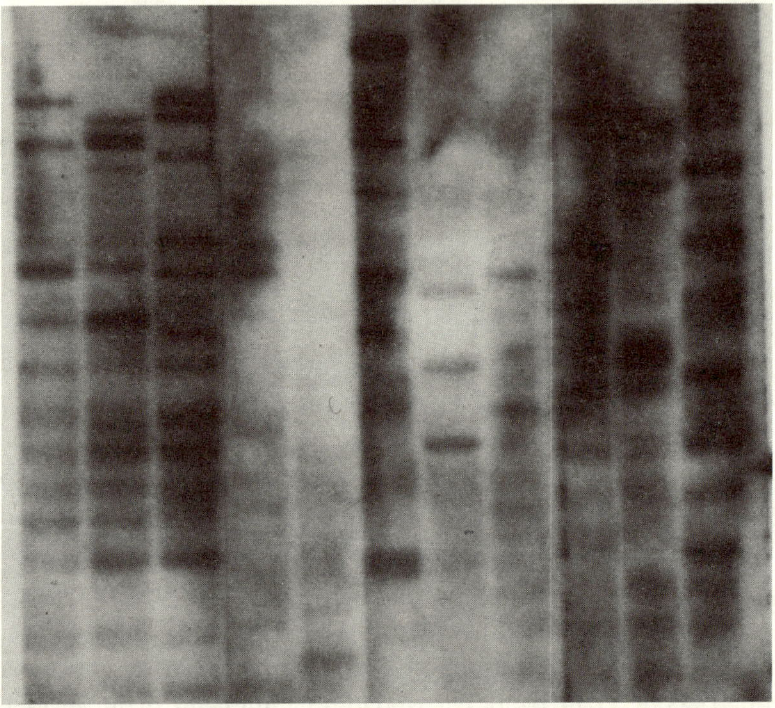

Figura 2 – Somiglia a un codice a barre ma è l'immagine che si ricava da un DNA fingerprinting*: più precisamente, è l'immagine della prima impronta genetica mai realizzata. La ottenne Alec Jeffreys nel suo laboratorio il 10 settembre 1984. Sono visibili le ripetute sequenze di* DNA *altamente variabili chiamate "minisatelliti" (cortesia del professor Sir Alec Jeffreys, del dipartimento di Genetica dell'Università di Leicester).*

Capitolo 2

«DEAR DR. JEFFREYS...»

A Leicester, da quel mattino di settembre del 1984, l'entusiasmo era alle stelle.

> A quel punto avevamo davanti a noi due sfide: la prima era quella di migliorare la tecnologia, da quel confuso pasticcio a qualcosa che potesse essere sufficientemente affidabile in un caso reale. La seconda era fare in modo che qualcuno mostrasse una punta di interesse per la nostra scoperta.[1]

Qualche mese più tardi Jeffreys vince la prima sfida. L'occasione per la seconda arriva di lì a poco.

Nature pubblica all'inizio del 1985 un primo lavoro sulla frequenza con cui i minisatelliti appaiono in venti persone non imparentate tra loro.[2] Nessuno sembra aver prestato grande attenzione. Ma un giorno accade qualcosa.

È l'aprile del 1985 quando tra la posta Jeffreys trova una lettera. È una richiesta di aiuto e arriva da un'avvocato di Londra. Si chiama Sheona York e si occupa di immigrazione. A parlarle di Alec Jeffreys è stato un suo collega che le ha mostrato un articolo di *The Guardian* in cui si dice che «un gruppo di scienziati ha scoperto un metodo per identificare le persone dai loro geni: un'impronta genetica così precisa che ti può dire persino chi è tuo padre, ed è capace di distinguere ogni individuo».[3] Come avvocato, spiega la York nella sua lettera, a lei non sembra vero perché tutto ciò che le serve per vincere la causa a cui sta lavorando è trovare una prova schiacciante di parentela.

L'eccitazione della York deve presto fare i conti con la realtà. Il genetista di Leicester le spiega quello che aveva omesso di scrivere nel lavoro apparso su *Nature*, cioè che la tecnica è ancora da

---

[1] Nick ZAGORSKI, "Profile of Alec J. Jeffreys", cit.

[2] Alec J. JEFFREYS *et al.*, "Hypervariable 'Minisatellite' Regions in Human DNA", *Nature*, 314, 1985, pp. 67-73.

[3] Citato in Jay D. ARONSON, *Genetic Witness: Science, Law, and Controversy in the Making of DNA profiling*, Rutgers University Press, Chapel Hill 2007, p. 8.

sviluppare e deve essere perfezionata prima di arrivare in un'aula di giustizia. E poi il caso in questione è troppo complesso, ci sarebbe da impazzire per venirne a capo. Senza contare quanto complicato sarebbe portare una nuova prova scientifica davanti a una corte. Jeffreys confida all'avvocato York soprattutto una cosa: non esiste alcuna evidenza scientifica che il test possa davvero riconoscere le persone, tanto meno le parentele, nulla insomma che abbia davvero l'avallo della comunità scientifica.

L'efficacia del *DNA fingerprinting* era tutt'altro che provata e il gruppo di Leicester lo sapeva bene. Ma perché non tentare comunque? Se l'avvocato York non aveva in fondo nulla da perdere, per Jeffreys la questione era diversa. Ne andava della sua credibilità. Non era questo il modo di procedere: le regole dell'establishment scientifico imponevano accurati controlli, severe verifiche e conferme. Per spingersi oltre i confini accademici con questi presupposti, addirittura in un'aula di tribunale, bisognava che uno scienziato fosse pazzo. Uno scienziato pazzo, o uno che ha il coraggio di osare, unito a una straordinaria capacità di immaginare il futuro. Uno, insomma, come Alec Jeffreys. Che accetta la sfida.

Era in fondo l'occasione che aspettava, un caso reale per rivelare al mondo la sua scoperta. Di più: una vicenda umana di grande risonanza mediatica. L'Inghilterra seguiva con apprensione la trafila giudiziaria di quel ragazzo del Ghana che rischiava la deportazione. Ma non era ancora nulla rispetto a quanto sarebbe accaduto solo un anno dopo...

Il ragazzo del Ghana: il test debutta in tribunale

Andrew Sarbah era nato a Londra da genitori di origine ganaense. Quando aveva quattro anni i due si erano separati, e lui aveva seguito il padre in Africa. A quindici anni, per la prima volta un aereo lo riportava nella capitale britannica, per tornare a vivere con la madre, i fratelli e le sorelle.[4]

---

[4] Tutti i riferimenti e i virgolettati delle storie di questo capitolo, ove non altrimenti specificato, sono tratti da Jay D. ARONSON, "DNA fingerprinting on trial: The dramatic early history of a new forensic technique", *Endeavour*, 29, 3, 2005, pp. 126-31.

L'incubo per Andrew cominciò al momento di mostrare il passaporto. Era un passaporto del Ghana, con una fotografia che lo ritraeva da piccolo. Per le autorità aeroportuali il documento era contraffatto, non era il suo. Quel ragazzo dalla pelle scura che si spacciava per Andrew Sarbah era probabilmente un cugino di chissà quale grado che ne aveva approfittato per venire in Inghilterra. Gli venne concesso un permesso temporaneo d'ingresso, il tempo di risolvere la questione in tribunale e rispedirlo da dove era venuto. La famiglia Sarbah aveva ottenuto soltanto la consulenza legale di un'avvocato. Sheona York, un'esperta di immigrazione, aveva preso a cuore il caso di Andrew. Aveva raccolto prove, fotografie, testimonianze di parenti, era riuscita persino a ottenere un test sierologico, un'analisi sugli antigeni del sangue secondo la quale Andrew era figlio di Christine Sarbah con una probabilità davvero alta. Sembrava una prova solida, ma chi aveva effettuato il test spiegò che c'era un certo margine di possibilità che il ragazzo non fosse il figlio, ma il fratello di Christine. L'Home Office, il ministero dell'Interno, si ostinava a negare che si trattasse con certezza di Andrew. Un caso complicato d'immigrazione e i presupposti per la deportazione dell'assistito di Sheona York c'erano tutti. La speranza della famiglia Sarbah era appesa a un filo, alla richiesta di appello inviata a Jeffreys dall'avvocato. Quel filo di speranza aveva la forma di un filamento genetico, un doppio filamento di DNA.

L'opinione pubblica segue con trepidazione questa storia d'immigrati rimasti impigliati nelle maglie della burocrazia: spezza il cuore a chi crede nell'innocenza di Andrew. Ma c'è anche chi ha dei dubbi. I Sarbah mentono o dicono il vero? Qualunque risposta arrivi dal nuovo test genetico, catalizzerà l'attenzione dell'opinione pubblica.

Per Jeffreys e colleghi eseguire quel test non è semplice. A complicare le cose c'è stato il pianto di Christine, la madre di Andrew, che ha confessato in lacrime di non essere nemmeno certa di chi sia il vero padre del ragazzo. Jeffreys è preoccupato, non è una complicazione da poco, ma non se la sente di abbandonare la sfida. Decide di tentare comunque comparando il DNA degli altri tre figli con quello di Andrew.

Il giorno dell'appello Jeffreys e la York si incontrano nei corridoi del tribunale dell'immigrazione. Lo scienziato ha in tasca i risultati del test e una copia di un articolo appena pubblicato su *Nature*,[5] le credenziali per supportare la prova che lega madre e figlio. I risultati parlano chiaro: il ragazzo è figlio naturale di Christine Sarbah. L'impronta genetica dimostra non solo che il ragazzo del Ghana è suo figlio, ma che tutti i figli di Christine hanno lo stesso padre. Un sospiro di sollievo per i Sarbah, a cui non resta che affidarsi al giudice.

Sheona York vede Jeffreys allontanarsi e discutere animatamente con un uomo. È un esperto di statistica mandato dal ministero dell'Interno. L'avvocato York si ferma e sospira, le premesse non sono delle migliori.

Jeffreys espone per la prima volta davanti a una giuria i risultati del nuovo test del DNA. Spiega che nessun essere umano ha lo stesso DNA di un altro, con la sola eccezione dei gemelli identici. Dice che il corpo è composto da miliardi di cellule, ma che tutte discendono da una singola cellula uovo, fecondata da uno spermatozoo. Nel nucleo di ogni cellula ci sono 23 paia di cromosomi; per ogni paio una copia proviene dal padre e una dalla madre. Durante lo sviluppo dell'embrione le cellule cominciano a replicarsi numerose volte, fino a formare un individuo: i capelli, la pelle, il sangue, i muscoli. Tutte le cellule contengono lo stesso DNA, oltre sei miliardi di "lettere" in sequenza.

Jeffreys prosegue spiegando che le differenze tra individui non sono molte, ma abbastanza per rendere ogni profilo genetico unico. In particolare, ci sono parti del DNA che si ripetono un numero variabile di volte, una dietro l'altra. Ogni frammento di diversa lunghezza è chiamato *allele*; per ogni sequenza ripetuta, che Jeffreys chiama "minisatelliti", di alleli ne esistono a dozzine; ognuno si distingue per il numero di volte in cui la sequenza si ripete. La presenza o l'assenza di particolari alleli è ciò che rende un individuo identificabile attraverso il suo profilo genetico. Inoltre, se un allele è presente in un individuo, questo deve necessariamente trovarsi in almeno uno dei genitori.

---

[5] Alec J. JEFFREYS *et al.*, "Individual-specific 'fingerprints' of human DNA", *Nature*, 316, 6023, 4 luglio 1985, pp. 76-9.

L'impronta digitale genetica si presenta come un codice a barre, in cui ogni barra rappresenta un allele. Se si confronta l'impronta del DNA di due individui imparentati tra loro, i due codici a barre avranno bande in comune. Il profilo di Andrew contiene solo barre che sono presenti nel profilo della madre, del fratello o delle due sorelle, il che dimostra la parentela. Jeffreys conclude la spiegazione alla Corte con una dichiarazione scioccante: la probabilità che questo risultato sia casuale, e cioè che Andrew abbia quel profilo genetico pur non essendo figlio di Christine, è di 1 su 33 miliardi.

L'esperto di statistica mandato dal Ministero lo ascolta sbalordito. Jeffreys ammette che il test non è stato sottoposto a una controverifica indipendente, per una semplice ragione: l'unico laboratorio al mondo in grado di replicare la tecnica è il suo. In aula cade il silenzio. Nessuno controbatte. Lo scontro che la York si aspettava non c'è. Del resto le prove a suo favore sono moltissime, mentre il ministero dell'Interno non ne ha alcuna contro.

La Corte prende la parola. Non si prenderà la responsabilità di decidere su un caso di immigrazione sulla base di una prova scientifica non testata. Di questo, se mai fosse necessario, si può occupare la Corte suprema. Ma per il caso Sarbah comunque non serve. Il giudice chiude l'udienza con queste parole: «A meno che il ministero dell'Interno non abbia un coniglio da tirare fuori dal cappello, dovrebbe rinunciare al caso».[6] Le accuse vengono ritirate. Sheona York sorride soddisfatta: Andrew è un libero cittadino inglese. La famiglia Sarbah lo abbraccia mentre i giornalisti tentano di farsi largo per intervistarlo.

Il giorno dopo tutti i principali quotidiani inglesi aprono con la storia dei Sarbah, che grazie al test del DNA ha avuto un lieto fine.

"Figlio si ricongiunge alla madre dopo che il test genetico mette fine alla disputa di immigrazione. Il ragazzo del Ghana libero di riunirsi alla famiglia in Inghilterra" titola *The Guardian* il 31 ottobre 1985.[7] "Genes tell tales" (i geni raccontano storie) titola con un bel gioco di parole *The Sunday Times*.[8]

---

[6] Jay D. ARONSON, *Genetic Witness*, cit.

[7] Andrew VEITCH, "Son rejoins mother as genetic test ends immigration dispute / Ghanian boy allowed to join family in Britain", *The Guardian*, 31 ottobre 1985.

[8] Bian SILCOCK, "Genes tell tales", *The Sunday Times*, 3 novembre 1985, p. 13.

Per i media il DNA diventa subito lo strumento che esclude la politica dalle controversie nei casi d'immigrazione. C'è solo un problema: il test del DNA non è stato davvero una prova nel processo Sarbah. La sentenza ha chiarito bene il concetto: solo una Corte suprema potrebbe esprimersi su una prova che non ha alcun riscontro tra la comunità scientifica. Ma per la stampa britannica quello è un dettaglio. La notizia è che esiste un test genetico che ha dimostrato l'identità di Andrew Sarbah, e quel test è entrato nell'aula di giustizia dove lui è stato scagionato da ogni accusa. La grande campagna pubblicitaria del test è cominciata. Il giornalista di *The Guardian* Andrew Veitch scrive che nonostante il ministero dell'Interno non abbia creduto ai Sarbah, il metodo del Dr. Jeffreys ha dimostrato che il ragazzo aveva ragione.

Jeffreys ne è fiero. «Un magnifico debutto per l'impronta genetica. È la scienza che viene in aiuto di una famiglia povera finita in groviglio burocratico». Per il genetista è stato rischioso, perché se il test non fosse riuscito a dimostrare la parentela madre-figlio, le cose sarebbero andate diversamente. L'Inghilterra avrebbe forse visto un ragazzino povero che veniva imbarcato su un aereo e rispedito in Africa. Sarebbe stato un epilogo tragico per i Sarbah e forse anche per il test del DNA, che avrebbe dovuto attendere anni prima di tornare alla ribalta.

L'Università di Leicester viene sommersa di lettere e per ben due anni sono così tante le richieste d'aiuto – migliaia – che Jeffreys e i suoi colleghi passano ore a sistemarle dentro scatoloni per fare spazio nei laboratori. Non è mai stato fatto un calcolo preciso ma si stima che, fatta un'attenta selezione dei casi segnalati, i laboratori dell'Università di Leicester nel giro di un paio d'anni abbiano lavorato su circa duecento di essi.

Jeffreys aveva inviato alla rivista *Nature* una relazione scientifica comprendente anche il calcolo probabilistico a dir poco acrobatico che avrebbe discusso nel caso giudiziario. La risposta era stata negativa. *Nature* non intendeva pubblicare il lavoro perché nel *peer review*, la revisione dell'articolo da parte di una commissione di esperti, uno dei revisori si era opposto. Ma Jeffreys non era tipo da accettare un no come risposta. Specie dopo che il ministero dell'Interno aveva preso in considerazione il test del DNA. Prima del processo Sarbah, Jeffreys convince *Nature* dell'opportunità, anzi della necessità, di pubblicare il lavoro. All'editore suggerisce con abilità che scartarlo non è conveniente, visto che le autorità sull'immigrazione stanno seriamente valutando la possibilità di avvalersene.

> Ho dovuto contattare la rivista facendo gentilmente notare che non stavano dando una giusta immagine del lavoro, del suo significato, e anche che bisognava essere consapevoli del fatto che questa prova stava per essere presa in considerazione dal ministero dell'Interno. In linea di principio, ciò avrebbe cambiato l'intera base del controllo dell'immigrazione nel Regno Unito: sentivamo che questo era sufficiente per ottenere la considerazione di *Nature*.[9]

Alla fine *Nature* cede e pubblica il lavoro. Ecco il perentorio abstract:

> Le impronte genetiche [...] possono essere usate per risolvere dispute sull'immigrazione ogni volta che non ci sia prova di legami familiari. Per illustrare le potenzialità della tecnica, in una identificazione certa o inclusiva, descriveremo l'analisi con il DNA *fingerprinting* per un caso di immigrazione la cui soluzione sarebbe stata molto difficile e laboriosa usando i marcatori genetici [...] attualmente disponibili.[10]

Del resto *Nature* non era un alleato a cui poter rinunciare, ma l'editore si toglie qualche sassolino dalle scarpe, scrivendo nero su bianco che è stata «d'esistenza del test, e non la sua effettiva validità, a persuadere la Corte».[11] Quella della rivista britannica, tuttavia, è l'unica voce fuori dal coro.

Ora Jeffreys ha tutti dalla sua parte, la comunità scientifica, i media e con loro l'intera opinione pubblica. Ma è soltanto l'inizio della sua ascesa, perché qualcosa di ancor più straordinario sta per

---

[9] Citato in Jay D. ARONSON, "DNA fingerprinting on trial", cit., p. 128.

[10] Alec J. JEFFREYS, John F.Y. BROOKFIELD e Robert SEMEONOFF, "Positive identification of an immigration test-case using human DNA fingerprints", *Nature* 317, 31 ottobre 1985, pp. 818-19.

[11] "DNA fingerprinting: DNA probes control immigration", *Nature* 319, 16 gennaio 1986, p.171, citato in Jay D. ARONSON, "DNA fingerprinting on trial", cit.

accadergli. Un'altra alleanza sta per dare i suoi frutti: quella con Peter Gill, uno scienziato in forze presso il Forensic Science Service, la scientifica della polizia britannica. Anche Gill come Jeffreys è convinto che il test del DNA abbia un grande futuro in campo forense, e non solo per le questioni di paternità. Anche in criminologia, dove ormai si usa una tecnica detta *Single Locus Probe* (SLP): con una sonda specifica per un singolo locus, che mette in evidenza due alleli per volta, il risultato è un codice a barre a una o due bande, a seconda che l'individuo sia omozigote o eterozigote per quell'allele. Ancora una volta Jeffreys vede il futuro, un futuro che diventa realtà nel settembre del 1986, quando riceve una telefonata per un caso di omicidio.

Il caso Pitchfork: il test inchioda l'assassino

Linda Mann, quindici anni, è uscita di casa per andare a far visita a un'amica. È la sera del 21 novembre 1983 quando scompare da Narborough, una località vicino a Leicester. Alle 7.20 del mattino del giorno dopo, un portantino dell'ospedale imbocca la strada che lo porta al lavoro. Sul ciglio della Black Pad, tra l'erba ghiacciata, vede un cadavere riverso a terra e corre alla polizia. Linda Mann è nuda dalla vita in giù, è stata violentata e strangolata.

La polizia reperta il liquido seminale trovato sulla vittima. Le analisi sierologiche sullo sperma sono molto incerte, è difficile evitare contaminazioni, ma consentono di tracciare un profilo proteico presente in un 10% della popolazione maschile. L'assassino è positivo all'enzima fosfoglucomutasi 1, PGM 1, ed è di gruppo sanguigno A. In un primo tempo le indagini si concentrano sul Carlton Hayes Hospital, una struttura che ospita malati di mente, ma senza alcun esito. La caccia all'uomo include anche i villaggi limitrofi di Enderby e Littlethorpe perché c'è la convinzione che l'assassino sia uno del posto. Vengono interrogati i sospetti. Tra questi c'è anche un uomo, in precedenza condannato per atti osceni, che è stato un paziente del Carlton Hayes. Ma ha fornito un alibi: la sera dell'omicidio era a casa con il figlio piccolo. Le indagini finiscono in vicolo cieco. Nella cittadina inglese il tempo comincia a placare l'inquietudine, fino a un pomeriggio d'estate quando, tre anni dopo, l'incubo torna realtà.

Il 31 luglio 1986 a Enderby un'altra quindicenne scompare di casa. Si chiama Dawn Ashworth. Il suo corpo senza vita viene ritrovato due giorni dopo a Ten Pound Lane, la scorciatoia che prendeva per tornare a casa. Anche Dawn è stata violentata, anche lei è morta strangolata. I due delitti devono essere opera dallo stesso uomo. Viene fermato Richard Buckland, un diciassettenne con ritardo mentale che lavora nelle cucine del Carlton Hayes. Parla ossessivamente dell'omicidio di Dawn Ashworth e sembra conoscere dettagli inediti. Confessa alla polizia di aver ucciso la ragazza. Le indagini sembrerebbero concluse, ma il ragazzo non si decide a confessare anche l'omicidio di Linda Mann. Forse non lo ha commesso, forse non è lui l'assassino, perché ci sono altri particolari che non tornano. Il suo sangue non è positivo alla PGM 1, ritrovata invece nel liquido seminale sul corpo di Linda Mann. La polizia, da tre anni impegnata nella caccia del suo assassino, insiste nel far confessare Buckland. Tutti sono certi che sia stato lui, eccetto una persona. È il padre del ragazzo, ed è disperato perché non sa come provare l'innocenza di suo figlio. Ha sentito di un test del DNA e chiede che gli sia data quella possibilità.

Nel settembre del 1986 Alec Jeffreys viene coinvolto nelle indagini. Il campione di sperma raccolto sul corpo di Linda Mann arriva al dipartimento di Genetica. Gli scienziati ormai sono riusciti a mettere a punto un metodo efficace e sicuro per separare le cellule vaginali da quelle spermatiche, grazie a un processo noto come *lisi differenziale*, in cui le membrane che racchiudono le cellule femminili e maschili vengono rotte in tempi diversi, e con diversi reagenti chimici, per separare il DNA maschile e femminile. Ma in questo caso non è scontato perché il campione biologico è stato raccolto sulla scena del crimine da ben tre anni. Il materiale genetico viene testato con un solo marcatore, procedimento che richiede una quantità di DNA inferiore. Il profilo così ricavato viene messo a confronto con il profilo genetico di Richard Buckland.

I risultati arrivano il mese successivo, a pochi giorni dal processo che vede il ragazzo imputato per omicidio di primo grado. I poliziotti sono in attesa della prova per incastrare definitivamente Buckland, in arresto per l'omicidio di Dawn Ashworth. Jeffreys entra in laboratorio per vedere il risultato del suo test. I due profili non corrispondono. Si può escludere la colpevolezza del ragazzo nell'omicidio di Linda Mann. Dice Jeffreys:

> È una cosa che spesso si dimentica perché si tende a vedere il test come strumento per provare la colpevolezza e non ci rende conto che è altrettanto in grado di escludere un innocente dalle accuse.[12]

La polizia decide di inviare a Jeffreys anche un campione del liquido seminale trovato sul corpo di Dawn Ashworth, la vittima del secondo omicidio, quello che Buckland ha confessato. Il risultato della perizia lascia di stucco lo stesso Jeffreys, che inizialmente pensa che qualcosa in laboratorio sia andato storto: il DNA non è quello del ragazzo. Il test viene ripetuto, ma il risultato è identico. La polizia ha arrestato un innocente. Il 21 novembre 1986, dunque, il test del DNA scagiona per la prima volta un uomo ingiustamente accusato di omicidio. Anzi, se l'individuazione dell'identità, specie quando basata su un unico marcatore, presenta margini di incertezza, l'esclusione per mancata corrispondenza può invece essere considerata certa.

Ma i risultati dei test non sono stati del tutto negativi dal punto di vista investigativo. Hanno scagionato l'uomo ritenuto colpevole, hanno anche dimostrato senza ombra di dubbio che l'autore dei due omicidi è la stessa persona. È a quel punto che la polizia decide di affidarsi alla nuova tecnica.

> A quel punto la polizia prese una decisione che ritenni incredibilmente audace. Piuttosto che rinnegare il test decide di crederci fino in fondo e si lancia nella prima caccia all'uomo basata sul DNA, chiedendo campioni di sangue a un'intera comunità.[13]

C'è chi sostiene che tra gli agenti aleggi grande scetticismo sul DNA, ma non c'è alternativa: la caccia all'uomo più imponente degli anni Ottanta è cominciata. Viene chiesto a Jeffreys di analizzare i campioni di sangue e saliva che la polizia ha prelevato su 4.582 uomini tra i diciassette e i trentaquattro anni. Si allestisce in fretta il

---

[12] Nick Zagorski, "Profile of Alec J. Jeffreys", cit.

[13] *Idem.*

primo laboratorio per le analisi del DNA del Forensic Science Service a Huntingdon, nel Cambridgeshire. I risultati di Jeffreys su Buckland vengono confermati. I campioni biologici raccolti sono sottoposti alle tradizionali analisi sierologiche, per isolare gli individui di gruppo A e positivi alla PGM 1. Sono cinquecento. Quindi si lavora a tempo pieno per tracciare i profili genetici. I test si concludono sei mesi dopo. Ma ancora una volta le indagini sembrano a un punto morto. Centinaia di test, mesi di lavoro, e nessuna corrispondenza con la traccia biologica lasciata dall'assassino.

La svolta giunge a sorpresa, per puro caso, alla metà di settembre del 1987, quando alla centrale arriva la telefonata di una donna. Dice di lavorare in una pasticceria di Leicester e che sa qualcosa a proposito del duplice omicidio. Il 1° agosto 1987, racconta ai poliziotti, era stata con tre colleghi al pub. La conversazione era finita su un decoratore di torte, tale Colin Pitchfork. I tre avevano cominciato a scherzare sulle sue continue avance, quando, complice qualche pinta di birra, la discussione aveva preso una strana piega. Ian Kelly all'improvviso aveva cominciato a vantarsi di aver dato un campione di sangue al posto di Pitchfork, in cambio di 50 sterline. Un altro collega aveva detto di aver ricevuto da Pitchfork la stessa proposta, ma di aver rifiutato. Al tavolo era calato un silenzio di tomba. Kelly, un uomo timido e arrendevole aveva accettato dopo molto insistenze da parte di Pitchfork. Con un passaporto falso, si era presentato al suo posto per il prelievo di sangue. Pitchfork aveva chiesto a Kelly se poteva fargli quel piacere perché anni prima aveva avuto una condanna per molestie sessuali e la polizia l'avrebbe perseguitato. Insomma, lui ormai aveva una moglie e due figli piccoli. Per sei settimane la donna che ora stava consegnando la soluzione del giallo alla polizia non si era decisa a riferire l'accaduto perché non voleva credere che quel suo collega, che pure esagerava spesso con le avance, avesse commesso un duplice omicidio così orribile. Ma poi aveva dovuto fare i conti con la sua coscienza.

Il 19 settembre 1987 la polizia suona al campanello di casa Pitchfork. L'uomo non oppone resistenza e confessa entrambi gli omicidi. Un campione del suo sangue viene inviato a Jeffreys e stavolta, dopo un'analisi minuziosa, il profilo genetico combacia alla perfezione con quello dell'assassino.

The Times lo ritrae in una vecchia foto vestito di tutto punto al suo matrimonio, sorridente sotto un cappello a cilindro. Accanto ci sono le foto di Linda Mann e Dawn Ashworth, anche loro sorridenti. Il titolo recita: "Carcere a vita per il killer sessuale che ha spedito un sostituto a fare il test genetico". Nell'occhiello si legge invece: «Se non fosse stato per l'impronta genetica, potrebbe essere ancora in libertà».[14]

Per la seconda volta la stampa plaude al test, anche se di fatto a incastrare Pitchfork è stata una soffiata. Ma, come nel caso Sarbah, se si è arrivati alla verità è per via dell'esistenza stessa del test. Per i media, se il primo caso era stato degno di nota, stavolta si tratta di un trionfo. Il DNA ha fatto prendere due piccioni con una fava, scagionando un innocente e nello stesso tempo incastrando l'assassino. La storia riempie le prime pagine e nel 1989 è diventata un romanzo-verità dal titolo *The Blooding*, dello scrittore Joseph Wambaugh.[15] È la consacrazione: il test del DNA è pronto a una nuova grande sfida. Quella al di là dell'Atlantico.

The Blooding è il libro che Kirk Bloodsworth legge in carcere.

---

[14] Craig SETON, "Life for sex killer who sent decoy to take genetic test", *The Times*, 23 gennaio 1988.

[15] Trad. it. Joseph WANBAUGH, *Impronta di sangue*, Fabbri, Milano 1994.

Parte seconda

La prova

Capitolo 3

La conquista dell'America

Per far fronte alle innumerevoli richieste giunte all'Università di Leicester dopo il caso del ragazzo del Ghana, il Lister Institute, che aveva finanziato le ricerche di Jeffreys, strinse un accordo con la più grande compagnia chimica britannica, la multinazionale Imperial Chemical Industries (ICI). Alla fine di luglio del 1987 la ICI aprì un laboratorio che offriva il test a 105 sterline.[1] La prova del DNA avrebbe ottenuto un riconoscimento ufficiale in Gran Bretagna solo nel 1989, con un emendamento che regolava la questione nelle dispute di paternità per gli immigrati, ma si trattò in realtà di un provvedimento puramente formale perché da tempo il ministero dell'Interno si avvaleva della tecnica.

Il grande business: una guerra per bande

La licenza ai fini commerciali dei test di paternità nelle dispute immigratorie era diventata una miniera d'oro. Ad Abingdon fu inaugurato il primo laboratorio della Cellmark Diagnostic, e nell'ottobre del 1987 aprì la prima succursale negli Stati Uniti, nel Maryland. Le prospettive di guadagno erano enormi. Nel primo manuale sull'impronta genetica redatto dalla Cellmark si legge:

> Ogni anno, in centinaia di migliaia di casi giudiziari negli Stati Uniti, la sentenza viene scritta sulla base dell'abilità di giudici e corti di stabilire l'identità di una persona. Succede nelle cause sulla paternità e nei processi a criminali. Chi è il padre del bambino? La macchia di sangue trovata sulla scena del crimine è dell'imputato?[2]

La Cellmark riuscì a convincere la comunità giuridica ad adottare il test per le dispute di parentela. Le richieste arrivarono a decine

---

[1] Tutti i virgolettati e i riferimenti, ove non altrimenti specificato, sono tratti da Jay D. ARONSON, *Genetic Witness*, cit.

[2] Cellmark Diagnostics, *DNA Fingerprinting*, 13, citato *ibidem*, p. 215.

fin dai primi mesi. La società si organizzò di conseguenza, con un tariffario: 200 dollari a campione, per un costo complessivo tra madre, padre e figlio, di 600 dollari. Per l'esperto che doveva testimoniare in tribunale il costo era stato fissato a 500 dollari al giorno. La società a metà del 1988 avviò un'imponente campagna pubblicitaria:

> Il DNA *fingerprinting* lega il criminale al crimine!
> Polizia, procuratori, avvocati difensori, tutti stanno per avvalersi di una nuova tecnologia chiamata DNA *fingerprinting* che identifica i sospetti. Con il DNA *fingerprinting* sai chi ha lasciato la traccia e chi no. Tutto questo esaminando il materiale genetico di una persona sospetta, che è unico. Ora i criminali lasciano una traccia definitiva come mai prima [...] la radice di un capello, una goccia di liquido seminale, un po' di pelle. Se contiene DNA può fare la differenza tra una condanna e un'assoluzione. Risultati conclusivi in un solo test! È tutto ciò che serve [...] perché il DNA è stabile e si possono ottenere buoni risultati anche per campioni vecchi di mesi e persino anni [...] Il DNA *fingerprinting* è il più potente test d'identità disponibile. Un passo avanti straordinario che trova consenso da parte della comunità scientifica.[3]

Alla fine degli anni Ottanta il DNA è ormai diventato un business mondiale, anche a costo di qualche omissione e di un eccesso di approssimazione. Negli opuscoli della Cellmark non si fa cenno, per esempio, alla possibilità di fallimento del test, benché all'epoca non fosse così raro esaurire una traccia senza riuscire a ricavare un profilo dal DNA estratto.

Negli Stati Uniti la Cellmark, che non ha un'identità consolidata, deve presto fare i conti con la concorrenza. Tra il 1983 e il 1985, cioè a cavallo della scoperta di Jeffreys, anche altri hanno lavorato a un sistema d'identificazione basato sul DNA. Se per Jeffreys la scoperta si deve un po' al caso, per gli americani è frutto di un lavoro di anni finalizzato allo stesso risultato. Gli sforzi di maggior successo sono quelli dei ricercatori della Lifecodes Corporation. Nata nel 1982 con nome di Actagen, la Lifecodes è una joint venture fondata da un gruppo di medici dello Sloan-Kettering Cancer Center

---

[3] Annuncio pubblicitario della Cellmark, 1988, citato *ibidem*, p. 215.

di New York, e posseduta in gran parte dalla National Distellers and Chemical Corporation. La compagnia si sta ingrandendo con l'intento di sviluppare tecnologia diagnostica per la ricerca medica. L'Actagen inizialmente concentra le energie in campo medico, non tanto nell'identificazione personale a fini forensi. Del test del DNA di Alec Jeffreys si è cominciato a parlare molto oltreoceano, dove è giunta eco dell'incredibile caso che ha portato alla cattura dell'assassino di due ragazzine e al tempo stesso a scagionare un innocente, un giovane mentalmente ritardato che aveva confessato un omicidio mai commesso. A partire dal 1986 diventa chiaro che i tribunali rappresentano un mercato in espansione. La National Distellers diventa Quantum Chemical Corporation e acquista l'Actagen, cambiandole nome in Lifecodes, e assume biologi dalle migliori università americane per mettere a punto un test del DNA che faccia concorrenza alla Cellmark.

Le due compagnie biotech hanno messo a punto test diversi con i quali cominciano a contendersi duramente il mercato.

La Lifecodes ha un test basato su un singolo locus. Il risultato è non più un codice a barre come quello del supermercato, complesso da interpretare, ma un codice a due o tre sole bande, che impiega un'unica sonda molecolare (*probe*). Questo metodo, chiamato *Single Locus Probe* (SLP) – a differenza del metodo della Cellmark, il *Multi Locus Probe* (MLP) – è sì più chiaro, ma non ancora sufficiente a riconoscere con certezza una persona. Tuttavia si può rimediare facilmente, basta usare più sonde a singolo locus. Ai fini forensi il sistema SLP ha diversi vantaggi rispetto al MLP: primo, è efficace anche con una quantità inferiore di materiale biologico, come aveva capito anche Jeffreys che lo aveva usato per il caso Pitchfork, ed è più semplice da spiegare a un giudice.

La probabilità di sbagliare

Pochi mesi dopo il suo arrivo in America, anche la Cellmark adotta un sistema SLP. Ma si affaccia un nuovo problema. Per essere affidabile il test deve avvalersi di una solida base statistica. Un *match*, cioè una corrispondenza tra due risultati, può infatti significare tre cose: si tratta del DNA della stessa persona; c'è stata una contaminazione, cioè il DNA non appartiene a un unico individuo, in altre parole gli alleli provengono da DNA diversi; oppure due persone per caso si trovano ad avere lo stesso profilo genetico. Come calcolare in modo attendibile le tre diverse probabilità? Non esistono molti dati sulla frequenza di errore nel tracciare i profili e quindi non si conosce la probabilità esatta che una corrispondenza tra due campioni tragga in errore: è praticamente impossibile. La questione statistica, vero nodo dell'affidabilità del test, irrompe sulla scena.

L'equazione tra corrispondenza del DNA e colpevolezza di un sospetto non è esatta. È l'errore in cui incappa di frequente l'accusa. In un caso di stupro, per esempio, la vittima potrebbe aver avuto rapporti con il fidanzato e subito dopo subire una violenza sessuale da qualcun altro. Per contro, se si trova una corrispondenza tra due profili, con probabilità pari a 1 su 100.000, e il crimine è stato commesso in una città di un milione di abitanti, la difesa potrebbe dire che la probabilità che si tratti del sospetto è solo 1 su 10. Questo sarebbe plausibile solo se non ci fosse nient'altro che lega il sospetto alla scena del crimine, come la distanza tra il luogo del delitto e il quartiere dove il sospetto vive. Ma il problema statistico non si esaurisce qui.

Il risultato del test del DNA esprime sempre una probabilità, che può essere così alta da diventare certezza; questa probabilità spesso è espressa in termini di errore: un test è tanto accurato quanto più bassa è la probabilità di sbagliare.

Ma se analizzando un solo locus in due diversi campioni di DNA troviamo una stessa coppia di valori (o alleli) per un singolo marcatore, non necessariamente si tratta della stessa persona. Un marcatore non è sufficiente. Con una metafora si potrebbe immaginare che, a occhi bendati, entriamo in una stanza e, muovendoci tocchiamo una sedia a dondolo, poi usciamo ed entriamo di nuovo in una stanza buia, dove troviamo, nello stesso punto, un'altra sedia a dondolo. Possiamo affermare con certezza che si tratta della stessa stanza? No. Ma se entrambe le volte sopra la sedia a dondolo abbiamo accarezzato un gatto, allora le probabilità che siamo entrati nella stessa stanza aumentano. Quanti più particolari simili troveremo, tanto più alta sarà la probabilità che si tratti proprio della stessa stanza. Il test del

DNA è questo. Non si ferma all'individuazione dei diversi alleli per ogni marcatore, ma comprende anche una ricca elaborazione statistica. Nessun risultato del test del DNA ha senso senza un'adeguata valutazione statistica: il calcolo della probabilità di errore, cioè della possibilità che una corrispondenza tra un certo profilo e un altro sia casuale, si basa sul *prodotto* di tante probabilità quanti sono i loci del DNA che si vanno ad analizzare. Più loci (o marcatori, o alleli) si analizzano, tanto più bassa sarà la probabilità di una corrispondenza casuale (o *random match*). Inoltre, poiché nella popolazione uno stesso locus può presentare diverse varianti alleliche (si dice allora che è *multiallelico*), analizzando proprio quei loci che risultano più variabili si aumenta il potere discriminante del test.

Ma come si stimano le probabilità per ciascun marcatore? Bisogna avere un termine di confronto: bisogna cioè allestire una banca dati delle diverse frequenze alleliche, ovvero le frequenze di occorrenza delle varianti di un gene (gli alleli, appunto) in un determinato locus per una certa popolazione.

Senza addentrarci in calcoli complessi, rimanendo alla superficie della statistica solo per avere un'idea dei numeri in gioco, vediamo come varia la probabilità che una corrispondenza tra due profili sia casuale all'aumentare il numero di loci analizzati. Supponiamo di aver ricavato il *match* da un test che analizza tre loci multiallelici, e che nella popolazione le frequenze degli alleli interessati varino tra il 5 e il 15%: allora la probabilità che questa corrispondenza sia casuale potrebbe essere dell'ordine di 10^{-6} (cioè 1 su 1 milione). Se invece il test analizzasse quattro loci, con frequenze alleliche dello stesso ordine, la probabilità di una corrispondenza casuale potrebbe scendere a 10^{-8} (cioè 10 su 1 miliardo).

Ma chi dice che ogni frequenza sia indipendente dall'altra? Le frequenze alleliche potrebbero infatti essere condizionate una dall'altra. È facile capire il concetto facendo un esempio pratico. Immaginiamo di voler calcolare la frequenza con cui si incontrano persone che hanno contemporaneamente i capelli rossi, gli occhi azzurri e la carnagione chiara. Se ognuno di questi caratteri fosse indipendente, secondo la regola del prodotto di cui abbiamo discusso sopra, si potrebbe ottenere una probabilità di 1 su 1.000. Ma tra i nordeuropei trovare questi tratti insieme è ben più frequente, perché essi sono associati tra loro. Ecco quindi il problema: stabilire quali marcatori o alleli possono dare certezza di non essere associati tra loro.

Sia la Cellmark che la Lifecodes fanno riferimento a banche dati che hanno allestito in modo indipendente, secondo gruppi etnici definiti, come quello caucasico, afroamericano o asiatico. La questione è spinosa e complessa: sono affidabili queste banche dati di raffronto? E quale lo è di più?

Per capire se un carattere è indipendente occorre appurare due aspetti fondamentali. Anzitutto, bisogna verificare che alleli diversi per un singolo locus siano ereditati in modo casuale (un criterio noto come *principio di Hardy-Weinberg*), cioè che non ci siano particolari combinazioni di alleli che ricorrono insieme. In secondo luogo, si deve verificare che alleli in loci diversi non siano in qualche modo associati fra loro (noto come *principio del Linkage Equilibrium*), cioè che combinazioni di alleli per un certo locus non siano associate ad altre combinazioni di alleli per un diverso locus. Solo se questi due principi sono verificati si può calcolare la probabilità con la regola del prodotto, cioè moltiplicando singole probabilità di trovare un certo allele a un dato locus, come evento casuale, non legato alla presenza di alleli diversi a quel locus o ad altri.

Come vedremo la questione esploderà con forza solo all'inizio degli anni Novanta, ma per tutta la seconda metà degli anni Ottanta resterà un problema interno, sostanzialmente sottovalutato. Intanto la Lifecodes e la Cellmark pensano solamente a validare il test con una grande operazione pubblicitaria e di lobby.

Alla fine del 1987 la Lifecodes lancia contro la Cellmark la sua campagna sul *DNA print*. «Uno strumento squisitamente accurato» dice la pubblicità, che consente di esaminare una traccia biologica «al livello più fondamentale possibile, l'acido desossiribonucleico, il DNA». Impossibile alterarlo per un criminale; nessuna possibilità inoltre di ottenere un "falso positivo", cioè un risultato che incastra un innocente; molto più sicuro delle proteine del sangue. Nel 1988 la Lifecodes lancia uno spot pubblicitario in cui si vede un bambino che gioca con un martelletto da giudice, sotto il quale si legge: «Il verdetto è tratto. Il *DNA print test* fa della prova di paternità un gioco da ragazzi».

Due avvocati del Bronx

Facciamo un passo indietro per raccontare il primo caso giudiziario in cui sono all'opera due protagonisti della storia narrata in questo libro: due avvocati attivissimi nel portare la scienza in tribunale, che riconoscono questo caso come un caposaldo.

Marion, afroamericano, era nato in South Carolina ma si era trasferito con la famiglia nel Bronx nel 1979.[4] Sapeva leggere come un bambino di seconda elementare e il suo quoziente di intelligenza era pari a 70, un livello decisamente basso. Ma era una persona dal carattere socievole e aveva sempre voglia di lavorare. Guadagnava facendo le pulizie e scaricando frutta al mercato.

Il 15 ottobre 1983 sta aiutando un amico ad aggiustare l'auto quando la polizia lo sbatte al muro per perquisirlo. «Marion Coakley, dove hai messo la pistola?». «Non ho nessuna pistola. Quale pistola?». «Quella che hai usato per violentare la donna nel motel».

Due sere prima la guardia giurata Gabriel Vargas aveva lasciato il posto di lavoro per raggiungere la fidanzata Irma Lopez. A casa c'erano parenti in visita da Porto Rico e per starsene un po' appartati i due avevano una sola alternativa, un motel della zona. Sono le sette e venti di sera quando sentono un rumore. Qualcuno ha forzato la serratura. Le luci sono spente. «Dammi i soldi o ti faccio saltare il cervello». Gabriel prende il portafogli. «Vai nel bagno» gli intima l'uomo che nell'oscurità violenta Irma Lopez sul letto, mettendole un asciugamano intorno alla testa. Quando ha finito vuole altri soldi. Irma dice che ne ha altri a casa sua; mentendo, racconta che a casa non c'è nessuno. Il violentatore lega Gabriel e sale in auto con la donna. Sistema lo specchietto retrovisore e parte. Nel palazzo di Irma, l'ascensore arriva al diciannovesimo piano. Nell'appartamento c'è Jose, suo genero, quando Irma apre la porta lui è lì. Lo stupratore si mette a ridere e scappa alla velocità della luce.

Alle 8.36 Irma chiama la polizia e va al pronto soccorso. Jose in centrale riconosce il violentatore in una fotografia, la mostra a Gabriel che dice: «È lui». Anche Irma lo riconosce. È un uomo arrestato un anno prima per violenza sessuale. Tempo addietro l'uomo della foto

[4] I riferimenti e i virgolettati sulla storia di Marion Coakley sono tratti da Barry Scheck, Peter Neufeld e Jim Dywer, *Actual Innocence*, cit.

aveva passato una notte in carcere prima di essere rilasciato. Era stato una notte con una prostituta e si era rifiutato di pagarla. Lei aveva chiamato la polizia dicendo di essere stata violentata, poi la cosa si era chiarita. L'uomo della foto si chiamava Marion Coakley.

Al processo i tre testimoni confermano il riconoscimento. Jose dice di aver guardato in faccia il violentatore per ben due o tre minuti, lasso di tempo a cui è difficile credere in una situazione di quel tipo. I test sierologici sul liquido seminale escludono si tratti di Coakley, ma l'ematologo che li ha condotti, Rober Shaler, ha qualche dubbio. I test non sono conclusivi. La polizia non ha fatto in tempo a prendere le impronte digitali nella stanza del motel, perché è stata già affittata. Ma ci sono anche l'impronta digitale e del palmo della mano sullo specchietto retrovisore dell'auto di Irma. Il rapporto dattiloscopico dice che l'impronta del palmo della mano è confusa. Sembra non essere quella di Coakley, ma non si può dire. E l'impronta digitale? Quel confronto non viene fatto, semplicemente. Ma la cosa più scioccante è che Marion Coakley ha un alibi. La sera dell'aggressione era a un incontro di lettura della Bibbia, c'era anche un sacerdote che al processo va a testimoniare.

> DOMANDA: La sera del 13 ottobre quando ha visto l'imputato per la prima volta?
> RISPOSTA: Non lo so, ma posso dire che era alla lettura della Bibbia, questo è sicuro.
> DOMANDA: È arrivato a un certo punto all'incontro?
> RISPOSTA: Quel giorno lui c'era...
> DOMANDA: Quante persone c'erano?
> *Il reverendo mostra incertezza.*
> DOMANDA: Tutti hanno letto dei passi della Bibbia?
> *Nessuna risposta.*
> DOMANDA: L'imputato ha fatto domande?
> RISPOSTA: Non me lo ricordo.

L'incontro era finito alle nove di sera. Gli altri testimoni, cinque persone, dicono che Marion era con loro, ma non sono considerati attendibili, visto che la comunità afroamericana secondo l'accusa avrebbe in ogni caso fatto quadrato attorno al sospettato. A Marion Coakley prima della sentenza viene data la parola:

> Non ho mai visto queste persone in tutta la mia vita e quando è accaduto il crimine ero da mia sorella, insieme poco dopo siamo andati all'incontro di lettura della Bibbia. Non ho mai avuto una pistola. Io sono un uomo innocente. Ho sempre lavorato, tutta la vita, non ho mai fatto del male a nessuno. E ho perso il lavoro, ho perso tutto. Non ho mai visto queste persone. E il Bronx Hotel: non so neppure dove sia il Bronx Hotel. Non so nemmeno dove sia. Dio lo sa che non sono stato io. Mi hanno confuso con un'altra persona, giudice, non sono io... Non ho mai visto queste persone, non ho mai avuto una pistola. Non sono io, io sono innocente.

Il fatto che la macchina della verità gli abbia dato ragione ha impressionato la giuria, ma ormai la macchina della verità non è più considerata prova attendibile, né tanto meno scientifica. Coakley viene condannato a quindici anni. Mentre urla come un pazzo la sua innocenza riceve la prima dose di psicofarmaci.

È l'autunno del 1986 quando Barry Scheck e Peter Neufeld, due avvocati di Legal Aid Society, l'istituzione che garantisce assistenza legale agli indigenti, superano l'ingresso dello Helpern Institute of Forensic Medicine: accanto ai grandi ospedali e centri di ricerca della First Avenue, l'istituto spicca per la sua triste decadenza. Millecinquecento autopsie l'anno, senza sosta, in condizioni che richiamano più un mattatoio che un ospedale. Cervelli persi, scambi di cadaveri, organi che scompaiono e altre notizie del genere hanno conquistato più di una volta le pagine dei giornali.

Se quei due avvocati lavorassero per un grande studio legale, non si troverebbero lì. Ma Scheck e Neufeld vengono dal Bronx, un calderone di miseria, crimine e catastrofi umane e sociali. Barry e Peter sono abituati a tutto e soprattutto, se lavorassero per un grande studio legale, non si starebbero occupando del caso Coakley. La sede della Legal Aid Society si affaccia sullo Yankee Stadium dove la TV, nel '77, ha mostrato al mondo, in occasione dei campionati mondiali di baseball, cos'è il Bronx: palazzi in fiamme, sparatorie in strada, una giungla umana di violenza.

Scheck e Neufeld lavorano lì da una decina d'anni. All'università hanno protestato contro la guerra in Vietnam e marciato per i diritti civili, partecipando alle lotte contro il razzismo e alle grandi battaglie politiche per le campagne democratiche. Sono entrambi di Brooklyn, ma hanno caratteri diversi. Barry è figlio della cultura popolare, con un padre manager nell'industria dello spettacolo, un grande intrattenitore, e prima di fare l'avvocato a tempo pieno ha lavorato anche come produttore TV. A Yale era considerato un leader nelle lotte universitarie. Peter, che già ha avuto una sospensione al liceo per le sue proteste contro la guerra, appena arrivato all'Università del Wisconsin è stato sospeso per un semestre per aver impedito l'accesso al leader dei Giovani conservatori americani per la libertà.

Se dovessero scappare di galera, dicono i due, Peter prenderebbe un camion sfondando il filo spinato, Barry prenderebbe da parte una guardia e la convincerebbe a dargli in prestito un mazzo di chiavi. Sono una coppia perfetta, anche se il loro non è stato esattamente un colpo di fulmine. Due minuti dopo averlo conosciuto, Barry ha chiesto il licenziamento di Peter.

Gli avvocati di Legal Aid provano le loro arringhe simulando processi, con un gioco di ruolo. Nel suo primo giorno a Legal Aid, a Peter era stato assegnato il ruolo di giurato. Barry aveva cominciato la sua arringa con grande enfasi.

> «Ora, signor Neufeld, lei capisce che un vero processo non è come in TV. Lei si aspetterebbe che io fossi come uno di quegli avvocati delle serie televisive?».
> «No».
> «Sarebbe d'accordo quindi nel condividere che, allo stesso modo, i poliziotti che verranno a testimoniare non saranno dei Kojack?».
> «Kojack? Cosa sono i *kojacks*? Non so cosa siano...».
> «Non dici sul serio, vero?».
> «Io non vedo molta TV».

Barry, furente, era andato avanti comunque con la sua arringa, poi aveva infilato l'ufficio del supervisiore per chiedere il licenziamento di Peter. Chi diavolo era questo Neufeld che non aveva mai visto Kojak in TV? Da dove veniva, dalla Luna? Ma Neufeld non fu licenziato e tra i due avvocati nacque un sodalizio che dura ancora oggi.

Peter si è specializzato in prove scientifiche, sui test sanguigni è imbattibile. Ecco perché sono lì quel giorno di autunno del 1986. Devono incontrare un brillante scienziato che lavora in quell'ospedale degli orrori, al 520 di First Avenue. Si chiama Robert Shaler ed è stato chiamato in causa al processo di Marion Coakley. Inizialmente i suoi test hanno escluso la colpevolezza, poi Shaler ha avuto qualche dubbio e il giudice non gli ha consentito di testimoniare. Ora c'è l'appello. E questa è la ragione per cui i due avvocati vogliono parlargli.

«Io credo che sia molto improbabile che Coakley sia lo stupratore». Questo è esattamente quello che Barry e Peter vogliono sentire, tutti a Legal Aid sono convinti dell'innocenza di quel disperato del Bronx. «Se il giudice mi concedesse altri test, potremmo provare che non è lui il colpevole» aggiunge Shaler. La sua convinzione è sostenuta dal fatto che di recente in Inghilterra un certo professor Jeffreys ha messo a punto un nuovo test, che presto sarà commercializzato. Che lo Helpern Institute possa fare test è fuori discussione. «Qui ho smesso di chiedere denaro e spazio per il laboratorio» spiega Robert Shaler che ha già in mente di lasciare l'istituto per approdare a una società che sta per nascere. Si chiama Lifecodes. Lì avrà attrezzature di ultima generazione.

> Ci chiesero di occuparci del caso, insieme all'ematologo che già era coinvolto, Robert Shaler, che allora lavorava all'ufficio di medicina legale di New York. Bob ci disse: «Sto per andare a lavorare in una nuova società che si chiama Lifecodes, e loro fanno una cosa che si chiama test del DNA. Perché non lo proviamo per questo caso?». Così lo provammo, ma non c'era [abbastanza] DNA per ottenere un risultato.[5]

Non è strano: all'epoca la tecnologia è ancora acerba e spesso una traccia viene consumata senza riuscire a estrarre il DNA. Niente esame del DNA, dunque. Non resta che lavorare sui gruppi sanguigni. Si sa che lo stupratore è di colore e può avere sangue di tipo B o di tipo 0. Oppure, si tratta di un "non secretore". Lo scienziato spiega il problema. In circa l'80% della popolazione è possibile determinare

[5] Barry Sheck, citato in Harry KREISLER, "DNA and the criminal justice system: Conversation with Barry Sheck", *Conversations with History*, Institute of International Studies, UC Berkeley, 25 luglio 2003.

il gruppo sanguigno dallo sperma, dalla saliva, dal sudore o altre secrezioni del corpo che non siano sangue, e rilevare gli anticorpi del gruppo sanguigno. Queste persone sono chiamate "secretori". Ma in un restante 20% i gruppi di appartenenza non sono riscontrabili. Marion Coakley è di gruppo A, negli slip della vittima non ce n'è evidenza, ma se fosse un "non secretore"? Ecco quali sono i dubbi di Shaler: per fugarli bisogna confrontare molti campioni diversi.

Coakley deve fornire campioni il mattino, a mezzogiorno e la sera. Spiegarglielo per Barry e Peter non è affatto semplice. È molto arrabbiato, si sente umiliato e quello che gli chiedono di fare è anche un peccato davanti a Dio. Per tre volte al giorno le guardie lo portano in infermeria con la stessa copia di *Playboy*. Due anni dopo la sua condanna, arrivano i risultati. Il gruppo sanguigno è evidente ogni singola volta che Coakley ha eiaculato. Non può essere lui lo stupratore. Viene rilasciato il 3 settembre 1987. Il giudice lo convoca ufficialmente qualche giorno dopo. «Le porgo le mie scuse». «Grazie, vostro onore» risponde Marion Coakley. Si alza e torna al lavoro. La sua pausa pranzo è finita.

Tre settimane dopo *The New York Times* riporta queste parole di Scheck:

> «Non conviene granché ai procuratori [ottenere i gruppi sanguigni dallo sperma in tutti i casi di stupro]: al più dimostra che l'accusato ha lo stesso gruppo di milioni di altre persone, e quando invece è diverso il caso è chiuso». I difensori, aggiunge, si affidano raramente a questa analisi, perché è costosa e perché sia accurata bisogna fare il test immediatamente dopo il crimine, quando le prove sono in mano a polizia e procura.[6]

L'alternativa avrebbe potuto essere il test del DNA.

Il caso Andrews: la prima volta in un tribunale USA

Per la Lifecodes, tutto cambiò con il caso Andrews.

Orlando, Florida, 1987. In un quartiere alla periferia della città vengono denunciati diversi stupri compiuti in circostanze analoghe.

---

[6] Selwyn RAAB, "After 2 Years, Test Result Casts Doubt on Rape Verdict", *The New York Times*, 26 settembre 1987.

L'assalitore sembra conoscere bene le abitudini delle sue vittime, entra in casa dopo la mezzanotte e mentre le violenta tiene premuto un cuscino sul loro viso. Solo la ventisettenne Nancy Hodge, la prima delle vittime, è certa di averlo visto in faccia. Il 1° marzo il caso viene risolto. Una donna nota un uomo che si aggira nel suo giardino. Chiama la polizia. L'uomo viene arrestato. Ha ventiquattro anni e si chiama Tommie Lee Andrews.[7] La mattina seguente Nancy Hodge riconosce Andrews che, in autunno, finisce sotto processo.

I risultati delle analisi sierologiche tracciano un profilo che corrisponde a ben due terzi della popolazione maschile americana. Andrews ha un alibi che si regge sulle testimonianze della convivente e di sua sorella. Tim Berry, il procuratore della contea di Orange, sa di avere poco in mano per un verdetto di colpevolezza, quando il collega Jeffrey Ashton gli suggerisce di provare con il nuovo test.

Ashton racconta di averne letto sui giornali alla fine del 1986, per un caso che aveva provocato grande clamore in Inghilterra: quello di Colin Pitchfork. Di quel test genetico si ricorda nell'estate del 1987, quando vede una pubblicità su una rivista di legge. Si tratta dell'annuncio della Lifecodes, a tutta pagina, che parla di indagini criminologiche e mostra un uomo in blue jeans e manette. Il titolo è: *He's wearing his daddy's genes* (Porta i geni di suo padre). Un bel gioco di parole: jeans in inglese suona come *genes*, geni.

Ashton non lavora al caso Andrews, ma ha intuito che è una buona occasione per convincere il tribunale a investire soldi e introdurre quel test che si profila come un nuovo potente strumento d'accusa. Ci vuole giusto una situazione in cui solo la prova scientifica sia in grado di dimostrare la colpevolezza dell'imputato. E il caso Andrews è quel che serve.

Ashton e Berry contattano la Lifecodes, chiedendo di replicare il test effettuato nel caso inglese. Alla Lifecodes ammettono di non essere stati loro a svolgere le analisi che hanno inchiodato Pitchfork, ma sono pronti a riprodurle. Andrews risulta essere l'autore di due

---

[7] I riferimenti ai casi che seguono, il caso di Tommie Lee Andrews e al caso Wesley-Bailey, sono tratti da Jay D. ARONSON, *Genetic Witness*, Rutger University Press, 2007, ove non altrimenti specificato.

casi di stupro sui sei dei quali è formalmente accusato. Ora bisogna solo convincere i giudici ad accettare la prova del DNA.

Negli Stati Uniti le prove scientifiche sono considerate il fondamento di un processo e il credito attribuito alla prova scientifica da una corte di giurati è tale per cui la sua ammissibilità in giudizio viene decisa prima del processo stesso, lontano dalla giuria, in una sorta di processo preliminare chiamato *hearing*. Per la verità non tutti gli Stati federali, per la valutazione delle prove scientifiche, seguono il criterio del pre-processo, giudicato troppo costoso visto che spesso le udienze in cui accusa e difesa si battono per ammettere o meno la prova sono più lunghe dei processi stessi.

Tutte le decisioni attorno all'ammissibilità di una nuova prova scientifica si basano sul cosiddetto Frye standard, a seguito di una sentenza della Corte suprema del 1923.[8] Una Corte d'appello aveva rigettato la richiesta di un procuratore di ammettere come prova un nuovo test, quello della macchina della verità, che incastrava l'imputato Frye. I giudici avevano stabilito in quell'occasione un principio che avrebbe fatto scuola: per essere ammessa in tribunale, una nuova prova scientifica doveva aver superato il vaglio della comunità scientifica. Si parlava più precisamente di «consenso generale» da parte degli scienziati, un concetto molto sfumato. Ecco il passaggio chiave e più controverso della sentenza:

> È difficile dire quando un principio o una scoperta scientifica passino dalla stadio della sperimentazione a quello della dimostrazione. Tuttavia, bisogna pur riconoscere, in qualche punto di questa zona grigia, la forza probante di un principio. Mentre le corti saranno ben disposte verso la possibilità di ammettere una testimonianza peritale che poggia su un principio o una scoperta noti, i dati su cui si basa la deduzione devono aver raggiunto un tale grado di consenso da essere generalmente accettati nello specifico campo scientifico.[9]

---

[8] U.S. Congress, Office of Technology Assessment, *Genetic Witness: Forensic Uses of DNA Tests*, OTA-BA-438, U.S. Government Printing Office, Washington, DC, luglio 1990, p. 20.

[9] Ugo RICCI, Carlo PREVIDERÉ, Carlo FATTORINI e Fabio CORRADI, *La prova del DNA per la ricerca della verità. Aspetti giuridici, biologici e probabilistici*, Giuffré, Milano 2006.

Dov'è esattamente il confine in cui una tecnologia passa da nuova scoperta a prova scientifica? Chi esattamente stabilisce che è attendibile? Cosa significa consenso generale? Tra giuristi la regola Frye è molto dibattuta. Nel caso Andrews la questione emerge in modo dirompente perché l'accusa si regge unicamente sul risultato del test del DNA.

A cercare di convincere i giudici nel caso Andrews è uno scienziato chiamato a testimoniare dall'accusa, David Housman. Professore di biologia del Massachusetts Institute of Technology, con centoventi pubblicazioni scientifiche alle spalle, Housman ha credenziali scientifiche inattaccabili. Dice di aver visitato i laboratori della Lifecodes e di considerare il test del DNA una procedura in linea con gli standard della ricerca in genetica. È la prima volta, precisa, che ha avuto a che fare con investigazioni di tipo forense, ma assicura che la tecnologia della Lifecodes è del tutto simile a quella dei laboratori di genetica di tutto il mondo. Di più: la tecnica su cui si basa la nuova prova è impiegata di routine nel suo laboratorio dalle cinque alle dieci volte al giorno per diagnosticare almeno una decina di malattie genetiche umane; trova applicazione anche nella ricerca sulle piante e sugli altri animali; ed è consolidata perché si usa da almeno un decennio.

Nessuno osa aprire bocca se non per chiedere se ci siano differenze tra le applicazioni in campo forense e quelle in campo medico. L'unico commento su questo punto è che, nonostante le tecniche di estrazione del DNA da un campione di liquido seminale siano diverse da quelle usate per estrarre DNA dal sangue, i risultati in buona sostanza non sono dissimili.

Nonostante l'iniziale incertezza sul da farsi, ammessa pubblicamente dalla Corte della Florida, la prova viene accettata per la prima volta in un tribunale statunitense. Lunedì 19 ottobre 1987 Andrews è accusato di aver stuprato Nancy Hodge.

L'avvocato della difesa, Hal Uhrig, non sa più che pesci pigliare. L'idea è di procurarsi un esperto dalla sua parte, qualcuno che possa instillare un dubbio sull'affidabilità della tecnica. Ma non c'è nessuno disposto a farlo. Uhrig contatta i genetisti, ma quando sentono pronunciare il nome di Housman tutti si tirano indietro. Housman è come un angelo nella comunità scientifica: se lui ha esaminato la prova e ha detto che va bene, allora deve essere per forza così. Ma Uhrig non è tipo da farsi scoraggiare alla prima difficoltà e nel processo tenta di contestare l'unico aspetto che gli sembra irrisolto, la questione della probabilità di un *random match*, una corrispondenza casuale.

Uhrig ha intuito che può essere un punto debole, ma il suo bagaglio di nozioni tecniche sull'argomento è troppo limitato. La sua è di fatto una contestazione senza senso, ma fa una certa presa sulla Corte: come può l'accusa dire che la probabilità di un *random match* è 1 su 10 miliardi, quando la popolazione umana non arriva alla metà? Secondo Uhrig, c'è «da essere preoccupati sull'uso dei dati statistici, che hanno un peso enorme nella testa della giuria. Raccogliendo dati in più sulle popolazioni, i numeri potrebbero diventare molto più bassi e le giurie potrebbero giudicarli insensati rispetto al mondo reale».[10] È a tutti evidente che non è quello il punto, ma Uhrig ha toccato una questione delicata, tanto che l'accusa resta effettivamente interdetta perché sa di non avere dati statistici solidi. Il giudice prende atto del fatto che la base statistica sulla prova non è certa e impone alla giuria di non tenerne conto. D'altra parte, non è chiaro nemmeno quale livello di attendibilità possa essere attribuito alla testimonianza della vittima. In definitiva, non ci sono le condizioni per emettere una sentenza. Il processo è da rifare. Ma Andrews resta in carcere, deve affrontare un nuovo processo e ha anche altre pendenze per rapina, molestie e stupro di una ventisettenne violentata mentre i suoi figli dormivano nella stanza accanto.

Nel nuovo processo testimoniano Houseman, insieme a Michael Baird e Alan Giusti della Lifecodes, stavolta preparati a controbattere sulla questione statistica. Gli esperti della Lifecodes assicurano che il calcolo delle probabilità è esatto: 1 su 839.914.540.

Ancora una volta Uhrig non è in grado di trovare esperti che testimonino per la difesa. La comunità scientifica è unita in modo granitico. Uhrig tenta il tutto per tutto sostenendo che nessuno, neppure Housman, ha effettivamente assistito alle analisi, che qualcosa magari è andato storto, per esempio il DNA può essere stato

---

[10] OTA, *Genetic Witness*, cit., p. 104.

contaminato. E poi perché non era stato analizzato tutto il DNA di Andrews? Come si può dire che è il suo se ne è stata analizzata solo una parte?

La Lifecodes risponde a tono a ogni argomentazione: non c'è bisogno di analizzare il DNA per intero, perché solo alcune parti variano da individuo a individuo. I controlli di qualità sono severissimi e nel test del DNA non c'è alcun pericolo di ottenere un risultato sbagliato perché ci sono soltanto due possibilità: ottenere un profilo genetico chiaro e riconoscibile, oppure non ottenerne alcuno. O il risultato giusto, o nessun risultato. Il test, spiegano, può fallire se la gelatina non è adeguatamente preparata, se ci sono fluttuazioni di voltaggio, se il pH della soluzione non è giusto, ma in questi casi non si ottiene alcun risultato.

L'intento della Lifecodes è far apparire il test a prova di errore. La giuria condanna Andrews a ventidue anni, e il 2 febbraio 1988 l'imputato torna a processo per lo stupro di Nancy Hodge. Tre giorni dopo arriva il verdetto di colpevolezza: settantotto anni, che sommati agli altri diventano cento. Ecco come la Corte conclude sulla nuova prova scientifica:

> A differenza dell'ipnosi, del siero della verità e del poligrafo, la prova del DNA appare basata su principi scientifici provati.

La Lifecodes ha portato a casa un successo senza precedenti: il test è entrato in un processo. Con la pubblicità conseguente.

I soldi arrivano a palate, anche per la Cellmark. Alla fine del 1988 gli scienziati della Lifecodes e della Cellmark hanno testimoniato in almeno quindici Stati per un'ottantina di processi. Ma, ancor più importante, sono diverse centinaia i sospetti che hanno confessato la loro colpevolezza dopo aver saputo dell'esistenza della prova del DNA, prima ancora di arrivare al processo.

Basta nominare quelle tre lettere, DNA, per far sputare il rospo. L'impronta genetica ha la strada spianata. L'America è conquistata. Nessuno osa mettere in dubbio la validità del test, sarebbe una battaglia persa. O forse no? In quegli stessi anni accade infatti qualcosa di nuovo e totalmente inaspettato, che sembra però in un primo momento solo un marginale incidente.

Il caso Wesley-Bailey: la difesa contrattacca e perde

La prima sfida al test avviene in sordina, tra il dicembre del 1987 e l'estate del 1988, quando in un processo preliminare congiunto i giudici devono esprimersi sull'ammissibilità della prova del DNA in altri due diversi casi di stupro e omicidio. Il test del DNA appare ormai una questione di ordinaria amministrazione, dall'esito scontato, ma per la prima volta la difesa decide di sfidare davvero l'accusa sulla credibilità del test. Ad armi pari, o quasi, visto che non c'è un solo scienziato di rango che accetti di contrapporsi ai colleghi. Dopo tutto, a chi verrebbe voglia di contestare la colpevolezza di George Wesley, accusato dello stupro e dell'omicidio di una donna mentalmente ritardata di settantanove anni? Le prove contro di lui sono schiaccianti, così come quelle contro Cameron Bailey, che non ha ucciso, ma ha stuprato mettendo incinta la vittima. Poiché si deve decidere sull'ammissibilità della stessa prova, i due casi vengono discussi insieme, in un unico *Frye hearing*.

L'esito del dibattimento sembra scontato. Ma in aula accade qualcosa che presto scuoterà dalle fondamenta il sistema giudiziario statunitense. Il caso Wesley-Bailey è la miccia che porta solo due anni più tardi a una deflagrazione, culminata con il caso giudiziario più famoso d'America: il processo O.J. Simpson.

A occuparsi della difesa di Wesley e Bailey è un avvocato molto determinato. Si chiama Douglas Rutnik, lavora a New York, nel Bronx, e ha tutta l'aria di voler sfidare lo stuolo di scienziati ai massimi livelli che i procuratori portano in aula per convincere i giudici che il test è una certezza al 99,99%, abbastanza per considerarlo più affidabile di qualunque testimone. La Lifecodes e la Cellmark hanno una lista di esperti indipendenti di cui l'accusa può avvalersi e sono grandi nomi della ricerca. La lista include Housman; Bonnie Blomberg, ricercatrice alla facoltà di Medicina dell'Università di Miami; George Sensabaugh, professore di scienze forensi a Berkeley; Henry Lee, scienziato forense del Connecticut che diverrà protagonista del caso O.J. Simpson. Poi c'è Richard Roberts, capo del Cold Spring Harbor Laboratory, che di lì a poco riceverà il premio Nobel per aver isolato e sviluppato, tra gli anni Settanta e Ottanta, gli enzimi di restrizione, strumento chiave per la scoperta del test del DNA.

Roberts è entrato nella lista niente meno che su consiglio di James Watson, lo scienziato che con Francis Crick ha vinto il Nobel per la scoperta della doppia elica del DNA. Infine c'è Kenneth Kidd, famoso genetista di Yale. Impegnato in un progetto nascente per tracciare la prima mappa del DNA dell'uomo, Kidd diventerà uno dei protagonisti del Progetto genoma umano.

Persino due pezzi grossi come Roberts e Kidd non hanno alcun problema a testimoniare, segno che sul test non sembrano esserci scontri tra scienziati. Ha un bel coraggio l'avvocato Douglas Rutnik. Quegli scienziati sono star nel panorama scientifico mondiale. Eppure riesce per la prima volta a portare in tribunale due esperti a suo favore. I nomi glieli hanno dati Scheck e Neufeld, gli avvocati del Bronx che già abbiamo conosciuto.

Le pubblicazioni scientifiche sul test sono in quegli anni limitate alle riviste specializzate, come il *Journal of Forensic Science*, il *Crime laboratory Digest* e il *Forensic Science International*. I loro *peer reviewers* sono scienziati forensi che hanno in realtà poca dimestichezza con la genetica. I lavori che appaiono invece su *Science*, *Nature* e sull'*American Journal of Human Genetics* sono più critici e alcuni suggeriscono che in effetti ci possono essere problemi di contaminazione dei campioni, di lettura falsata delle bande, di errori di calcolo sulle frequenze alleliche e di sottostima di queste ultime nelle diverse etnie. Ma di fatto sui test delle due società biotech, Lifecodes e Cellmark, nessuno ha mai pubblicamente espresso dubbi. I due che accettano di testimoniare per la difesa nel caso Wesley-Bailey sono i primi a farlo.

Il primo testimone dell'accusa è Michael Baird della Lifecodes che ha più che altro il compito ingrato di spiegare al giudice le basi della biologia. Il giudice lo interrompe di frequente: «Qual è esattamente la relazione tra un gene e il DNA?». Oppure: «Può spiegare cos'è un cromosoma, dottore?». Baird si impegna a convincere il giudice che neppure i raggi UV, l'umidità o il calore possono incidere sul risultato del test. Niente risultati sbagliati. È la linea ormai accettata da tutti i tribunali. Ma questa volta c'è una difesa agguerrita e sostenuta da due scienziati: Richard Borowsky, genetista delle popolazioni, sostiene anzitutto che la Lifecodes non ha sufficienti dati per poter stabilire quale realmente sia la probabilità di un *random match*. I data base della Lifecodes sono troppo limitati per essere certi che siano soddisfatti il principio di Hardy-Weinberg e quello del Linkage Equilibrium. In pratica il calcolo dell'errore si basa su dati di frequenze alleliche non comprovati.

L'ematologo Neville Colman, il secondo testimone per la difesa, afferma che la Lifecodes porta al suo mulino una serie di dati che ancora devono essere pubblicati, non più che «una collezione di parole su una foglio di carta». Ma poi si spinge ancora più in là. Fa presente che il sistema di valutazione delle pubblicazioni scientifiche, il *peer review*, non può essere considerato avallo definitivo di una prova, perché i revisori di un lavoro scientifico non fanno altro che leggere un report che riassume le procedure usate da altri scienziati e decidere se seguono un criterio scientifico. In pratica, nessuno fa una verifica sperimentale diretta, dando per scontato che ciò che c'è sulla carta corrisponda a quanto è realmente accaduto in laboratorio.

L'avvocato Rutnik chiede di controinterrogare in aula il futuro premio Nobel Richard Roberts. Gli chiede se ha personalmente testato le sonde molecolari che la Lifecodes impiega nei suoi test.

> ROBERTS: Non le ho testate personalmente. È possibile che qualcuno dei *peer reviewers* lo abbia fatto. Mah... si può fare. Non è una cosa comune, in ogni modo, non si fa in genere.

Il giudice a quel punto sembra interdetto.

> GIUDICE: Bene, la comunità scientifica non richiede che ciò che viene pubblicato in riviste dalla solida reputazione venga testato?
>
> ROBERTS: No. In generale si guarda alla qualità degli esperimenti riportati, alla loro natura e ai dati prodotti, e li si accetta sulla fiducia, a meno che non si abbiano buone ragioni per dubitare il contrario.
>
> RUTNIK: Dottore, se lei legge questi articoli pubblicati dalla Lifecodes che descrivono quattro sonde molecolari, a sua conoscenza qualcuno le ha mai testate?
>
> ROBERTS: Non so quali siano le sonde, non so davvero rispondere.

RUTNIK: Non è un fatto, dottore, che queste sonde sono brevettate dalla Lifecodes che è la sola a esserne in possesso?
ROBERTS: Non lo so, mi hanno detto che è così, ma io non lo posso affermare per esperienza diretta...
RUTNIK: Dottore, lasci che le chieda questo: se nessuno avesse testato le sonde che usa la Lifecodes, cambierebbe la sua opinione sull'affidabilità scientifica delle stesse?
ROBERTS: Non credo.
RUTNIK: Se nessuno le ha mai testate?
ROBERTS: Non mi farebbe cambiare opinione, perché credo che ciò che stiano facendo lo stanno facendo bene. Loro ripetono il lavoro che è stato fatto molte, molte volte in diversi laboratori con altre sonde molecolari. Non stanno facendo nulla di inusuale, ma qualcosa di assolutamente comune.
RUTNIK: Il controllo indipendente di un laboratorio è importante nel considerare l'affidabilità delle loro procedure?
ROBERTS: La risposta è sì, ma in modo sottile.
RUTNIK: Potrebbe spiegare?
ROBERTS: Quando un lavoro viene pubblicato in letteratura scientifica, gli altri laboratori non ripetono il lavoro fatto solo per andare a vedere se è corretto. Ciò che accade piuttosto è che si costruisca, si pianificano nuovi esperimenti sulla base di altri lavori pubblicati. Se si scopre, facendo un altro esperimento, che le cose non tornano, allora si fa un passo indietro e si controllano i risultati precedenti. Così, è una sorta di presunzione di innocenza fino a che non si dimostra la colpevolezza. Uno parte dal presupposto che gli scienziati che pubblicano il loro lavoro siano stati accurati e onesti.
RUTNIK: Allora non c'è una verifica obiettiva di ciò che una persona dice di aver fatto, ci si basa solo su ciò che afferma di aver ottenuto e altri esperimenti scientifici pubblicati in precedenza?
ROBERTS: Sì, giusto.
RUTNIK: È così che funziona?
ROBERTS: È il metodo scientifico, sì.

L'accusa risponde all'affondo di Rutnik assicurando che i data base della Lifecodes rispettano i principi statistici, che se ci sono errori di calcolo sono del tutto marginali. Ma oltre alle argomentazioni scientifiche, la tattica dell'accusa è anche quella di minare la credibilità dei due consulenti. Borowsky in quel mese e mezzo diventa il bersaglio di indagini da parte dei procuratori. La sua vita viene passata al setaccio e ogni persona che lo ha avvicinato viene sentita dagli inquirenti nella speranza di trovare macchie infamanti. È superfluo: il giudice stabilisce che Borowsky, anche se ha testimoniato in casi giudiziari per le analisi dell'HLA e altre analisi sul sangue umano, è solo un genetista esperto di pesci e crostacei, «ossessionato» da questioni sulla genetica delle popolazioni che Baird ha chiarito essere irrilevanti. Colman è un esperto nei laboratori di medicina che ha voce in capitolo sulle procedure, ma non è abbastanza qualificato per esprimersi sul consenso che la comunità scientifica, unanime, attribuisce al test. Alla conclusione del dibattimento il giudice stabisce che il test è del tutto affidabile, liquidando i consulenti della difesa alla stregua di incompetenti. Stabilisce inoltre che per i processi a George Wesley e Cameron Bailey si può procedere al prelievo di sangue. Saranno entrambi condannati.

Ma intanto Rutnik ha preso in contropiede un quasi premio Nobel, che certamente mai avrebbe potuto aspettarsi di vedersi in scacco sul sistema di valutazione con *peer review*. Impreparato, ha persino usato termini scivolosi in un'aula di giustizia, come «presunzione di innocenza», a dir poco sconveniente in quel contesto.

Capitolo 4

SFIDA AL TEST

Con il caso Wesley-Bailey per la prima volta la comunità scientifica si era trovata a fare i conti con l'imprevisto: un avvocato impertinente, insolente, che aveva messo alla berlina dei candidati al Nobel. L'avvocato Rutnik, che non apparteneva alla comunità scientifica e quindi non ne condivideva l'identità culturale, aveva posto domande inimmaginabili, che avrebbe potuto fare un bambino: certi dubbi non erano contemplati nel mondo accademico. Eppure quei dubbi toccavano uno dei punti più critici della scienza. L'intero sapere si fonda su consenso e autorevolezza. Ciò che per gli scienziati non era in discussione, agli occhi di un avvocato estraneo alle dinamiche accademiche era senza senso. A lui avevano insegnato che il metodo scientifico si basava proprio sulla prova. Era forse falso? Ma perché allora non si facevano mai controlli?

La testimonianza di Richard Roberts apre una nuova pagina. Da quel momento in poi accusa e difesa giocano alla pari. Il test, di cui fino a ora si è discusso nelle riviste specializzate, finisce sulle pagine delle più prestigiose riviste scientifiche e ogni caso giudiziario da quel momento diventa un campo di battaglia tra scienziati.

Nulla sembrava più distante sul piano culturale di scienza e diritto, il giorno della deposizione di Roberts al processo Wesley-Bailey. L'imbarazzo degli scienziati davanti alle "piccole" domande dell'avvocato era davvero immenso. Sembravano increduli davanti all'ardire di un legale che, ponendo problemi per loro inessenziali, tentava di mettere in discussione una testimonianza giurata su una tecnica scientifica d'eccellenza, uno dei maggiori progressi della genetica. Ma in realtà scienza e diritto hanno molte cose in comune e le due culture, anche grazie a quello scontro così violento, hanno potuto migliorarsi reciprocamente.

La battaglia, senza esclusione di colpi, durò sette anni, dal 1989 al 1996. E se nel caso Wesley-Bailey si era profilata una sconfitta per gli avvocati della difesa, con un altro caso, quello di Joseph Castro, le cose sarebbero andate diversamente. Dopo i casi Andrews e Wesley-Bailey, un certo numero di avvocati difensori in tutto il Paese si era coalizzato per arruolare scienziati di fama che potessero tenere testa ai consulenti dell'accusa. Intanto il test del DNA era diventato oggetto del contendere anche fuori dalle aule giudiziarie e da quelle accademiche, coinvolgendo l'arena politica, i mass media e l'opinione pubblica.

Nel bel mezzo dei dibattimenti dell'udienza preliminare sui casi Wesley-Bailey, *The New York Times* descrive una situazione confusa. Gli stessi rappresentanti delle società che forniscono le consulenze all'accusa ammettono che ci sono diversi ostacoli alla diffusione del test nei tribunali:

> Negli ultimi sei mesi, in una manciata di tribunali dallo Stato di New York, all'Arkansas, alla Florida, i giudici hanno ammesso per la prima volta come prova scientifica i test del DNA effettuati su sangue e siero. [...] «Servirà un processo molto lungo prima che sia accettato universalmente» ha detto Robert Shaler, direttore delle scienze forensi [alla Lifecodes]. «Che non sarà nemmeno cominciato quando questi primi casi andranno in appello». In effetti, rappresentanti delle forze dell'ordine hanno detto di aver deliberatamente evitato di introdurre le nuove tecnologie troppo in fretta per paura che il ribaltamento di una condanna danneggi in generale l'introduzione dei test biologici nel sistema giudiziario [...] e che l'accettazione del test del DNA sarebbe limitata dai costi. Un laboratorio per il DNA, secondo Shaler, costa circa 100.000 dollari, senza includere il personale altamente qualificato necessario per il suo funzionamento.[1]

Finché arrivò la prima sconfitta del test del DNA. Nessun giudice si sarebbe spinto al punto di affermare che in generale il test era una prova inaffidabile, ma si cominciò a valutarne l'ammissibilità volta per volta.

---

[1] Kirk JOHNSON, "DNA 'Fingerprinting' Tests Becoming a Factor in Courts", *The New York Times*, 7 febbraio 1988.

Il caso Castro: scacco al DNA

Joseph Castro, tuttofare di un quartiere del Bronx, nel febbraio del 1987 è accusato dell'omicidio della ventiduenne Vilma Ponce, incinta di sei mesi, e della figlia di due anni.[2] Il marito della donna ha visto Castro scappare dalla scena del crimine e l'identificazione permette al Dipartimento di polizia di New York di incriminarlo per omicidio. Castro, interrogato, nega ma gli agenti notano una macchia di sangue sul suo orologio. L'uomo dice che si tratta del suo sangue. La polizia invia alla Lifecodes l'orologio e, qualche settimana dopo, il test inchioda l'indagato. Il sangue è di Vilma Ponce con una probabilità di errore di 1 su 189.200.000.

La difesa è affidata a Barry Scheck e Peter Neufeld, i più ferrati in materia ed entrambi piuttosto scettici sull'affidabilità del test genetico. Convinti che la prova del DNA non sia stata ancora vagliata a sufficienza dagli scienziati, o meglio che sia stata vagliata solo da esperti della comunità forense, Scheck e Neufeld puntano sul fatto che altre prove scientifiche, come la macchina della verità, si sono mostrate inaffidabili. Insomma, si è già verificato che prove scientifiche si siano rivelate fragili a un vaglio rigoroso.

La lista è lunga: dal guanto di paraffina per i residui da sparo, ai software per l'identificazione della voce. Quelle prove non sono mai davvero passate al vaglio dalla comunità degli scienziati, se non di quelli forensi, cioè di una comunità ristretta che lavora per le forze dell'ordine: poliziotti in camice bianco, agenti prima che scienziati.

Per Scheck e Neufeld il problema, in attesa dell'apertura del processo Castro, è ancora trovare voci critiche con credenziali accademiche inattaccabili. Un'impresa che fino a quel momento si è mostrata disperata.

L'occasione arriva un giorno di novembre del 1988. Peter Neufeld viene invitato a partecipare a una conferenza sul DNA forense al Banbury Center del Cold Spring Harbor Laboratory di New York. L'incontro riunisce scienziati, avvocati e giudici, e l'idea è creare un forum multidisciplinare che esamini le implicazioni del test, non solo scientifiche ma anche sociali. È la prima

---

[2] Ove non altrimenti specificato, i riferimenti ai casi giudiziari e alle vicende citate in questo capitolo sono tratti da Jay D. ARONSON, *Genetic Witness*, cit.

volta che i diversi attori hanno l'opportunità di scambiare opinioni fuori da un'aula di tribunale.

Durante una pausa caffè Peter Neufeld prende sotto braccio un giovane e brillante scienziato che ha appena parlato al pubblico, tra la distrazione generale. Si chiama Eric Lander ed è stato invitato come "provocatore" per parlare dei limiti della tecnologia del DNA, viste le sue posizioni critiche. Il suo compito era animare la discussione, ma Lander non aveva animato nessuno. Nessuno, a eccezione di Peter Neufeld, che gli chiede se può dare un'occhiata ai profili genetici prodotti dalla Lifecodes per il caso Castro.

Lander chiama tre colleghi e domanda se secondo loro il test dimostra la colpevolezza di Castro. Tutti e tre rispondono di no, che i risultati sono inconcludenti. Lander aggiunge che si tratta di spazzatura. Barry e Peter non credono alle loro orecchie e chiedono a Lander se può testimoniare. Il giovane declina l'offerta, ha ancora dei dubbi e poi la sua agenda è piena di appuntamenti. Accetta comunque di fare da consulente senza compenso. Si offre persino di commentare giornalmente le testimonianze degli esperti della Lifecodes. Ma passa qualche settimana e Lander non ce la fa più a starsene da una parte: scrive un rapporto di più di cinquanta pagine sulle falle della Lifecodes. Alle fine del processo avrà lavorato al caso un totale di oltre 350 ore, oltre alle giornate passate a testimoniare in aula.

Lander, Scheck e Neufeld sono un trio affiatato. Lo scienziato parla a macchinetta e adora argomentare. Di legge ne mastica parecchia, perché viene da una famiglia di avvocati. Con quel giovane ebreo di Brooklyn, Scheck e Neufeld si intendono alla perfezione. Quando Lander si presenta in aula, nessuno ha idea di chi sia. A chiarire il punto ci pensa Scheck.

Laureato in matematica a Princeton nel 1978, Eric Lander ha conseguito il dottorato di ricerca a Oxford, poi ha fatto ritorno negli Stati Uniti dove è diventato professore alla facoltà di Economia di Harvard. Non si è mai occupato prima di economia, anzi non ne sa quasi nulla, ma la matematica e la statistica sono la sua competenza e si applicano a qualunque campo della scienza. A Harvard, Lander ha cominciato a interessarsi alla biologia. È stato per via del fratello minore, neuroscienziato. Ha cominciato a frequentare colleghi biologi ed è diventato competente al punto da essere invitato al Massachusetts Institute of Technology per lavorare con un famoso biologo molecolare, Robert Horvitz, scienziato di primissimo piano che ha intuito le potenzialità della statistica nel suo settore di ricerca. Nel 1985 Lander ha lavorato anche con David Botstein, autore del primo lavoro sugli RFLP, i polimorfismi di lunghezza dei frammenti di restrizione, pietra miliare nella scoperta del test del DNA. Lander è infine tornato a Harvard come professore presso il Dipartimento di biologia, per fondare uno dei più prestigiosi centri di genetica, il Whitehead Institute/MIT Center for Genomics Research, uno dei primi laboratori al mondo a sequenziare il genoma. Dunque non è solo un membro della comunità dei genetisti: è un'autorità in materia.

Al processo Castro, gli esperti dell'accusa sono presi in contropiede. La difesa ha passato mezza giornata a raccontare al giudice che in pratica Lander cammina sulle acque. Ed è proprio vero: è un dio della genetica.

Il suo primo affondo è una rivoluzione in tribunale. Lander spiega che il profilo del DNA non ha molto a che fare con le indagini cliniche, dove si hanno a disposizione campioni di sangue in abbondanza e i test si possono replicare facilmente. Ha molto più a che fare con lo studio filogenetico di specie estinte come i mammuth, o con le ricerche sulle mummie egizie. Spiega con entusiasmo del fatto che le nuove tecniche consentono di studiare il virus del vaiolo delle mummie e di confrontarlo con quello moderno per capire come e quanto è mutato nel corso dei millenni. È una prospettiva eccitante, anche se la tecnica non è ancora totalmente affidabile, esattamente come per il DNA forense, aggiunge. Ma questo è solo un assaggio.

Lander comincia ad addentrarsi sulle questioni tecniche e gli esperti della Lifecodes hanno un sussulto. Le sue critiche sono incontestabili. Quando ci si trova davanti a un *match* bisogna farsi solo una domanda: quanto devo essere sorpreso di questo risultato? Se fossi cieco – spiega Lander – e trovassi che due persone hanno entrambe cinque dita in una mano, potrei pensare solo su quella base che si tratti della stessa persona? Un test del DNA è tanto più affidabile quanto più posso ritenermi davvero sorpreso di una corrispondenza. E quanto devo sorprendermi è una decisione complessa da un punto di vista statistico. La Lifecodes, dice Lander al giudice, ha fatto un calcolo delle probabilità semplicemente assurdo.

Michael Baird, a capo della Lifecodes in tutti i processi, è in difficoltà. Dice che sì, che ci possono essere imperfezioni tecniche, ma che il risultato è esatto. Il fatto è che qualunque risultato va interpretato. L'accusa costringe Lander ad ammettere che non ha mai messo piede alla Lifecodes e che nella sua vita ha avuto modo di esaminare solo pochi test, che ha poca esperienza con le macchie di sangue, insomma tenta di screditarlo come esperto in questioni forensi.

Tuttavia le critiche di quel giovane e brillante professore sono puntuali e incisive. Il procuratore del distretto del Bronx presenta la relazione sul confronto tra il sangue di Vilma Ponce e quello trovato sull'orologio di Castro. La Lifecodes ha analizzato le tracce con una sonda costruita sul modello di tratti del DNA della vittima e di sua figlia, per tre diversi marcatori, riscontrando le stesse bande tra assassino e vittime. La possibilità che il sangue sull'orologio non sia delle vittime è 1 su 189.000.000.

A differenza dei casi precedenti, Scheck e Neufeld, su suggerimento di Lander, chiedono di avere accesso ai dati grezzi, cioè agli appunti di laboratorio della Lifecodes. E trovano incongruenze. Le bande non sono proprio identiche. Non tutte corrispondono tra loro. Baird è costretto ad ammettere che sul calcolo delle probabilità di errore per ogni banda si è forzata un po' la mano, ma il risultato è corretto. Lander ribatte che il calcolo è assurdo e sottolinea che la Lifecodes dice di seguire un certo protocollo, poi invece calcola l'errore su un altro, molto meno attendibile.

Non è tutto. La Lifecodes ha nascosto qualcosa. Oltre ai tre loci, e alle bande associate, si è cercata la presenza del cromosoma Y, che identifica un individuo di sesso maschile. Né sull'orologio, né ovviamente sui campioni delle due vittime è stata riscontrata la presenza del cromosoma Y. Il problema è che anche nel test di controllo non è stato rilevato alcun cromosoma Y. Perché? Baird dice che la contestazione non ha senso, perché il controllo è fatto su un campione cellulare venduto ai laboratori che proviene da un individuo femminile. Ma il suo collega Giusti lo contraddice. Spiega che hanno usato un campione che proviene da un impiegato della società. «Sì, è vero ho sbagliato» dice Baird: il campione è del collega Arthur Eisenberg, che forse ha una rara mutazione sessuale che non mostra la presenza del cromosoma Y. Se così fosse, incalza Lander, quest'uomo dovrebbe essere sterile. La Lifecodes ricontrolla i test e scopre che il campione non è di Eisenberg, ma della collega Ellie Meade. La credibilità della Lifecodes vacilla, il test ora è rischio.

Un incontro tra scienziati

Una cosa è certa, molte delle critiche di Eric Lander sono condivise anche dagli scienziati indipendenti che l'accusa ha chiamato a testimoniare. Il più colpito è Richard Roberts, il futuro premio Nobel che ha testimoniato nel caso Wesley-Bailey. Ha sempre pensato che la Lifecodes non gli avesse nascosto nulla, spiega, ma ora ha cambiato idea.

Poco dopo la sua testimonianza al processo Castro, nell'aprile 1989, Lander lo incontra a Cold Spring Harbor. Roberts è indignato: che motivo aveva l'accusa di falsificare dati e nascondere tante sciatterie? Le controversie possono trovare una soluzione condivisa tra scienziati alla ricerca della verità, pensa Roberts. È convinto che il test possa dimostrare la colpevolezza di Castro, ma allora perché non riunire gli esperti, lontano da un'aula di giustizia, che non è certo il luogo adatto per confrontarsi in una discussione scientifica, e finalmente parlare la lingua degli scienziati, invece di quella degli avvocati?

Ci stanno quasi tutti. Baird è l'unico che non si presenta alla riunione del maggio 1989. La discussione è accesa e si conclude con un report in cui tutti concordano sul fatto che le conclusioni della Lifecodes, se sottoposte a *peer review*, non sarebbero accettate. All'indomani della riunione, *The New York Times* raccoglie la preoccupazione di un deputato democratico della California, Don Edwards:

> Per cautela abbiamo riserve riguardo a società private che arrivano al galoppo testimoniando per ogni dove, perché né le procedure, né i protocolli, né gli standard sono ancora stati stabiliti.[3]

Roberts dichiara a *Science*:

> Abbiamo fatto tutti molto meglio quando ci siamo seduti attorno a un tavolo senza avvocati intorno e abbiamo avuto una ragionata discussione scientifica.[4]

Le implicazioni non sono da poco. È una critica al sistema della giustizia e allo standard Frye. L'affidabilità di una nuova prova non può essere decisa in tribunale. L'accusa cerca di schivare il colpo battendosi affinché il documento stilato dagli scienziati non venga ammesso. Ma ignorarlo è impossibile. Il giudice Gerald Sheindlin concorda con gli scienziati nel dire che la regola Frye è insufficiente per giudicare la nuova prova scientifica, prova che invece deve rispondere a tre requisiti: che ci sia una teoria accettata a supporto delle conclusioni del test, che ci siano tecniche che diano risultati affidabili e, infine, che il laboratorio che conduce i test segua quelle tecniche. Il verdetto è a favore della difesa. Stabilisce che le analisi della Lifecodes per il caso Castro non possono essere ammesse come prove. È una sconfitta amara per l'accusa.

La Lifecodes lavora sodo per correggere e perfezionare i suoi protocolli e convincere tutti che si è trattato di un caso isolato, un incidente di percorso. Per la procura si tratta di una sconfitta limitata perché non è stato dichiarato inattendibile il test in generale, e quindi è scongiurato il rischio che le centinaia di casi passati ormai in giudicato siano riaperti.

La stampa è divisa sulla sentenza. *Science* sottolinea la sconfitta suggerendo cautela sull'impronta genetica.[5] *Nature* invece è critica

---

[3] Harold M. SCHMECK, "DNA Findings Are Disputed By Scientists", *The New York Times*, 25 maggio 1989.

[4] R. LEWIN, "DNA typing on the witness stand", *Science*, 244, 4908, pp. 1033-1035.

[5] Colin NORMAN, "Caution urged on DNA Fingerprinting", *Science*, 245, 4919, 18 agosto 1989, p. 699.

rispetto alla decisione dei giudici.[6] *The New York Times* decide di prendere una posizione sobria:

> Sia accusa che difesa hanno proclamato vittoria dopo la complessa sentenza; persino i laboratori che hanno condotto i test criticati hanno elogiato la decisione del tribunale, dicendo che nel complesso sostiene la validità del test del DNA per scopi forensi.[7]

Ma il 15 settembre 1989 il caso riesplode quando, a sorpresa, Joseph Castro confessa che il sangue sull'orologio non è il suo: è quello di Vilma Ponce. La Lifecodes non perde l'occasione per attaccare gli avvocati difensori, che dovrebbero a quel punto cominciare ad accettare il fatto che il test del DNA è una prova solidissima. Ma intanto...

Il caso Schwartz e la Mafia di Irvine

La sconfitta arriva non solo per la Lifecodes, ma anche per la Cellmark, con il caso di Thomas Schwartz.

Alle 9 del mattino del 27 maggio 1988, in un parcheggio di Minneapolis, la diciannovenne Carrie Coonrod viene uccisa mentre si reca a un colloquio di lavoro. Testimoni oculari riferiscono alla polizia di aver visto un uomo con una camicia a quadri che si allontanava dalla scena del crimine su un'auto a grande velocità. Hanno preso la targa. Il proprietario è Thomas Schwartz e, nella sua casa, gli inquirenti trovano un paio di jeans macchiati di sangue. Qualche giorno dopo gli agenti, vicino alla scena del crimine trovano una camicia alla quale mancano tre bottoni. E tre bottoni identici vengono ritrovati nell'auto di Schwartz. Il colpevole è lui senza ombra di dubbio, ma il procuratore decide comunque di inviare gli indumenti sporchi di sangue alla Cellmark, che il 27 settembre riferisce l'esito del test del DNA. La probabilità che non sia lui l'assassino è di 1 su 33 miliardi.

---

6 Alun ANDERSON, "Judge backs technique", *Nature*, 340, 24 agosto 1989, p. 582.

7 Robert MCFADDEN, "Reliability of DNA testing challenged by judges's ruling", *The New York Times*, 15 agosto 1989.

A difendere Schwartz c'è un altro avvocato che, come Scheck e Neufeld, non si fa intimidire dalla genetica. Patrick Sullivan è determinato a fare del caso Schwartz una nuova pietra miliare sull'ammissibilità del test del DNA. Comincia a studiarsi le carte di altri casi, concentrandosi su quelli in cui la Cellmark è stata coinvolta, e ne scova nello Stato dell'Indiana, dove la società è stata messa all'angolo sui controlli di qualità, quindi sui potenziali errori umani. È un caso di omicidio su cui il *Fort Wayne Journal-Gazzette* ha pubblicato diversi articoli. Contro l'assassino la prova è stata ammessa a processo, ma un tecnico di laboratorio alla Cellmark ha confessato di aver apposto un'etichetta sbagliata su un campione, scambiandolo con un altro. Non che il fatto abbia avuto conseguenze, ma di certo le procedure non sono state seguite correttamente.

Sullivan si sta ancora documentando quando lo contatta un giornalista locale che si occupa del caso Schwartz ed è interessato alle questioni tecniche del test genetico. È lui a suggerirgli di andare a cercare due tizi dell'Università della California a Irvine. Si chiamano William Thomson e Simon Ford, e sono biologi molecolari. Insieme a Laurence Mueller, saranno presto soprannominati da procuratori e forze dell'ordine la Mafia di Irvine.

Il giornalista dà a Sullivan un articolo nel quale i due scienziati sostengono che il test del DNA necessita di ulteriori verifiche tecniche. L'abstract dell'articolo, pubblicato su una rivista giuridica, parla chiaro:

> Benché la tipizzazione del DNA abbia grandi potenzialità in campo forense, non è ancora dimostrato che si tratti di un test del tutto accurato e affidabile. Affermare che il test del DNA può identificare le persone senza alcun dubbio è una esagerazione. È anche possibile che due persone abbiano impronte genetiche identiche [...] perciò sono possibili false identificazioni. Prima che il test del DNA possa diventare uno strumento forense accettato, sono necessari ulteriori studi.[8]

[8] W.C. THOMPSON, S. FORD, "DNA Typing: Promising Forensic Technique Needs Additional Validation", *Trial*, 24, 9, settembre 1988, pp. 56-59, 62-64.

Thomson fornisce a Sullivan strumenti utili per attaccare la Cellmark, nomi di potenziali testimoni e accetta anche di testimoniare lui stesso. La questione è controversa e deve pronunciarsi la Corte suprema del Minnesota. A sorpresa, il verdetto è a sfavore del test. Nuovi standard sono stati introdotti nel frattempo, ma la Cellmark ha dovuto ammettere di non averli seguiti nel test di Schwartz. La sola ragione per cui non lo ha fatto è che quegli standard, quando la Cellmark ha condotto i test, non esistevano.[9] Ma questo non emerge dalla sentenza:

> L'affidabilità è particolarmente importante nei procedimenti criminali, perché un sospettato potrebbe trovarsi a perdere la libertà a seguito di una identificazione basata sul DNA. Gli esperti ammettono che le analisi del DNA potrebbero portare a un "falso negativo", in cui un *match* tra due impronte genetiche esiste sebbene non venga dichiarato. Altri esperti hanno testimoniato su come, al contrario, potrebbe risultare un "falso positivo", il caso in cui l'individuo sbagliato venga associato a un campione di DNA. [...] Come corollario, i risultati di uno specifico test del DNA sono affidabili e accurati solo se lo sono le procedure seguite dal laboratorio che ha fatto le analisi.[10]

Per Sullivan è una grande vittoria, anche se all'inizio del 1990 lo Stato processa Schwartz senza la prova del DNA, condannandolo al carcere a vita per l'omicidio di Carrie Coonrod. L'accusa ha deciso di andare comunque a processo per non protrarre oltre il dolore di una famiglia che aveva perso l'unica figlia. Del resto, le altre prove contro l'imputato erano schiaccianti.

FBI all'attacco

Il caso Castro e il caso Schwartz dimostrano che la difesa può sfidare il test del DNA. Gli avvocati riescono a creare un network di scienziati che testimoniano contro la Cellmark e la Lifecodes

---

[9] Intervista dell'autrice a Robin Cotton, dirigente della ricerca e sviluppo alla Cellmark, agosto 2008.

[10] *State of Minnesota* vs. *Schwartz*, majority opinion of Chief Justice Popovich, Supreme Court of Minnesota, 447 N.W.2d 422 (Minn., 1989).

costrette, con riluttanza, a fornire persino i dati di laboratorio e darli in pasto alle voci critiche. La situazione si è complicata: anche se di fatto nessun giudice ha messo in discussione il test del DNA in generale, sono emersi diversi singoli casi in cui la prova è stata dichiarata inammissibile. Pasticci di laboratorio ed errori di calcolo statistico hanno incrinato la credibilità della scienza. La difesa ha centrato il suo obiettivo: convincere i giudici a domandarsi cosa può andare storto nella prova del DNA. L'altra vittoria è sull'opinione pubblica. Il test del DNA, ci si domanda ormai, è davvero affidabile? *The New York Times* denuncia l'urgenza di stabilire standard per la procedura del test, chiamando in causa Eric Lander:

> «Anche se il DNA *fingerprinting* ha chiaramente enormi potenzialità come strumento forense, la corsa ai tribunali ha oscurato due fattori critici» ha detto Lander. Il primo è che mentre questo test è altamente affidabile nella diagnosi delle malattie genetiche, il suo uso nei casi giudiziari è molto più impegnativo dal punto di vita tecnico. Il secondo punto è che gli scienziati non hanno ancora individuato standard che assicurino l'affidabilità delle prove derivate da tale analisi.[11]

The Washington Post, all'indomani della sentenza Castro, titola: "Una macchia sull'impronta del DNA? Sollevate domande sugli standard di qualità".[12] La stampa comincia inoltre a spiegare ai cittadini come si ottiene un'impronta genetica. Prendiamo per esempio la descrizione della tecnica pubblicata nell'articolo citato:

> 1) Si ottiene una prova: un campione di tessuto dalla scena del crimine (sangue, sperma, capello con follicolo, pelle ecc.) e un campione di cellule dal sospettato.
> 2) Si estrae il DNA da ogni campione trattandolo con agenti chimici.
> 3) Si tagliano le lunghe catene di DNA in frammenti con gli enzimi di restrizione. Il DNA di persone diverse sarà tagliato in

---

[11] Harold M. SCHMECK, "Standards Urged for Genetic 'Fingerprinting'", *The New York Times*, 15 giugno 1989.

[12] Larry THOMPSON, "A Smudge on DNA Fingerprinting? N.Y. Case Raises Questions About Quality Standards, Due Process", *The Washington Post*, 26 giugno 1989.

posti diversi, producendo diverse combinazioni di lunghezze dei frammenti.

4) I frammenti vengono ordinati per lunghezza, usando l'elettroforesi (una corrente elettrica trascina i frammenti attraverso una gelatina; i frammenti più piccoli migreranno più velocemente; quando la corrente si interrompe, i frammenti si fermeranno in bande separate). I frammenti di DNA appartenenti al sospettato e quelli provenienti dalla scena del crimine vengono caricati nella gelatina in corsie parallele.

5) I frammenti di DNA vengono trasferiti dalla gelatina a una membrana di nylon con un metodo chiamato Southern blot. La membrana mantiene il pattern a bande.

6) La membrana viene immersa in una soluzione contenente le "sonde" per il DNA, pezzetti di DNA costruiti in laboratorio a partire da ingredienti radioattivi. Ogni sonda contiene una sequenza genetica che cerca e si lega solo a una sequenza complementare di DNA appartenente al campione.

7) Poiché le bande marcate con le sonde sono invisibili, vengono passate ai raggi X, dando luogo a bande scure.

8) I pattern delle bande marcate in ogni corsia vengono confrontati con quelli delle altre corsie. Se sono uguali, le cellule del campione dalla scena del crimine provengono dal sospettato.

Tra il 1987 e il 1989 se ne discute anche in TV e gli esperti che hanno voce in capitolo sono troppi: genetisti, scienziati forensi, statistici, giudici e avvocati. Ma un nuovo protagonista sta per irrompere sulla scena: è il Federal Bureau of Investigation.

L'interesse dell'FBI per la genetica risale alla pubblicazione della scoperta di Alec Jeffreys. L'anno dopo l'unità scientifica dell'FBI, con base a Quantico, in Virginia, ne comprende le potenzialità e assegna a Bruce Budowle, che ha un dottorato in genetica, il compito di studiare per capire come funziona il nuovo test. Lo scienziato dell'FBI visita i laboratori inglesi e americani e, a metà del 1987, il Bureau mette in piedi una squadra di ricerca che lavora sodo. Cellmark e Lifecodes cercano a lungo di corteggiare l'FBI per imporre i propri standard, ma nessuna delle due ha la meglio. L'FBI mantiene le distanze. Il personale viene addestrato a cominciare dall'aprile del 1988 e i rapporti con la comunità scientifica sono di consulenza: il training è gestito autonomamente dall'FBI.[13] Ma l'obiettivo non è certo guadagnare il consenso degli avvocati o degli scienziati (persino Lander e Scheck spendono buoni commenti per il lavoro dell'FBI), quanto di recuperare in fretta il tempo perso e cominciare a dettare legge in materia di DNA.

Nei tribunali di New York esiste un sostanziale accordo tra gli avvocati difensori e i procuratori sul fatto che ci sono ancora molte domande a cui bisogna dare una risposta. Lo Stato istituisce una commissione tecnica che evidenzia i punti critici. Ma è un tipo di approccio che l'FBI rifiuta. Anzi, di fatto, reagisce con un colpo di mano. Tutti coloro che sino a quel momento sono stati i protagonisti, dalla Lifecodes alla Cellmark, per non parlare degli avvocati difensori, vengono esclusi da ogni decisione. L'FBI non fa alcuno sforzo per trovare un terreno comune, semplicemente taglia fuori tutti. E Bruce Budowle è l'uomo giusto, uno che non si fa intimidire, uno che sa quel che dice quando parla di DNA.

Nel dicembre 1988, a oltre un anno dall'ingresso nel mercato delle due società, l'FBI comincia a offrire il "suo" test alle forze dell'ordine, con oltre trecento laboratori in tutti gli Stati Uniti. Per arrivare a sbaragliare la Lifecodes e la Cellmark nel più breve tempo possibile, ignorando i dubbi sul test già discussi in aula, non si è neppure preoccupata di seguire procedure standard per mettere in piedi laboratori. I risultati dei test preliminari, per esempio, sono pubblicati soltanto un anno e mezzo dopo la presa in carico di casi giudiziari. La rivista di riferimento è *Crime Laboratory Digest*, non più di un bollettino a circolazione interna nelle forze dell'ordine.

A partire dal 1989 Lifecodes e Cellmark si trovano a inseguire gli standard dell'FBI. Il tempo impiegato dal Bureau per colmare la propria totale mancanza di conoscenze tecniche è brevissimo. Per esempio, la prima sorpresa con la quale le due società private si trovano a fare i conti è l'adozione di un nuovo enzima di restrizione. È un'abile mossa per metterle all'angolo, perché se è vero che le due società non sono tenute ad adottare quel sistema, se non lo facesse-

[13] OTA, *Genetic Witness*, cit., pp. 141-42.

ro la validità dei loro test ne uscirebbe compromessa. Per l'FBI è la migliore soluzione tecnica oltre che la più economica.

A validare protocolli e procedure sono scienziati e tecnici addestrati dallo stesso Bureau. Il disappunto è enorme. L'FBI del resto non deve rendere conto a nessuno, anche se a un certo punto capisce che non può escludere in toto il mondo scientifico e deve almeno salvare l'apparenza. Alla fine di maggio del 1988 organizza un convegno con oltre cento invitati: scienziati forensi, biologi molecolari, genetisti, agenti di polizia e avvocati. Il meeting ha una sola vera finalità: chiarire il ruolo leader dell'FBI e creare consenso sulla costruzione di una banca dati dei profili genetici. I dirigenti del Federal Bureau non fanno riferimento neppure una volta agli esperti di Lifecodes e Cellmark. Anzi, prima che Robin Cotton, dirigente della ricerca e sviluppo alla Cellmark, prenda la parola, Bruce Boudowle dice che gli esperti delle società private non ne sanno nulla. La Cotton, nell'imbarazzo generale, replica dicendo che farà finta di non aver sentito, poi legge il discorso che ha preparato per l'occasione. Ancora oggi a diversi anni di distanza si dice «allibita» dall'insolenza dell'FBI.[14]

Un primo risultato del convegno è l'istituzione di un gruppo tecnico, il Technical Working Group on DNA Analysis Methods (TWGDAM), finalizzato a ottenere un definitivo consenso sul test, anche se solo attraverso la definizione di linee guida. L'FBI accetta suo malgrado. Per la gran parte il TWGDAM è formato da personale proveniente da laboratori criminologici, distretti legali ed FBI. Solo due su trentuno membri del gruppo di lavoro appartengono alla comunità scientifica. Il personale delle due società leader del mercato è chiamato in causa con un ruolo di consulenza, ma senza alcuna voce in capitolo. La questione è di fatto sotto il controllo dell'FBI.

Del resto non c'è accordo nemmeno su chi debba regolare la materia. Lander sostiene per esempio che è una responsabilità di cui si deve fare carico la comunità scientifica, mentre gli avvocati difensori sono per la designazione di un'agenzia federale, come l'Office of Technology Assessment (OTA, Ufficio per le valutazioni tecnologiche) che in effetti riceve un incarico dal Congresso. Della

[14] Intervista dell'autrice a Robin Cotton, cit.

commissione governativa fanno parte gli esperti di Lifecodes e Cellmark, Eric Lander, un esponente dell'Unione americana per i diritti civili, l'avvocato Michael Rutnik, che aveva seguito la difesa nei casi Wesley e Bailey, e altri avvocati e professori.

La relazione finale, pubblicata nel luglio del 1990, è un colpo per l'FBI. Gli standard non sono adeguati a creare una soluzione duratura del problema e ad assicurare la validità e l'affidabilità del test:

> Anche se secondo qualcuno è attorno alle linee guida del TWGDAM che si svilupperà il consenso nazionale sugli standard di qualità, altri sono meno ottimisti. Alcuni critici obiettano sulla natura circoscritta della decisione iniziale e sulla mancata rappresentanza nel gruppo di alcune parti interessate. Alcuni affermano che l'FBI – soprattutto un corpo investigativo e una forza dell'ordine – sia un leader inappropriato, e si oppongono a qualunque ruolo dell'FBI nel controllo della qualità e nella definizione degli standard. D'altro canto, le linee guida del TWGDAM sono il primo passo verso un accordo sulle garanzie di qualità. In particolare, poiché i suoi membri sono coinvolti nella pratica forense, è probabile che le proposte del TWGDAM affrontino ciò che preme a questa parte in causa.[15]

Secondo la commissione governativa, il punto di vista da adottare è da un lato la difesa dei diritti sulla presunzione di innocenza, dall'altro la difesa della scienza, mentre per il creare degli standard è indispensabile mettere d'accordo tutte le parti in gioco, dalla politica, alla società, fino alla scienza:

> Secondo l'OTA, se effettuato propriamente il test del DNA di per sé è affidabile. Ma da casi giudiziari reali sorgono interrogativi seri su come meglio assicurare che ogni particolare test sia affidabile: interpretazione dei dati, minimizzazione dell'errore umano, appropriati controlli di qualità. C'è bisogno di sviluppare standard tecnici e operativi adesso. E gli standard da soli non devono essere interpretati in modo da rendere l'analisi delle prove assolutamente affidabile. [...] Infine, molte questioni intorno alle applicazioni forensi del DNA sono tanto politiche quanto tecnico-operative. Come

[15] OTA, *Genetic Witness*, cit., pp. 74-75.

> tali, il contributo e l'influenza di avvocati, commercianti, amministratori e altri è ugualmente importante per determinare adeguati standard qualitativi.[16]

Inoltre all'FBI viene chiesto di sottoporre i suoi standard a una giuria scientifica indipendente. Questa è almeno l'opinione di Eric Lander, che si propone ormai come antagonista principale dell'FBI sulla questione degli standard.

La contromossa dell'FBI spiazza la comunità scientifica. Per risolvere le questioni che restano aperte, e in particolare quella del calcolo delle probabilità di errore, vengono reclutati numerosi scienziati di fama, biostatistici ed esperti di genetica delle popolazioni. Il loro ruolo è dare credibilità al test in ambito politico. L'FBI riempie di dollari le tasche dei suoi consulenti. E subito gli avversari reagiscono con un'accusa pesante: l'FBI sta comprando il consenso delle università (anche se a dire il vero pure gli avvocati difensori pagano fior di consulenze).

Il primo processo nel quale la prova è fornita dall'FBI riguarda un nativo americano accusato dell'omicidio di una ragazzina di quattordici anni nella riserva indiana di Pine Ridge, nel Sud Dakota. Il processo a Matthew Sylvester Two Bulls comincia nel marzo 1989. La probabilità di errore, sul test effettuato sulla biancheria intima della ragazzina, è stata calcolata in 1 su 177.000, questo sulla base delle frequenze alleliche che l'FBI ha desunto dai propri dati sulla popolazione nativo-americana. La prova del DNA è ammessa quasi senza contestazioni.

Ma la Mafia di Irvine è già all'attacco sulla questione delle frequenze alleliche calcolate all'interno di sottopopolazioni come quella degli indiani d'America.

> La questione principale è se la popolazione negli USA non sia omogenea, bensì "strutturata", in modo che certi set di alleli siano più comuni in certi sottogruppi che in altri. Se è così, una particolare impronta genetica potrebbe essere molto più comune in certi sottogruppi che in altri, e i laboratori potrebbero stimare la sua frequenza in modo scorretto prendendo

[16] *Ibidem*, p. 83.

> un campione dal sottogruppo sbagliato al momento di costruire il proprio data base.[17]

E c'è un'altra questione, un altro punto debole dell'FBI, i cosiddetti *proficiency test*, i controlli di qualità all'interno dei laboratori federali. Per William Thomson, i laboratori forensi sono troppo vicini alle forze di polizia e ai procuratori, sono soggetti a grande pressione psicologica e tendono a venirne influenzati. Inoltre i tecnici dell'FBI sono stati addestrati in poco tempo e le verifiche sulla qualità del loro lavoro non sono state sottoposte al vaglio di esperti indipendenti, ma solo dalla stessa FBI. Come si può dare assoluto credito a controlli di qualità condotti dagli stessi laboratori che eseguono i test da verificare?

Nel gennaio 1990 l'FBI ha già riguadagnato terreno sul piano delle forniture di test del DNA in tribunale: fino a questa data la Lifecodes ha fornito 94 consulenze, la Cellmark 66, l'FBI 41.[18] Il punto è che l'FBI fornisce il servizio allo Stato in via gratuita, stimando il costo in poco meno di 100 dollari, mentre le società private lo forniscono a pagamento, per un costo variabile tra i 200 e i 490 a campione.[19]

Ma alla metà del 1990 i protocolli dell'FBI intanto sono già diventati lo stardard. Lifecodes e Cellmark sono fuori dai giochi: combattere contro un servizio gratuito e in uniforme è una battaglia persa in partenza. Possono ora solo fornire reagenti e supporto tecnico, se richiesto.

La questione della struttura della popolazione si fa nel frattempo sempre più urgente per i detrattori dell'FBI come Lander, che ritiene che per stimare l'errore occorra stabilire la rarità di un particolare allele. Molti genetisti delle popolazioni sono dell'opinione che all'interno di una sottopopolazione – come quella degli immigrati italiani, o irlandesi, o norvegesi – ci siano differenze significative rispetto alla media, e per questa ragione non si può fare semplicemente una media delle frequenze alleliche note nella popolazione generale. All'interno di un gruppo etnico le frequenze alleliche possono

---

17 William C. THOMPSON e Simon FORD, "Is DNA fingerprinting ready for the courts?", *New Scientist*, 1710, 31 marzo 1990.

18 OTA, *Genetic Witness*, cit., p. 98.

19 *Ibidem*, p. 25.

variare rispetto alla media, dicono, tanto da rendere un certo allele molto meno raro del previsto.

Secondo l'FBI questo non è un problema, perché gli Stati Uniti sono un melting pot, non ci sono differenze interetniche. Si tratta di una sofisticheria accademica, una questione di lana caprina. Le deviazioni sul calcolo delle probabilità sono del tutto insignificanti. *The New York Times* evidenzia un'ulteriore difficoltà:

> Determinare la probabilità che due persone, per caso, abbiano impronte genetiche identiche. Joel Cohen, genetista delle popolazioni e matematico alla Rockefeller University, afferma che non esistono dati su come le bande di DNA vengono ereditate in una popolazione, impedendo ogni calcolo accurato. Il professor White, che ha aiutato l'FBI a sviluppare il suo sistema, ha detto che la probabilità dipende dalla popolazione in esame. In un quartiere in cui gli abitanti provengano da un cittadina italiana, per esempio, la probabilità che due persone diano un match casuale sarebbe diversa rispetto al caso in cui una persona di quel quartiere venga confrontata con qualcuno preso a caso dagli interi Stati Uniti. [...] «Le tipiche procedure di calcolo non ne tengono conto» dice il professor Green.[20]

La questione esplode con il caso degli Hell's Angels, la gang degli Angeli dell'inferno.

Il DNA degli Angeli dell'inferno

La sera del 27 febbraio 1988, a Sandusky, in Ohio, David Hartlaub viene trovato ucciso nel parcheggio di una banca. Era andato a depositare l'incasso della giornata del negozio di musica dove lavorava. Dopo avergli sparato, gli assassini lo hanno scaricato dal suo furgone, che hanno usato per fuggire. In un motel poco distante, la polizia trova il furgone abbandonato con l'arma del delitto su un sedile e diverse macchie di sangue. Il movente non è la rapina perché

[20] Gina KOLATA, "Some Scientists Doubt the Value Of 'Genetic Fingerprint' Evidence", *The New York Times*, 29 gennaio 1990.

l'incasso, quasi 4.000 dollari in contanti, è rimasto lì, in un borsone sul sedile anteriore.

Le analisi sierologiche mostrano che il sangue appartiene a Hartlaub e a un'altra persona, il suo killer. Le indagini sulla pistola e alcuni testimoni, che pur non avendo assistito al crimine riferiscono di «strani movimenti», portano a tre membri di una banda di motociclisti, la Cleveland Hell's Angels. L'ipotesi è che Wayne Yee, Mark Verdi e John Ray Bonds abbiano pianificato l'omicidio di un membro di una gang rivale di motociclisti, i Sandusky Outlaws, proprietario di un furgoncino identico a quello di Hartlaub. Insomma, è stato uno sbaglio: la vittima designata non era Hartlaub.

Dalle analisi dell'FBI risulta che il profilo genetico corrisponde a quello di Wayne Yee con un margine di errore di 1 su 270.000. Prima del processo la probabilità subisce però una modifica, è 1 su 35.000. L'intento dell'FBI è chiaro: evitare qualunque sfida sul piano statistico. Ma questa prudenza non basta.

Da *Science* a *The New York Times*, i media definiscono il processo come la «sfida finale al test del DNA».[21] Gli avvocati difensori sono Scheck e Neufeld che, per l'occasione, radunano un team stellare di scienziati. A partire dal giugno del 1990, per due anni, tanto dura il processo, i media sono conquistati dalla guerra tra avvocati e FBI, che accusa i legali degli Angeli dell'inferno e gli scienziati che hanno preso le loro parti di «pura cattiveria». La difesa ribatte che gli sbirri vogliono vincere a tutti i costi, tanto da andarci fuori di testa. I test hanno per la difesa seri problemi di verifica, non sono riproducibili, per non parlare del calcolo statistico che fa acqua da tutte le parti. A sostenerlo è Daniel Hartl, preside del dipartimento di Genetica della Washington University a St. Louis, considerato uno dei migliori genetisti delle popolazioni al mondo, autore del libro di testo in materia più adottato negli Stati Uniti.

Interviene anche Eric Lander. Dopo il processo Castro non aveva più voluto testimoniare per la difesa ma questa volta è il giudice a convocarlo, per un parere «neutrale» che, tuttavia, si rivela subito

---

[21] Stephen LABATON, "Law; DNA Fingerprinting Showdown Expected in Ohio", *The New York Times*, 22 giugno 1990.

utile alla difesa. Il verdetto sull'ammissibilità del DNA a processo è comunque favorevole e gli Angeli dell'inferno vengono condannati.

Per la prima volta i genetisti delle popolazioni hanno avuto voce in un processo, soprattutto con due eminenti personalità del mondo accademico: Daniel Hartl e Richard Lewontin.

Scheck e Neufeld non li hanno chiamati a testimoniare personalmente, ma hanno suggerito al giudice di sentirli. La partecipazione di Lewontin è cruciale quanto quella di Hartl. Considerato uno dei fondatori della genetica delle popolazioni e pioniere dell'uso della tecnica RFLP, Lewontin è un pilastro per la comunità dei genetisti delle popolazioni, tra l'altro da lui formata alle università di Chicago e di Harvard. Secondo Lewontin, la variabilità genetica è diversa all'interno dei singoli gruppi etnici rispetto alla popolazione considerata in toto.

Un'ipotesi che mette in scacco i calcoli dell'FBI, aumentando potenzialmente a dismisura l'errore dei calcoli statistici. Ed è proprio ciò che sostengono anche Daniel Hartl ed Eric Lander: il metodo di calcolo dell'FBI è quasi fraudolento, scientificamente inattendibile.

Lewontin è noto non solo per la sua autorevolezza accademica, ma anche per le sue simpatie politiche di sinistra e per le critiche accese alla sociobiologia, la branca che studia i comportamenti sociali applicando teorie biologiche. Sostiene che l'FBI è in errore per tre principali ragioni: primo, ciascun gruppo etnico può avere frequenze alleliche caratteristiche; secondo, sono intercorse troppo poche generazioni dall'arrivo degli immigrati negli Stati Uniti per stabilire che i patrimoni genetici si sono mescolati in un melting pot; terzo, le differenze culturali, religiose e di lingua fanno sì che i matrimoni non siano casuali, tanto che le diverse etnie tendono a non fondersi affatto tra loro. La gran parte degli immigrati bianchi è arrivata in America tra il 1905 e il 1924, non nel XIX secolo come molti credono. Secondo Lewontin il lasso di tempo è troppo breve per parlare di mescolamento delle razze. Per l'FBI è esattamente l'opposto: nel melting pot americano le differenze genetiche non esistono.

Da un punto di vista statistico si contesta l'applicazione del principio di Hardy-Weinberg, il principio più importante della genetica di popolazione, che stabilisce una sorta di riferimento di base per il calcolo delle frequenze alleliche. Il presupposto è che in una popolazione infinitamente grande, in cui gli incroci siano casuali e non esistano fenomeni di migrazione, mutazione e selezione naturale, le frequenze alleliche non variano nel tempo e si combinano sulla base delle semplici regole della probabilità.

Nel 1908 Godfrey Hardy era un matematico di Cambridge che spesso si incontrava con un collega genetista mendeliano, il quale un giorno gli suggerì un paradosso. Se il gene per le dita corte (o *brachidattilia*) fosse dominante, come in effetti è, e l'allele per le dita normali fosse recessivo, allora le dita corte dovrebbero diventare sempre più frequenti a ogni generazione, finché con il tempo tutti dovrebbero avere le dita corte. Hardy buttò giù qualche equazione e mostrò che, data una particolare frequenza allelica per le dita corte e le dita normali, gli individui con dita corte e dita normali sarebbero rimasti in ugual numero nel tempo, una volta assodato che non esiste alcuna selezione naturale a favore delle dita corte o lunghe. Hardy pubblicò il risultato e a breve uscirono anche le ricerche di un medico di Stoccarda, Wilhelm Weinberg, che stabiliva lo stesso tipo di relazione. La legge di Hardy-Weinberg segnò l'inizio della moderna genetica delle popolazioni.

Lewontin e Hartl non mettono certo in discussione quel principio cardine, bensì se gli incroci siano davvero casuali, una condizione essenziale per applicare il principio di Hardy-Weinberg. Altrimenti il calcolo delle diverse frequenze alleliche cambierebbe parecchio.

> Il valore probante di un *match* viene spesso calcolato moltiplicando le frequenze di occorrenza di ogni particolare pattern VNTR stimate in un data base. Tuttavia, si può incorrere in errore perché i sottogruppi etnici all'interno delle categorie razziali maggiori esibiscono differenze genetiche, preservate dall'endogamia. Dal punto di vista scientifico la moltiplicazione funziona solo facendo campionamenti molto estesi delle distribuzioni di frequenza dei VNTR in vari gruppi etnici, un po' come si è fatto in passato per gli studi etnici sui gruppi sanguigni.[22]

[22] R.C. LEWONTIN e D.L. HART, "Population Genetics in Forensic DNA Typing," *Science*, 254, 1991, pp. 1745-50.

Davanti al giudice Hartl sostiene con forza che applicare il principio senza aver dimostrato questo assunto sarebbe come costruire il telescopio *Hubble* senza testare l'affidabilità delle lenti, solo per il fatto che di quelle stesse lenti se ne fa largo uso nei binocoli per andare a vedere l'opera. Non basta.

Ma gli scienziati chiamati in causa dall'FBI non sono da meno. Tra loro ci sono biostatistici di fama come Ken Kidd, che sostiene l'esatto opposto.

Il giudice è in imbarazzo: vorrebbe fare affidamento sulla reputazione degli esperti, ma non è possibile, perché sia quelli dell'accusa che quelli della difesa sono tutti superstar. Alla fine il giudice dà ragione all'FBI e gli Angeli dell'inferno vengono condannati.

Starch wars: le guerre del DNA

Ma con il caso Castro e quello degli Hell's Angels, si è ormai giunti al culmine delle guerre del DNA. In America le chiamano *starch wars*,[23] che suona come *star wars* (guerre stellari), ma significa "guerre dell'amido", perché la struttura biochimica del DNA comprende lunghe catene di uno zucchero, il desossiribosio, proprio come da lunghe catene di zuccheri è composto l'amido.

Le reazioni non si fanno attendere e le riviste scientifiche diventano un'arena di commenti al vetriolo. Soprattutto dopo che il provocatore Eric Lander invita tutti, sulle pagine dell'*American Journal of Human Genetics*, a dire la loro. Non è poco e Charles Epstein, direttore della rivista, scrive un editoriale per giustificare la decisione di accogliere l'invito di Lander. Le applicazioni della scienza, scrive, vanno al di là di un semplice dibattito tecnico, si tratta di una questione di grande portata sociale ed etica.[24]

I commenti che arrivano al giornale sono di due tipi. C'è chi pensa, come l'FBI, che sia ridicolo mettere a punto data base con frequenze alleliche a seconda delle etnie. Chi attingerebbe mai a un simile data base per un irlandese di quarta generazione? Quale sarebbe il confi-

[23] J.D. ARONSON, "The 'starch wars' and the early history of DNA profiling", *Forensic Science Review*, 18, 1, 2006, pp. 59-72.

[24] Charles J. EPSTEIN, "Editorial: The Forensic Applications of Molecular Genetics- The Journal's Responsibilities", *Am. J. Hum. Genet.*, 49, 1991, pp. 697-98.

ne tra etnia afroamericana o colombiana, napoletana o siciliana? Ma c'è anche chi invece è convinto che la struttura della popolazione sia un punto essenziale da risolvere e che per farlo occorra costruire data base con le diverse frequenze alleliche per diversi gruppi etnici.

È una delle controversie più accese nel mondo scientifico che la storia recente ricordi. Volano parole grosse, per la gioia dei media. Hartl e Lewontin accusano il procuratore che ha seguito il caso degli Angeli dell'inferno di averli intimiditi con la minaccia perché non pubblicassero il loro articolo su *Science*.

> Uno scienziato straniero, controinterrogato su questioni scientifiche da un avvocato che lavora per l'FBI, ha detto che all'improvviso gli hanno chiesto che tipo di visto avesse. Lo scienziato, Simon Ford, ha detto che la vessazione lo ha dissuaso a non testimoniare più ai processi. [...] Altri dichiarano di essere stati chiamati da agenti dell'FBI che gli hanno detto quanto l'accusa sarebbe stata danneggiata se avessero testimoniato per la difesa nei processi sul DNA. Nell'ultimo incidente, il ricercatore Daniel Hartl della Washington University a St. Louis ha detto di aver subito pressioni da un procuratore federale, James Wooley [...] perché ritirasse un articolo che oggi compare su *Science*. Hartl e il suo coautore, Richard Lewontin della Harvard University, hanno detto di essere stati costretti all'ultimo minuto dall'editore della rivista ad ammorbidire le loro conclusioni sul fatto che la base statistica per il calcolo dell'accuratezza delle impronte genetiche fosse fatalmente difettosa. Con un provvedimento inusuale, l'articolo è stato ritardato, mentre la rivista sollecitava una replica [...] pubblicata insieme all'articolo, che nega ogni argomentazione fatta dai critici.[25]

La replica è quella di Ken Kidd, e si intitola "L'utilità del test del DNA per uso forense": senza mezzi termini afferma che ciò che Lewontin riporta come riscontri scientifici sono solo elucubrazioni dettate dalla sua fiera volontà di andare in ogni caso contro la po-

[25] Gina KOLATA, "Critic of 'Genetic Fingerprint' Tests Tells of Pressure to Withdraw Paper", *The New York Times*, 20 dicembre 1991.

lizia e lo Stato.[26] Con Ranajit Chakraborty, professore di genetica, ecologia umana e biometria all'Università del Texas, anche lui tra gli scienziati che hanno assistito l'FBI alla preparazione dei protocolli, Kidd arriva a dire che i colleghi che hanno testimoniato per la difesa sono una «schifosa perversione della scienza».

Ormai è guerra aperta. Le accuse più pesanti riguardano il pagamento di consulenze d'oro per avvocati difensori, testimonianze in cambio di assegni con cifre a molti zeri. In un numero successivo, *Science* titola "Procuratori contro scienziati: il gatto col topo".[27] Quelli della Mafia di Irvine sono accusati di aver ricevuto dai 60 agli 80.000 dollari a testa, tanto da lasciare addirittura l'accademia per lavorare alle consulenze per la difesa a tempo pieno. Persino Daniel Hartl, la cui reputazione è specchiata, finisce nel mirino per 28.000 dollari ricevuti come consulente nel caso degli Angeli dell'inferno.

Lewontin, intervistato da *Science*, afferma che la sola ragione per cui si va a testimoniare è il principio, non il denaro.[28] Ma aggiunge che forse gli scienziati non dovrebbero essere pagati, perché chiaramente questo ne limita credibilità e obiettività. William Thomson, considerato il capo della Mafia di Irvine, cerca di abbassare i toni dicendo che si tratta solo di un diverso approccio, più rigoroso, per cui non è possibile accettare un'ipotesi prima di averla messa alla prova. Bisogna chiedersi se ci sono dati che negano l'ipotesi dell'equilibrio di Hardy-Weinberg oppure no.

Per Lewontin si è arrivati alla guerra per una ragione banale e molto umana. Controversie scientifiche, dispute di studiosi destinate a restare nel chiuso delle accademie sono state bruscamente catapultate nel mezzo di processi delicatissimi e date in pasto all'opinione pubblica. In definitiva, la scienza, strappata dal suo mondo, è finita in un gioco di burattini, dove i burattinai ora si vestono da avvocati, ora da agenti dell'FBI.[29]

---

[26] Ranajit CHAKRABORTY e Kenneth E. KIDD, "The Utility of DNA Typing in Forensic Work", *Science*, 254, 1991, pp. 1735-39.

[27] Leslie ROBERTS, "Prosecutors v. Scientists. A cat-and-mouse Relationship", *Science*, 257, 1992, p. 773.

[28] Leslie ROBERTS, "Hired guns on true believers", *Science*, 257, 1992, p. 735.

[29] Si veda anche il resoconto di Jay D. ARONSON, *Genetic Witness*, cit., pp. 143-45.

La questione del calcolo statistico non è comunque l'unica a minare la credibilità del test tra la fine degli anni Ottanta e l'inizio degli anni Novanta. Il fatto è che in quegli anni sono moltissime le novità tecnologiche. C'è una scoperta, in particolare, che sta portando a una rivoluzione. Si chiama *reazione a catena della polimerasi*, o PCR, e serve a fotocopiare il DNA. Ora si può estrarre DNA e produrne migliaia di copie anche a partire da tracce microscopiche. L'ha scoperta uno scienziato americano di nome Kary Mullis.

Capitolo 5

Reazione a catena

California, Route 128, miglio 46,7. È un venerdì notte dell'aprile 1983 e Kary Mullis, ricercatore alla Cetus Corporation, sta guidando verso il suo ranch di Alexander Valley, a nord di San Francisco.[1]

Mullis è uno che si ingegna per non lavorare troppo. Per esempio ha escogitato un programma al computer per rendere automatica parte del lavoro, così può andarsene in terrazzo a prendere il sole. Ha preso un dottorato di ricerca a Berkeley nel 1973, ma non è uno sgobbone, gli piace divertirsi: abbronzatura, surf e svago puro. Gli piacciono le droghe, ma anche le belle donne e i matrimoni, con i vestiti e la cerimonia. Infatti si è sposato quattro volte.

In macchina c'è la sua ultima fidanzata, ma Mullis in quel momento sta pensando al lavoro. Ha alcuni problemi sul test di diagnosi per l'anemia falciforme, una malattia genetica basata su una mutazione che si trasmette dai genitori ai figli, sta mettendo a punto un esame per diagnosticarla prima della nascita. Ma il test fallisce troppo spesso. Non si riesce a isolare quel gene difettoso. L'auto segue le curve sinuose delle montagne sulla costa dell'oceano pacifico, ma i pensieri seguono le curve della doppia elica del DNA. Isolare un gene dentro quei miliardi di paia di basi del DNA è troppo complicato, deve pur esserci qualcosa che renda il lavoro meno faticoso. È una bella serata e la macchina corre veloce sulla strada, poi Mullis frena di colpo. Miglio 46,7. Cerca come un pazzo un foglio e una matita. La fidanzata, che dorme nel sedile accanto, si sveglia e lo guarda scocciata. Cosa diavolo c'è, adesso?

Mentre Mullis metteva a punto il software che gli avrebbe facilitato il lavoro in laboratorio, aveva fatto un errore e il programma aveva cominciato a replicare informazioni in automatico spargendole

---

[1] I riferimenti sulla scoperta di Kary Mullis sono tratti da Barry SCHECK, Peter NEUFELD e Jim DWYER, *Actual Innocence*, cit., e da Kary MULLIS, *Ballando nudi nel campo della mente. Le idee (e le avventure) del più eccentrico degli scienziati moderni*, Baldini e Castoldi, Milano 2000.

ovunque nei computer dei colleghi. Con uno dei questi programmi si era divertito a replicare sul proprio schermo la foto di una donna nuda per sessantaquattro volte. Di colpo, sulla Route 128, aveva associato il passatempo al DNA. Il processo di replicazione del DNA, che avviene con raddoppiamenti successivi dei filamenti, ne genera un numero in progressione geometrica. Partendo da un filamento di DNA se ne generano 2, poi 4 (2 alla seconda), poi 8 (2 alla terza) e così via: 16, 32, 64 come le donne nude sullo schermo del computer, 128... «Ho scoperto qualcosa di grosso». La fidanzata torna a dormire, mentre Mullis pensa che dopo otto cicli potrebbe ottenere 256 copie di DNA, che al trentesimo ciclo diventerebbero 1.073.741.824. Oltre un miliardo!

«Possiamo ripartire ora?». Mullis rimette in moto, ma poco dopo accosta di nuovo. Non solo il processo avrebbe fornito copie di DNA a volontà, ma si poteva anche pensare di isolare un gene e copiare solo quello, all'infinito. In un solo istante, quella notte di primavera, Mullis aveva risolto i due problemi fondamentali del DNA: averne in quantità e distinguerne nitidamente singoli tratti.

Quella notte Kary Mullis non riesce a prender sonno. Stappa una bottiglia di cabernet di Mendocito Valley e ne riempie una tazza, poi accende la luce del suo studio e comincia a scrivere formule chimiche e matematiche. A Natale 1983 riesce a realizzare per la prima volta la sua idea: la *reazione a catena della Taq polimerasi*, un enzima per la replicazione del DNA.

La ricetta è semplice. Basta portare a una temperatura intorno ai 94 °C una soluzione contenente: il DNA da replicare; l'enzima polimerasi; nucleotidi semplici A, T, G, C; un *primer*, cioè un breve tratto di DNA che funge da innesco, dando il via alla duplicazione in punti specifici. Si deve abbassare la temperatura tra 40 e 55 °C, e poi alzarla di nuovo tra 65 e 72 °C: in non più di 5 minuti si ottengono diverse centinaia di milioni di copie del DNA di partenza.

Come funziona? L'innalzamento della temperatura consente la *denaturazione* del DNA, cioè la sua scissione in due filamenti singoli; quando la temperatura si abbassa di nuovo, i *primer* si legano in modo complementare al DNA denaturato e a questo punto l'enzima polimerasi può formare nuove catene di DNA identiche a quella di partenza allungando i *primer* legati: la polimerasi prende dalla soluzione un nucleotide alla volta, secondo la sequenza del DNA originale, come delle copie carbone.

Questo ciclo viene ripetuto e, poiché ogni volta si replicano anche i prodotti del ciclo precedente (ecco perché si parla di reazione a catena), in breve tempo si ottiene una quantità enorme di un frammento d'interesse. Questo anche a partire da quantità minuscole di materiale genetico, fino a 100 nanogrammi.

C'è un unico problema: se nella provetta c'è un DNA diverso da quello che si vuole analizzare, i *primer* possono amplificare anche quello. Un fungo microscopico, un batterio, un virus, qualunque cosa potrebbe contaminare il risultato. Ci sono da prendere molte precauzioni.

Ma è una scoperta semplice e semplicemente rivoluzionaria, di quelle che spingono gli altri scienziati a chiedersi perché non ci hanno pensato loro. Mullis otterrà il premio Nobel per la chimica nel 1993; non mancano le celebrazioni sulla stampa, come in un articolo di *Time* intitolato "La macchina dei geni definitiva":

> Immaginate un amplificatore abbastanza potente da convertire il fremito di un battito d'ali in un ringhio impressionante. È ciò che una nuova tecnica chiamata PCR fa di routine ai più infinitesimali ritagli di DNA, la molecola che porta in sé il progetto genetico per ogni cosa vivente.[2]

La tecnica entra in uso in campo forense tra fine anni Ottanta e inizio anni Novanta.

Uno scheletro nel tappeto: PCR in tribunale

Cardiff, Inghilterra, 7 dicembre 1989. Uno scheletro avvolto in un tappeto viene trovato da alcuni operai nel giardino di una villa in ristrutturazione al 29 di Fitzhamon Embarkment. È una ragazza morta strangolata, dice l'autopsia. Dalla dentatura si deduce che doveva avere circa quindici anni. Dall'analisi degli insetti che si sono insediati nei resti, un entomologo forense ipotizza che

---

[2] J. Madeleine NASH, Anne CONSTABLE, Andrew PURVIS, "Ultimate Gene Machine", *Time*, 12 agosto 1991.

il delitto sia avvenuto tra il 1981 e il 1984. Ma sulla identità della ragazza non è possibile sapere nulla.

La polizia fornisce una ricostruzione facciale a partire dal cranio, che una nota trasmissione televisiva, *Crimewatch*, mostra a milioni di inglesi nella speranza che qualcuno riconosca quel volto.[3] Due persone, da due diverse aree del Paese, chiamano la trasmissione per dire che temono si tratti di Karen Price, una quindicenne scomparsa otto anni prima da una casa-famiglia. Come verificare che sia davvero lei? Ancora una volta il deus ex machina è Alec Jeffreys, che chiama Erika Hagelberg, una collega che lavora a Oxford nel Dipartimento di archeologia. Di lei, l'inventore dell'impronta genetica dice che è in grado di tirar fuori DNA anche da una pietra. E infatti la Hagelberg riesce a estrarre il DNA. L'archeologa forense sa ricavarlo da ossa vecchie anche settecento anni, e da 1 grammo del femore dello scheletro di Cardiff riesce a tirar fuori 1 microgrammo e mezzo di DNA per spedirlo ad Alec Jeffreys. L'1% è DNA nucleare, il resto è contaminazione fungina o batterica. Quel DNA è molto degradato e la lunghezza media dei frammenti è di sole 150 paia di basi. Troppo poco per usare la tecnica tradizionale della *DNA fingerprinting*, che richiede frammenti di migliaia di paia di basi. Jeffreys decide di affidarsi alla nuova tecnica PCR e con la collega di Oxford riesce ad amplificare sei marcatori, di sole due paia di basi ripetute in tandem per un totale di 100 paia di basi, da confrontare con il DNA dei genitori di Karen Price. In tutti e sei i casi ottiene una corrispondenza con un allele del padre o con uno della madre. È Karen Price, la probabilità che non lo sia è di 1 su 200.000.

Idris Ali racconta alla polizia di aver presentato Karen, che si prostituiva, a un conoscente, Alan Charlton. È lui l'assassino che nel 1981 ha ucciso Karen. L'aveva strangolata dopo che si era rifiutata di posare per delle foto pornografiche. Il killer viene condannato all'ergastolo dopo che per la prima volta una corte britannica ha accettato il nuovo test basato sulla PCR.

---

3 La ricostruzione completa della vicenda è andata in onda su *Crimewatch*, il 5 settembre 1991 su BBC1.

> L'amplificazione del DNA mediante PCR è stata ufficialmente approvata come strumento forense nel febbraio di quest'anno. È stata accettata come prova per la prima volta da una corte britannica in un caso di omicidio. La storia comincia nel 1989, quando alcuni operai scoprirono uno scheletro, i resti di un corpo avvolti in un tappeto di una casa di Cardiff [...] Jeffreys ha già estratto DNA da ossa ritenute di Josef Mengele, e sta cercando di ottenere campioni di sangue dalla famiglia dell'uomo. Questo tipo di analisi comparativa del DNA apre la possibilità di identificare i resti di corpi sepolti nelle fosse comuni.[4]

Il DNA dell'Angelo della morte

Nella Francia del XVII secolo i condannati venivano marchiati a fuoco. Anche i tatuaggi erano una pratica ricorrente. Tre secoli più tardi accadde nella Germania nazista a milioni di ebrei deportati nei campi di concentramento. Ma anche le SS avevano un tatuaggio: indicava il gruppo sanguigno. La storia dell'uomo che nel disegno criminale di Hitler era destinato a sperimentare le più allucinanti teorie dell'eugenetica, Josef Mengele, detto l'Angelo della morte, medico di Auschwitz, parte da quel tatuaggio.

Quando l'Armata Rossa entra nei campi di concentramento nazisti, Mengele scappa al suo paese natio, dove può contare sulla protezione della famiglia e sull'omertà degli abitanti. Scappa con un'infermiera di Auschwitz alla quale affida appunti, campioni di sangue e relazioni sui suoi esperimenti. Ma la fuga si ferma vicino a Weider, dove l'Esercito americano sta catturando i fuggiaschi. Su Mengele incombe già un mandato d'arresto per genocidio. Entra in un campo di prigionia, ma nessuno lo riconosce ed è di nuovo libero. A salvarlo è il tatuaggio del gruppo sanguigno, o meglio il tatuaggio che lui non ha: quando si è arruolato ha rifiutato di farselo praticare. Di lui si perde ogni traccia.

---

[4] Julie JOHNSON, "The oldest DNA in the world: The discovery of genetic material that may be 16 million years old has left molecular palaeontologists with more questions than answers", *New Scientist*, 1678, 11 maggio 1991.

L'11 marzo 1979 la trasmissione d'inchiesta americana *Sixty Minutes*[5] manda in onda un lungo servizio sul medico che ad Auschwitz ha condotto esperimenti umani decidendo della vita e della morte di migliaia di ebrei. Mengele si nasconde in Sud America, si sostiene. Non è un'ipotesi, è qualcosa di più. A raccontare di averlo più volte incontrato è un ex SS, fuggito anche lui per la *rat line*, la "via dei topi". Come i topi, che quando la nave affonda si arrampicano sulla scala di corda dell'albero maestro, anche i gerarchi nazisti hanno trovato una via di fuga. La chiamano anche "via dei monasteri", perché è nascondendosi nei luoghi di culto, e con la connivenza di alti prelati, che molti nazisti hanno raggiunto il Nuovo Mondo e l'impunità.

Il clero e la Croce rossa hanno fornito documenti falsi e lasciapassare per raggiungere l'Italia, dove i nazisti hanno trovato rifugio prima di imbarcarsi per il Sud America, insieme ai migranti che a milioni lasciavano un Paese schiacciato dalle macerie della seconda guerra mondiale.[6] Fuggono in questo modo Adolf Eichmann, pianificatore della soluzione finale; Klaus Barbie, comandante della Gestapo a Parigi; Erich Priebke, responsabile dell'eccidio delle Fosse Ardeatine. E Josef Mengele, il solo medico nazista scampato alla giustizia. Ma anche Gerhard Bohne, il boia degli handicappati e dei malati di mente, responsabile del piano di morte Aktion T4, da Tiergartenstrasse 4, la struttura di accoglienza dei disabili da dove, tra il 1940 e il 1941, partì lo sterminio programmato di circa 80.000 persone. Tutti questi criminali di guerra si imbarcarono a Genova per raggiungere l'Argentina di Juan Domingo Perón. La conferma dell'esistenza dell'operazione Odessa, Organisation Der Ehemaligen SS-Angehörigen (Organizzazione degli ex-membri delle SS), e della rete di connivenze con la Chiesa cattolica, è arrivata quando il Centro per l'immigrazione di Buenos Aires ha aperto i suoi archivi. È stato allora che sono emersi nomi, date e luoghi. Secondo

[5] Consultazione personale presso l'archivio The Paley Center for Media, New York, agosto 2008.

[6] Le vicende della fuga dei criminali nazisti, tra cui quella di Josef Mengele, sono raccontate nel dettaglio in Andrea CASAZZA, *La fuga dei nazisti*, Il Melangolo, Genova 2007.

il rapporto del 1999 della commissione d'inchiesta argentina che ha indagato su quei fatti, le cifre sono spaventose: almeno centottanta criminali di guerra si imbarcarono a Genova per scappare.

I servizi segreti israeliani, insieme a un sopravvissuto all'Olocausto, Simon Wiesenthal, non hanno mai smesso di cercarli.

La sera dell'11 maggio 1960 gli agenti del Mossad abbagliano con i fari della loro auto un uomo che torna a casa in un sobborgo di Buenos Aires. È Adolf Eichmann e il piano per la sua cattura è stato elaborato da tempo. Il capo del Mossad, Issar Harel, riferisce al premier Ben Gurion che il mostro è stato catturato. Sbarcato a Tel Aviv, il pianificatore della soluzione finale viene processato e condannato a morte per impiccagione.

Di recente l'ex comandante dell'esercito israeliano che guidò l'operazione di cattura di Eichmann, Rafi Eitan, in un'intervista alla France Press, ha rivelato che l'arresto di Mengele saltò all'ultimo minuto.[7] Il Mossad, ha detto Eitan, aveva rintracciato il medico della morte a Buenos Aires, proprio quando stava per mettere in atto la cattura di Eichmann. Di Mengele si conosceva l'indirizzo ed esistevano foto che lo identificavano. Il piano era trasferire in Israele Eichmann e catturare Mengele subito dopo, ma Eitan si oppose: le due operazioni non dovevano essere condotte contemporaneamente, perché il rischio di farle fallire entrambe era troppo alto. La cattura di Eichmann era pronta, ma di Mengele si sapeva ancora poco. Quando gli agenti del Mossad tornarono in Argentina per prendere Mengele, l'Angelo della morte era scappato. I servizi israeliani lo cercarono in Brasile, in Paraguay, ma senza successo.

Dov'era Mengele? Se lo chiedeva la trasmissione *Sixty Minutes* in quei primi di marzo del 1979. E se lo chiedevano da più di tre decenni i cacciatori di nazisti, convinti che si nascondesse in Sud America.

Nel febbraio del 1985, a Gerusalemme, viene avviato in contumacia il processo contro di lui. È allora che Germania, Israele e Stati Uniti si uniscono in uno sforzo comune per trovarlo. Nel giugno 1985 la polizia tedesca perquisisce la casa di Hans Seldmayr, amico

---

[7] ANSA, "Israele, Mossad: oltre ad Eichmann potevamo catturare anche Mengele", 1° settembre 2008.

di Mengele e complice della sua fuga. È allora che si apprende la notizia del suo decesso in Brasile. Solo una trentina di persone ne sono a conoscenza. Tra loro anche il figlio Rolf, che quello stesso mese esce allo scoperto e ammette di aver fatto visita al padre nel 1977, nella sua casa alla periferia di San Paolo. L'unico figlio di Mengele racconta l'incontro con il padre, un uomo depresso che viveva in una baracca nel terrore di essere catturato come il suo amico Eichmann, che conosceva bene e a cui aveva dato una mano negli anni della latitanza sudamericana. Sì, perché Mengele era ricco e l'aiuto dall'Europa e dalla comunità filonazista di Buenos Aires non era mai venuto meno.

Rolf assicura che il padre è morto il pomeriggio del 7 febbraio 1979, stroncato da un infarto mentre nuotava a pochi metri dalla riva sulla spiaggia di Bertioga, nello Stato di San Paolo. Con lui c'erano i coniugi Bossert, gli amici che lo ospitavano e che si occuparono della sua sepoltura sotto falso nome. Le indagini, così, si trasformano dalla ricerca di un fuggitivo a una questione medico-legale. Portano a una tomba nel cimitero di Embu, dove è sepolto Wolfgang Gerhardt. Non resta che appurare che si tratti davvero di Mengele. I primi esami mostrano che quelle ossa sono con buona probabilità le sue. Uguali i denti, gli incisivi separati, e i segni postumi di una frattura causata da un incidente di moto ad Auschwitz. Ma come averne la certezza? Può anche trattarsi qualcuno che gli somigliava. Ci sono poi dei particolari che non tornano: Mengele a quindici anni aveva sofferto di osteomielite, un'infezione che colpisce le ossa. Lo aveva riferito a un giornalista un medico che era stato collega di Mengele durante gli studi all'università. Di tale malattia non c'era traccia in quello scheletro. Il testimone assicurava poi che l'infezione era stata rimossa chirurgicamente e che l'intervento aveva portato a una deformazione alla gamba destra. Forse quel medico si era sbagliato, o magari la malattia era stata così lieve che non era più possibile trovarne le tracce? Le indagini negli archivi scolastici confermarono che nel 1926-27 Mengele si era a lungo assentato dalle lezioni e al suo ritorno era stato esonerato dall'educazione fisica.

Lo scheletro viene sottoposto a un nuovo test. Lo ha messo a punto lo scienziato Richard Helmer e consiste in una comparazione tra cranio e fotografie. Sembra molto convincente ma non è comunque una prova definitiva. Sulla guancia c'è anche un buco sul quale l'opinione degli esperti diverge. Può essere stata l'acqua che percolava nella bara, ma anche un'infezione delle vie aeree. O magari un proiettile? E se qualcuno, simile a Mengele, fosse stato ucciso per essere sepolto al suo posto? Altri particolari non tornano. Scienziati tedeschi dicono che la circonferenza del cranio, secondo i dati delle SS, deve essere di 57 centimetri, ma il cranio nella tomba è più piccolo. Sullo scheletro, poi, ci sono fratture al pollice e alla clavicola su cui non esiste alcuna testimonianza.

Ma il dubbio che non si tratti di Mengele si fonda soprattutto su una testimonianza. Quella di Hans Muench, che il 5 febbraio 1985 è stato sentito dagli investigatori. Muench è stato l'unico medico di Auschwitz a essere assolto al processo tenuto in Polonia nel 1947: si è rifiutato di condurre esperimenti sugli ebrei. Muench racconta agli investigatori di avere avuto un incontro con il nipote di Mengele, Karl-Heinz, e l'amico Hans Seldmayr. I due volevano da lui un'opinione sull'esito di un eventuale processo a Josef Mengele. L'incontro, assicura Muench, è avvenuto dopo la presunta morte in Brasile. Perché porgli una simile domanda?

E c'è un altro indizio sospetto. Una lettera datata 8 marzo 1979, un mese e un giorno dalla sempre più dubbia morte di Mengele sulla spiaggia di Bertioga. È firmata Almuth Mengele, la moglie del figlio Rolf, che ha scritto al suocero una lettera di auguri per il suo sessantanovesimo compleanno. Tutta la corrispondenza passava dai Bossert e, prima di spedire la lettera, Rolf ha aggiunto una nota a mano, indirizzata proprio alla coppia che ospitava il padre: ha saputo della morte del padre e li ringrazia per la loro assistenza. Un messaggio di ringraziamento per aver simulato una morte? È questo il sospetto.

Le voci su una possibile truffa orchestrata da amici e parenti continuano a rincorrersi. Lo stesso Wiesenthal non è convinto della morte e non lo è neppure il Mossad. I dubbi crescono quando una dentista brasiliana dice di aver curato un uomo del tutto somigliante a Mengele nell'aprile del 1979. Quell'uomo sosteneva di conoscere il presidente del Paraguay, proprio lo Stato dove l'Angelo della morte ha trovato rifugio dopo la fuga in Argentina. Ci vuole qualcosa di definitivo.

Un campione delle ossa viene affidato all'FBI, che però non riesce a estrarre il DNA. Tentano anche di prelevarlo dai capelli, ma ancora una volta senza successo. Estrarre DNA da reperti antichi è tutt'altro che semplice. Al mondo esiste una sola persona che può riuscirci, Alec Jeffreys. Nel settembre 1989 il procuratore generale della Germania Hans Klein gli chiede aiuto e nell'estate 1990 lo scienziato riesce a estrarre il DNA da un femore del presunto Mengele. A quel punto bisogna confrontarlo con il DNA del figlio Rolf che, dopo un tenace rifiuto, dà il suo consenso nel 1992. L'8 aprile di quell'anno arriva il responso: l'uomo seppellito a Embu è Josef Mengele al 99,4%.[8]

Caccia a Martin Bormann: il DNA mitocondriale

Il test del DNA è stato determinante per la risoluzione di un altro mistero del Terzo Reich. Si diceva che anche Martin Bormann, il segretario personale di Hitler, considerato l'uomo più potente del Terzo Reich, fosse fuggito in Sud America. E l'ipotesi non cadde nemmeno quando, nel 1972, alcuni operai intenti a lavorare in un cantiere di Berlino trovarono due scheletri, uno dei quali, dal confronto fotografico, parve essere proprio quello di Bormann. La scienza non aveva ancora strumenti per raggiungere la certezza dell'identità. Una cugina ottantatreenne di Bormann si prestò al prelievo del sangue, ma i mezzi tecnici non erano sufficienti per effettuare la comparazione con le ossa trovate a Berlino.

La comparazione venne ritentata solo nel 2000 e non più con il DNA nucleare, bensì con quello mitocondriale, un tipo particolare di DNA che non si trova nel nucleo delle cellule. Ogni cellula ne ha centinaia di copie identiche dentro i *mitocondri*, che sono le centrali energetiche delle cellule: questi contengono un unico cromosoma in grado di replicarsi da sé, con un DNA molto più corto. Ha circa 16.000 paia di basi, cioè un duecentomilionesimo del DNA nucleare. Il DNA mitocondriale ha un'altra caratteristica: si trasmette solo per via materna, cioè ognuno di noi ha il DNA mitocondriale della madre, che a sua volta lo ha ereditato dalla propria madre.

---

8 Alec J. JEFFREYS *et al.*, "Identification of the skeletal remains of Josef Mengele by DNA analysis", *Forensic Science International*, 56, 1, 1992, pp. 65-76.

Se un campione biologico è molto antico o molto degradato, allora estrarre il DNA mitocondriale è più semplice che estrarre quello nucleare, perché il DNA dei mitocondri esiste in moltissime copie dentro ogni cellula, inoltre è più piccolo e quindi rischia meno di degradarsi frammentandosi in mille pezzi.

Lavorando sul DNA mitocondriale, gli scienziati hanno concluso che lo scheletro rinvenuto a Berlino era del segretario personale del Führer, con una probabilità di errore di 1 su 1.500.[9]

Una tomba per i Romanov: la tecnica STR

C'è un'altra storia che passa per la Germania e che coinvolge il DNA mitocondriale e nuovi marcatori del DNA.

Berlino, 17 febbraio 1920. È passato un anno e mezzo dal massacro in Siberia della famiglia degli zar Romanov. Alle 9 del mattino una donna malata di mente tenta il suicidio gettandosi da un ponte. Viene salvata da un poliziotto che la porta in ospedale. La sua identità? Sconosciuta. Nessuno sa perché si sia gettata dal ponte e lei non parla. Si cerca di identificarla attraverso foto sui giornali, ma nessuno la riconosce e la donna rifiuta di parlare per settimane. I medici dicono che è affetta da depressione acuta. Tutti la chiamano Fräulein Unbekannt, Signorina Sconosciuta. Molti familiari di donne scomparse le fanno visita all'ospedale psichiatrico, ma nessuno è in grado di riconoscerla e la polizia rinuncia a identificarla.

Due anni più tardi, comincia a girare voce che si tratti della granduchessa Anastasia Romanov. Nel 1922 la sconosciuta viene dimessa e inizia a farsi chiamare Anastasia. L'opinione pubblica è divisa. Lei e Anastasia hanno lo stesso colore degli occhi, la stessa altezza, un dente deformato identico, un congenito disordine alimentare, ma soprattutto la donna del mistero sembra sapere segreti che nessuno al di fuori della famiglia potrebbe conoscere: a detta di qualcuno è in grado di riconoscere oggetti e persone appartenenti alla famiglia Romanov.

---

[9] Katja ANSLINGER *et al.*, "Identification of the skeletal remains of Martin Bormann by mtDNA analysis", *International Journal of Legal Medicine*, 114, 3, febbraio 2001.

Anastasia era la figlia più giovane dell'uomo più potente dell'Europa dei primi del Novecento: lo zar di Russia Nicola II, primo cugino del re d'Inghilterra Giorgio V. Governava il più grande Paese del mondo e la zarina, sua moglie Alessandra, era la nipote della regina Vittoria.

Anastasia nasce il 18 giugno 1901, in un mondo dorato. Ha tre sorelle: Olga, Tatiana e Maria, e vive in un palazzo di oltre mille stanze. Nel 1904 nasce il primo fratello maschio: Alexei, malato di emofilia, una tara genetica causata dall'alto grado di matrimoni tra parenti, in uso all'epoca tra i nobili. È una famiglia unita e felice quella dello zar, e Anastasia è la figlia più brillante, con uno spiccato senso dell'umorismo, che si diverte sui pattini e, a dodici anni, si diletta con un'arte modernissima, la fotografia.

Nel 1914 lo zar dichiara guerra a Germania e Austria e, quando per la Russia il conflitto comincia a volgere al peggio, Nicola II parte per il fronte. Anastasia scrive al padre lettere piene di affetto. Intanto l'80% della popolazione russa versa in condizioni di miseria.

La rivoluzione scoppia nel marzo del 1917 a San Pietroburgo. Le truppe si rifiutano di sedare la rivolta e lo zar capisce di aver perso il controllo. Abdica al trono e la famiglia viene fatta prigioniera. I Romanov sono agli arresti domiciliari nella povera casa di un operaio. Ai loro figli, che si trovano in un attimo proiettati da un mondo fatato alla realtà, vengono rasati i capelli. Anastasia si ammala di morbillo. La famiglia viene trasferita in Siberia, a Ekaterinburg, una cittadina mineraria degli Urali. Anastasia ha diciassette anni e mangia solo pane nero, tè e avanzi dei pasti dei suoi carcerieri.

Soldati dell'Armata Bianca, rimasti fedeli allo zar, tentano di salvare i Romanov. I bolscevichi decidono quindi per un'azione drastica e nella notte del 17 luglio, dopo un anno e tre mesi di prigionia, la famiglia Romanov viene radunata in una sala predisposta all'esecuzione. Secondo i testimoni undici corpi vengono portati in una foresta, bruciati e seppelliti.

Proprio da qui comincia la leggenda che vuole Anastasia superstite all'eccidio. Le notizie viaggiano lentamente in quegli anni: la prima pagina del *New York Times* il 23 dicembre 1918 riporta la notizia che se lo zar è «considerato morto», «probabilmente tutti i membri della famiglia sono ancora vivi». Articoli come questo alimentano le speculazioni secondo cui la famiglia reale non è stata interamente sterminata.

Nel 1925 arriva a Berlino una donna per una visita alla Signorina Sconosciuta, che ormai è per molti Anastasia. Si chiama Olga ed è la sorella dello zar rifugiatasi in Danimarca. Era stata molto vicina ad Anastasia da piccola. Non la riconosce pur restando molto colpita dall'incontro. Ma Anastasia non resta sola. Un uomo la porta in America dove, ad attenderla come una star, c'è una benefattrice. È una cugina dei Romanov, la principessa Xenia, e vive a Long Island. È convinta che si tratti di Anastasia e l'accoglie a casa. Adesso si chiama Anna Anderson: così è stata registrata a Ellis Island. Ma per il ramo americano dei Romanov lei è Anastasia. Scatta fotografie, soprattutto autoritratti, proprio come faceva da bambina. Ma è insofferente e, dopo sei mesi, decide di andarsene ospite da amici, persone altolocate che nel frattempo aveva avuto modo di frequentare dai Romanov, come il compositore Rachmaninoff. Anna conduce una vita sconsiderata, tra feste e lusso sfrenato. Quando la Borsa crolla, in un giovedì nero dell'ottobre 1929, e il Paese è in ginocchio, lei stappa bottiglie di champagne. Anna è stata vista anche aggirarsi nuda sul tetto del suo palazzo. La sua condotta mette in grave imbarazzo i Romanov. Presto viene dichiarata mentalmente instabile e portata in una clinica, dove trascorrerà un intero anno. Di nuovo la sua vita, a trent'anni, è in subbuglio. Ma il suo benefattore la riporta in Germania, con un'accompagnatrice, chiusa nella cabina di un transatlantico. Per i medici la sua personalità resta un enigma. Anna esce di scena per un po'. Alla fine della guerra si rifugia in un paese della Foresta Nera, diventando famosa per il suo isolamento e continuando a ricevere lettere da ammiratori.

Fa ritorno in pubblico solo nel 1956, con l'uscita del colossal hollywoodiano *Anastasia*, che vede protagonista una giovane attrice svedese di nome Ingrid Bergman. Anna ha bisogno di soldi: reclama un'eredità dai Romanov, che le viene negata in tribunale. La Corte dice di non poter stabilire se sia Anastasia o no. La Anderson lascia così la Germania per tornare negli Stati Uniti, all'età di sessantasette anni. Si sposa l'anno seguente, con un professore di storia e scienze politiche dell'Università della Virginia, di diciott'anni più giovane e convinto, più di ogni altro, che sua moglie sia Anastasia Romanov.

Intanto uno scienziato tedesco afferma che l'orecchio di Anna e quello di Anastasia sono uguali in diciassette punti anatomici. Vengono confrontate decine di foto che, come le calligrafie, effettivamente si somigliano. Lei rifiuta di parlare con i giornalisti e i personaggi importanti che vogliono conoscerla. Non vuole più sapere chi è, rifiuta lo spettacolo umiliante attorno alla sua identità. È il 1978 e la sua eccentricità si accentua sempre più. Anna impazzisce, la sua casa è piena di spazzatura e la colonia di gatti che la infesta disturba i vicini. Nel 1983 Anna Anderson è una celebrità che soffre di artrite e vive su una sedia a rotelle. Accetta alla fine un'intervista con un giornalista convinto che lei sia Anastasia. Due mesi dopo, debolissima, finisce in un istituto di cura. Il marito la aiuta a fuggire e per tre giorni la polizia li insegue fino a quando Anna non viene nuovamente ricoverata. Nel 1984, il 12 febbraio, Anna, o meglio la signora Anastasia Manahan, il suo cognome da coniugata, muore di polmonite e viene cremata il giorno stesso. Sulla sua lapide compare il nome: Anastasia Romanov Manahan. Ma era davvero lei la gran duchessa scampata all'eccidio del 1918?

Alla fine degli anni Settanta il geologo Alexander Avdonin aveva localizzato la tomba. Lui e un ristretto gruppo di amici hanno mantenuto il riserbo fino alla caduta dell'Unione Sovietica, quando molti segreti del passato vengono svelati: tra questi anche il luogo in Siberia dove si dice che i Romanov siano stati seppelliti. Nel 1991, durante alcuni scavi, vengono alla luce le loro presunte ossa.

Ma c'è un problema: ci sono solo nove scheletri. I documenti invece parlarono di undici persone. Nell'eccidio del 1918 furono uccisi anche il valletto di corte, il cuoco, la dama di compagnia della zarina, e infine il medico di famiglia. Ci dovrebbero quindi essere sei donne: la zarina Alessandra, Olga, Tatiana, Maria, Anastasia e un'adulta. E cinque maschi: lo zar, il principe Alexei, i due domestici e il medico. Mancano due corpi. Manca certamente quello di Alexei ma anche il corpo di una giovane figlia dello zar. Anastasia? Il mistero è di nuovo fitto e la leggenda che vede Anastasia sopravvissuta riprende vigore dopo anni di silenzio.

Ma sono davvero i Romanov? Per rispondere a questa domanda c'è il test del DNA. Le analisi sono affidate a un genetista russo, Pavel Ivanov, e a uno dei massimi esperti in materia, Peter Gill, del Forensic Science Service britannico, già autore di altre identificazioni eccellenti con Jeffreys, con cui firma diversi lavori, tra cui quello su Mengele. Gill va a studiare anzitutto il DNA mitocondriale. La zarina Alessandra lo ha trasmesso a tutti i suoi figli e ha un parente vivente: è il duca di Edimburgo, che accetta di farsi prelevare il sangue per il test. Lui e Alessandra sono entrambi discendenti della regina Vittoria, da cui hanno ereditato il DNA mitocondriale. Quattro su cinque degli scheletri femminili risultano imparentati, il quinto è quello della dama di compagnia della zarina. Non è chiaro però chi manca all'appello, se Maria o Anastasia.[10]

Per i test Peter Gill impiega dei nuovi marcatori. Sono sequenze ripetute, come nel caso dei minisatelliti scoperti da Jeffreys, ma sono più piccoli. Si chiamano infatti "microsatelliti", o *Short Tandem Repeats*, STR. Sono fatti da 1-7 paia di basi che si ripetono un determinato numero di volte. Quindi sono polimorfismi di lunghezza, come i minisatelliti o VNTR (*Variable Number Tandem Repeats*). La differenza principale consiste nel fatto che per isolare i minisatelliti si impiegano gli enzimi di restrizione, mentre nel caso degli STR si usa la PCR, che isola e amplifica, replicandoli molte volte, solo i loci di interesse. Ma con gli STR è possibile anche analizzare più loci insieme e ottenere risultati in ventiquattro ore.

Anche il DNA mitocondriale dello zar deve essere comparato a quello di un parente per via materna. Viene riconosciuto con certezza, un paio di anni dopo, anche il suo scheletro, attraverso il gran duca di Fife e la principessa Xenia Cheremeteff Sfiri.

C'è solo un problema: un'*eteroplasmia*. Dentro una stessa cellula ci sono più forme di uno stesso DNA mitocondriale. Sembra una contraddizione, ma in realtà si scoprirà presto che il DNA mitocondriale è più soggetto a mutazioni del DNA nucleare, perché si replica molte più volte. Il tasso di mutazione è 10-20 volte superiore.[11] Così può

[10] Peter GILL *et al.*, "Identification of the remains of the Romanov family by DNA analysis", *Nature Genetics*, 6, 1994, pp. 130-36.

[11] Ugo RICCI *et al.*, *La prova del DNA per la ricerca della verità*, cit., p. 181.

capitare che cellule di una stessa linea di discendenza contengano DNA mitocondriale un po' diverso. L'eteroplasmia può essere ereditata dalla madre, o insorgere in un individuo per via di una o più mutazioni. È stata osservata anche in persone malate, perché le mutazioni a livello del DNA mitocondriale sono causa di malattie. Il fenomeno è stato studiato a fondo per via delle ripercussioni che può avere in ambito forense, se cadesse l'assunto secondo cui in tutte le cellule di ogni individuo è presente lo stesso DNA: la questione è ancora aperta, anche perché il rapporto di eteroplasmia può dipendere dal tipo di tecnologia impiegata.[12] È insidiosa perché in alcuni casi è difficile distinguerla da rumori di fondo dovuti per esempio a una contaminazione.

Infatti il risultato sui resti dei Romanov viene presto contestato. Ed è uno scontro politico-religioso, oltre che scientifico, che andrà avanti anni. A mettere in dubbio da subito il test del DNA sono la Chiesa ortodossa e persino i discendenti dei Romanov. Ivanov riesce a dimostrare che si tratta di un'eteroplasmia attraverso la comparazione del DNA mitocondriale dello zar con quello del fratello, il granduca Giorgio Romanov.[13] Ma i dubbi permangono per molti anni, soprattutto perché mancano due scheletri: Alexei e una sorella. Per i russi è Maria, mentre gli americani credono sia Anastasia.

Nel 1998, dopo mille controversie e a ottant'anni dall'eccidio, la Chiesa ortodossa accetta il responso e decide di seppellire i corpi nella cattedrale di San Pietro e Paolo, a San Pietroburgo, nella cappella dove sono sepolti tutti gli zar di Russia, per volere dell'allora presidente Boris Eltsin. I funerali solenni sono celebrati alla presenza di capi di Stato di mezzo mondo.

Ma il mistero degli zar, trucidati nella strage che aprì l'era del comunismo sovietico, non è stato seppellito in quell'occasione. A contestare il riconoscimento è soprattutto un gruppo di ricercatori che nel 2004 pone nuovi dubbi sull'identificazione dei Romanov.

---

[12] A. CARRACEDO, W. BAR, P. LINCOLN *et al.*, "DNA commission of the international society for forensic genetics: Guidelines for mitocondrial DNA typing", *Forensic Science International*, 110, 200, pp. 79-85.

[13] Pavel L. IVANOV *et al.*, "Mitochondrial DNA sequence heteroplasmy in the Grand Duke of Russia Georgij Romanov establishes the authenticity of the remains of Tsar Nicholas II", *Nature Genetics*, 12, 1996, pp. 417-20.

Alec Knight, del dipartimento di Antropologia di Stanford, scrive un articolo al vetriolo contro Peter Gill.[14] A luglio di quell'anno, insieme ai colleghi dell'Accademia russa delle scienze, della Michigan University e del Los Alamos National Laboratory, Knight annuncia una conferenza stampa a San Francisco: i test del DNA del 1993, dice, presentano gravi irregolarità nelle procedure forensi. I resti che il Cremlino ha accettato come appartenenti alla famiglia dello zar sarebbero di qualcun altro. Per dirlo gli scienziati hanno analizzato una reliquia, un dito della granduchessa Elisabetta, sorella della zarina Alessandra, conservato prima a Gerusalemme poi a New York. Il DNA mitocondriale, scrivono, non corrisponde. La polemica non scalfisce Mosca per almeno due buone ragioni: Knight è finanziato da un'associazione nemica dei russi che fin da subito si è rifiutata di credere che i resti appartenessero ai Romanov. L'operazione è solo politica per l'americano, per il quale il caso dell'eccidio va chiuso in modo che il Cremlino espii simbolicamente le colpe dei bolscevichi. Knight insinua che ci sia stato un imbroglio dei russi, che avrebbero manomesso e contaminato i resti ed esercitato pressioni sugli scienziati inglesi che li hanno esaminati. Siamo nella prima metà degli anni Novanta e Knight non crede possibile che si possa amplificare con la PCR un tratto di DNA molto lungo come quello descritto da Gill e da Erika Hagelberg, la genetista forense che ha lavorato al caso di Karen Price e di Mengele. La PCR è una pratica ancora piuttosto nuova e Knight sostiene che il tratto isolato da Gill sia frutto di una contaminazione con DNA di diversa provenienza.

Fatto certo è invece la rivalità tra scienziati inglesi e americani. Gill controbatte alle accuse spiegando le incongruenze.[15] Il DNA mitocondriale del dito della granduchessa non è compatibile neppure con il DNA del duca di Edimburgo. È dunque un falso.

---

[14] Alec KNIGHT *et al.*, "Molecular, forensic and haplotypic inconsistencies regarding the identity of the Ekaterinburg remains", *Annals of Human Biology*, 31, 2, marzo 2004, pp. 129-38.

[15] P. GILL e E. HAGELBERG, "Ongoing controversy over Romanov remains", *Science* 306, 2004, pp. 408-409.

Ma da chiarire c'è ancora dell'altro. Rimane il mistero dei due scheletri mancanti. Quello di Alexei, certamente, ma anche quello di una delle principesse. Quale?

Fino alla sua morte, per ben sessantaquattro anni, una donna di nome Anna Anderson si è fatta chiamare Anastasia Romanov. Chi era davvero questa donna? Era la figlia dello zar o una furbissima millantatrice? E se sì, come dimostrarlo se il corpo di Anna Anderson era stato per sua volontà cremato? La fortuna ha voluto che alcuni campioni di intestino di Anna Anderson fossero stati preservati. Nel 1979 la donna aveva subito un intervento chirurgico al Martha Jefferson Hospital di Charlottesville, in Virginia, dove sono stati conservati campioni di tessuto intestinale in paraffina. Nel 1994 il DNA è stato analizzato da Peter Gill, e confrontato con quello del duca di Edimburgo. Il test ha provato che non esisteva alcuna parentela tra i Romanov e Anna Anderson.[16]

Ma allora chi era la sconosciuta? Secondo una delle teorie che già dagli anni Venti hanno cominciato a circolare, il suo vero nome era Franciska Shanzkowska, una berlinese malata di mente. Tuttavia sua sulla vita si conosceva poco o nulla. Si sapeva che era forse del 1896 ed era vissuta in Pomerania, nel nord della Germania, al confine con la Polonia. Durante la prima guerra mondiale lavorava in una fabbrica di munizioni a Berlino e pare fosse rimasta vittima di un grave incidente in seguito a un'esplosione, finendo in ospedale psichiatrico. Nel 1920 Franciska Shanzkowska era sparita. Gli storici sono riusciti a trovare un discendente diretto per via femminile di Franciska Shanzkowska, Carl Maucher, che ha accettato di sottoporsi al test, confermando i sospetti grazie al suo DNA. Anna Anderson era Franziska Shanzkowska.

Nell'estate del 2007 un gruppo di archeologi dilettanti ha scoperto una fossa a circa 70 metri dal punto dove furono recuperati i resti dello zar. In tutto quarantaquattro frammenti di ossa di due persone, una di sesso femminile di quindici-diciannove anni, l'altra di sesso maschile tra i dodici e i quindici. Il mistero dei Romanov si è definitivamente concluso, sono stati trovati anche i resti degli ultimi

[16] P. GILL *et al.*, "Establishing the identity of Anna Anderson Manahan", *Nat. Genet.*, 9, 1995, pp. 9-10.

due corpi mancanti: Alexei e Maria. A mancare all'appello non era Anastasia, ma Maria, che aveva solo due anni di differenza con la sorella. Confrontando gli scheletri trovati nelle due diverse fosse, gli scienziati sono riusciti ad assegnare a ogni resto la sua identità. Uno dei più grandi misteri del Novecento, quello della famiglia che per oltre trecento anni aveva dettato legge in Russia, era stato finalmente risolto.

Un'équipe internazionale ha confermato infine che i risultati di Gill e Hagelberg erano esatti.[17] Probabilmente il freddo della Siberia aveva creato le condizioni ottimali per la conservazione del DNA.

Cuore di re

Un piccolo cuore mummificato, una valigetta di cartone della Standa, un impostore che si fa passare per l'erede al trono di Francia, ciocche di capelli reali in un ciondolo. Sono questi i punti chiave della storia del Delfino di Francia, l'erede al trono figlio del re Luigi XVI e di Maria Antonietta, un mistero che ha tenuto banco per oltre due secoli.[18]

Il giallo del re bambino che non salì mai al trono comincia dentro una galera, per sciogliersi più di due secoli dopo in un laboratorio di genetica.

Nel giugno del 1791, i reali di Francia, con i figli Maria Teresa Carlotta e Luigi Carlo, che aveva sei anni, tentarono la fuga da Parigi, dove cresceva il Terrore. I reali furono arrestati a Varennes e trasferiti alla prigione del Tempio di Parigi. Nel 1793 i figli del re divennero orfani. Stando ai rapporti ufficiali, due anni dopo, l'8 giugno 1795, il figlio prediletto di Maria Antonietta, divenuto ormai Luigi Carlo Capeto, cittadino comune, morì di tubercolosi all'età di dieci anni e fu gettato in una fossa comune. Le voci su una presunta fuga del Delfino di Francia si fecero da subito insistenti. Qualcuno raccontò

---

[17] Michael COBLE *et al.*, "Mystery solved: the identification of two missing Romanov children using DNA analysis", *PLoSOne*, vol. 4.3, marzo 2000.

[18] La storia del Delfino di Francia è raccontata da Philippe DELORME, *L'affaire Louis XVII*, Tallandier, 2000, e da Deborah CADBURY, *The Lost King of France: How Dna Solved the Mystery of the Murdered Son of Louis XVI and Marie Antoinette*, St. Martin's Griffin, 2003.

che il Delfino era fuggito ad Haiti, dove sarebbe morto; altri dicevano che era finito a fare il carrettiere nella Francia meridionale. Si raccontava che fosse riuscito a fuggire dalla torre del Tempio dentro un cesto di biancheria, o addirittura dentro un cavallo a dondolo.

Un alone di mistero cominciò a circondare l'intricata vicenda e già nei primi decenni del XIX secolo spuntarono decine di falsi eredi al trono. Tra i più noti ci fu Karl Wilhelm Naundorf. Era un orologiaio di Spandau, a Berlino. Di lui si sapeva solo che era stato in prigione per spaccio di moneta falsa, ma c'era chi sosteneva che le ragioni del suo arresto fossero politiche. D'un tratto, disse di essere il Delfino. Raccontò di esser stato esiliato, di aver vissuto per anni a Londra prima di trasferirsi a Delft, in Olanda. Nel 1835 chiese che fosse stracciato l'atto di morte di Luigi XVII. Voleva essere riconosciuto come Borbone, fino a quando un tribunale olandese decise di concedergli il titolo. Morì in Olanda, nel 1845. Sulla lapide della sua tomba, a Delft, l'epigrafe non lascia spazio al dubbio: «Qui riposa Luigi XVII, duca di Normandia, re di Francia e di Navarra».

Ma i dubbi sull'identità di Naundorf rimasero. Nel 1943 il famoso criminologo di Lione Edmond Locard comparò una presunta ciocca di capelli di Naundorf con dei capelli del re bambino. Locard misurò l'eccentricità del canale midollare dentro al capello. Trovò una somiglianza che reputò sorprendente:

> 1) Nuance molto simili; un poco più scure per la ciocca di Naundorf. Al microscopio, stesso aspetto biondo, trasparente. Stessa elasticità. 2) Il diametro misurato al micrometro dà le stesse variazioni per le due ciocche: da 65 a 71. 3) Il canale midollare è omogeneamente distribuito, con un diametro variabile tra 6 e 7. 4) L'indice midollare è lo stesso per le due ciocche, ovvero un decimo. 5) Infine le due ciocche presentano una particolarità estremamente rara e discriminante: il canale midollare è fortemente eccentrico.[19]

Nel 1950 Locard effettuò una seconda analisi dei capelli, con la prima esumazione di Naundorf. Questa volta i capelli erano

---

[19] LABORATOIRE DE POLICE TECHNIQUE DE LYON, *Rapport du docteur Locard*, 4 maggio 1951 (musee.louis.xvii.online.fr/rapLoc.htm).

certamente suoi. L'esito fu negativo. Inutile sottolineare che le indagini tricologiche non avrebbero potuto portare a un risultato affidabile, poiché le caratteristiche misurate da Locard sono in realtà molto variabili all'interno di uno stesso capello. La posizione del canale midollare, in particolare, oscilla intorno all'asse, specialmente nei capelli ondulati. Inoltre, i capelli di un uomo in tenera età e quelli dello stesso uomo più avanti negli anni non hanno lo stesso aspetto.

L'impostore è stato smascherato solo nel 1997, con il test del DNA. Le analisi le ha effettuate il laboratorio di Genetica dell'Università di Lovanio, in Belgio, diretto da Jean Jacques Cassiman. I resti di Naundorf sono campioni di ossa: un pezzo di femore, preso per verificare se il presunto re fosse stato avvelenato con arsenico.

Per capire se Naundorf fosse o meno il Delfino, i genetisti hanno scelto di confrontare il suo DNA mitocondriale con quello ricavato dai capelli dei figli di Maria Teresa d'Austria, nonna di Luigi XVII. I capelli da cui si è estratto il DNA sono molti. Ci sono quelli di Maria Antonietta intrecciati a un nastro di seta; altri di una collezione privata appartenuti a un marchese; poi ci sono quelli racchiusi in un ciondolo trovato nel convento dove era stata seppellita la sorella di Maria Antonietta, un medaglione-rosario appartenuto a Maria Teresa che conteneva piccoli cuori d'ambra, ognuno con i capelli dei figli. Nel 1995 il medaglione è stato aperto e il DNA è stato estratto da capelli di Maria Antonietta, Giovanna Gabriella e Maria Giuseppa. Per una verifica indipendente è stato preso anche il DNA a due discendenti viventi, la regina Anna di Romania e il fratello Andrea di Borbone Parma. La prova è stata schiacciante: Naundorf era un ciarlatano. Un laboratorio a Nantes, che ha condotto le analisi in parallelo, è arrivato allo stesso risultato:

> La sequenza di DNA mitocondriale di un campione osseo di Naundorf ha mostrato due differenze nucleotidiche rispetto alle sequenze di tre sorelle e quattro differenze rispetto a quelle di parenti materni viventi. Sulla base di ciò, è molto improbabile che Naundorf sia figlio di Maria Antonietta.[20]

[20] Els JEHAES *et al.*, "Mitochondrial DNA analysis on remains of a putative son of Louis XVI, King of France and Marie-Antoinette", *European Journal of Human Genetics*, 6, 1998, pp. 383-95.

Ma la vicenda non finiva lì. Se Naundorf non era il Delfino, allora che fine aveva fatto l'erede al trono? Una leggenda, tramandata per secoli, raccontava che quando il re bambino morì il suo cuore fu prelevato da un medico, Philippe Jean Pelletan, il quale aveva condotto l'autopsia sul piccolo cadavere. I cuori dei reali, per tradizione, venivano conservati in una teca nella cappella di Saint Denis, a Parigi, e anche quel cuore meritava secondo Pelletan di essere conservato. Approfittando della distrazione dei colleghi, avvolse il cuore in un fazzoletto e se lo mise in tasca. Lo mise in un'ampolla di cristallo, immerso nell'alcol.

Pelletan nascose la reliquia, ma nel giro di dieci anni l'alcol evaporò e il cuore era ormai duro come la pietra dentro il cassetto di una scrivania. Nel 1810 l'allievo Jean Henri Tillos lo rubò; ma prima di morire, pentito, chiese alla moglie di riconsegnarlo al legittimo proprietario. Tra il 1814 e il 1815, con la Restaurazione, Pelletan tentò invano di restituire il cuore ai Borboni. Prima di morire il medico lo affidò all'arcivescovo di Parigi, ma durante i moti del 1830 il palazzo arcivescovile venne saccheggiato e un tipografo si impossessò della reliquia, con l'intento di restituirla al figlio di Pelletan. Nel saccheggio la confusione fu grande e la teca di cristallo che conteneva il cuore cadde frantumandosi. Il tipografo riuscì a recuperare soltanto i documenti che ne attestavano l'autenticità consegnandoli a Gabriel Pelletan. Pochi giorni dopo i due riuscirono miracolosamente a ritrovare il cuore perduto nel giardino dell'arcivescovado. L'organo essiccato tornò in una teca e, quando Pelletan figlio morì, dopo vari passaggi e successioni ereditarie, nel 1942 fu messo in salvo dalla principessa Beatrice Massimo, discendente dei Borboni. Fu allora che il cuore arrivò in Italia, a Roma. Una delle figlie della principessa, Nieves Massimo, d'accordo con le tre sorelle il 10 aprile 1975 lo riportò in Francia, dentro una valigetta di cartone acquistata alla Standa, consegnandolo a Saint Denis. A convincere le principesse romane fu Georges-Albert Salvan, giornalista e scrittore francese a lungo corrispondente dall'Italia e dal Vaticano: in un articolo per *Le Figaro*, Salvan racconta che i Massimo inizialmente opposero uno sdegnoso rifiuto. Non potevano consegnare a un presidente della Repubblica quel «bambino martire», come era stato definito dal conservatore *Le Figaro*.

Ma era davvero il cuore del piccolo re? Occorreva dimostrare che la leggenda del cuore trafugato era vera: troppi erano stati i passaggi, troppo rocambolesca la vicenda. Il mistero fu risolto nel 2000, grazie all'ostinazione del giornalista Philippe Delorme, autore del libro *L'Affaire Louis XVII*, e al test del DNA sul muscolo della punta del cuore incartapecorito. Nel dicembre 1999 viene annunciato il test, dopo il via libera del conte di Parigi Henri d'Orléans. Il 19 aprile 2000, con una conferenza stampa al Museo di storia della medicina di Parigi, forte di un'analisi del DNA mitocondriale effettuata da due laboratori indipendenti, Cassiman annuncia che il cuore è proprio quello del Delfino di Francia, morto a dieci anni di tubercolosi nel 1795.[21]

Viene annunciata la sepoltura in pompa magna nella cripta della basilica reale di Saint Denis, a spese dei Borboni che invitano teste coronate e nobili di tutta Europa, l'8 giugno 2004. Gli invitati sono 2.500, fuori invece si affollano i curiosi che guardano dai megaschermi il funerale del re bambino.

---

[21] Els JEHAES *et al.*, "Mitochondrial DNA analysis of the putative heart of Louis XVII, son of Louis XVI and Marie-Antoinette", *European Journal of Human Genetics*, 9, 2001, pp. 185-90.

Capitolo 6

Le guerre sono finite. O forse no...

A partire dagli anni Novanta il test del DNA, nella versione mitocondriale e talvolta con l'aiuto della PCR, risolve i gialli della storia, dissipa leggende o dà prova delle più incredibili. Ma una cosa è indagare sui grandi misteri del passato, altra è discutere della viva carne di uomini che sono reclusi, in attesa di una condanna o di un'assoluzione. Se l'adozione del test del DNA in ambito storico è stata relativamente semplice, in tribunale la battaglia ha avuto tempi molto più lenti.

Avevamo lasciato gli Stati Uniti con le polemiche tra FBI e avvocati della difesa. Ma un accordo era stato raggiunto: istituire una commissione indipendente che fornisse certezze. All'inizio degli anni Novanta c'è grande attesa attorno al rapporto *DNA Technology in Forensic Science*, a cui da ormai tre anni e mezzo il National Research Council (NRC) sta lavorando per arrivare a una soluzione chiesta a gran voce da tutte le parti. Fondato nel 1863 all'interno della National Academy of Sciences con il mandato di fornire una guida tecnico-scientifico al governo federale, l'NRC gode di alta stima a ogni livello. Tutti si aspettano qualcosa di risolutivo.

L'uscita della relazione è prevista per metà aprile del 1992, e *The New York Times* ne anticipa i risultati. Il 14 aprile il quotidiano annuncia in prima pagina che il test del DNA non è ancora completamente affidabile.

> Le corti non devono ammettere la prova del DNA fin quando gli standard di laboratorio saranno più severi e la tecnica sarà affidabile grazie a una più forte base scientifica [...] Il metodo è potenzialmente troppo potente e troppo importante perché il suo sviluppo e la sua applicazione siano lasciati a procuratori e forze di polizia. Invece, dice il rapporto, deve essere regolato e controllato da scienziati e agenzie federali che non hanno interessi nel successo o nel fallimento del metodo.[1]

---

1 Gina KOLATA, "U.S. panel seeking restriction on use of DNA in courts", *The New York Times*, 14 aprile 1992.

Le parole di *The New York Times* pesano come macigni. In realtà, dopo il caso Castro, in cui la prova del DNA era stata dichiarata inammissibile, la commissione tecnica è intenzionata piuttosto a chiarire che il test del DNA è una prova affidabile in tribunale.[2] L'NRC tenta di correre ai ripari con una conferenza stampa di smentita, per rendere pubblici i risultati della relazione tecnica qualche giorno prima del previsto. Secondo l'NRC *The New York Times* ha stravolto il senso del rapporto, facendola passare di fatto per una moratoria sul test. Nonostante alcuni dubbi che ancora restano da chiarire, infatti, l'NRC si è espresso favorevolmente.

> Il presidente della commissione, Victor A. McKusick, genetista della Johns Hopkins University a Baltimora, ha detto: «Noi pensiamo che il DNA possa continuare a essere usato in tribunale». Nicholas Wade, redattore scientifico di *The New York Times*, ha detto: «Abbiamo interpretato il rapporto sulla base dell'opinione di esperti legali, ma abbiamo sbagliato nell'articolo e nel titolo affermando che la commissione chiedeva una moratoria per il test del DNA». Secondo un altro commissario, Thomas Marr, genetista molecolare al Cold Spring Harbor Laboratory di Long Island [...] poiché nessun laboratorio, nemmeno quelli dell'FBI, al momento verifica gli standard raccomandati dalla commissione, una effettiva moratoria è implicita.[3]

Polemiche a parte, l'NRC ha stabilito un principio cardine nel calcolo delle probabilità di errore dovute alla struttura genetica delle popolazioni, che guida il calcolo dell'errore statistico con precisi limiti. A dettare legge nello stabilire questo criterio, da molti considerato troppo restrittivo, è Eric Lander. Non c'è dubbio che proprio lui abbia voluto criteri così stretti, soprattutto da quando il suo principale avversario, un genetista che lavora in una società biotech, è stato chiamato a dimettersi dall'incarico: su Tom Caskey, da sempre

---

2 NATIONAL RESEARCH COUNCIL, *DNA Technology in Forensic Science*, National Academy Press, Washington DC 1996. Il rapporto è consultabile in rete all'indirizzo: www.nap.edu/openbook.php?isbn=0309045878.

3 Gina KOLATA, "Chief says panel backs courts' use of a genetic test", *The New York Times*, 15 aprile 1992.

vicino all'FBI, pendeva un forte conflitto di interessi perché nessuno più di lui aveva interesse che il test fosse promosso a pieni voti come prova affidabile e certa dall'NRC. Per Lander il principio stabilito serve a scongiurare il rischio che il calcolo sull'errore sia molto lontano dalla verità.

In gioco c'è l'affidabilità della cosiddetta regola del prodotto, ossia: se si trova un *match* per due diversi alleli, mettiamo, nel DNA di un giapponese, si può calcolare la probabilità che si tratti di un *match* casuale (cioè che non sia la stessa persona) moltiplicando le singole probabilità come se gli alleli fossero indipendenti l'uno dall'altro? Può esserci il caso che quei due alleli, nella popolazione asiatica, ricorrano insieme con maggior frequenza?

> La validità della regola del prodotto dipende dall'ipotesi di un'assenza di una sottostruttura della popolazione, che viola l'ipotesi dell'indipendenza statistica degli alleli. In una popolazione con gruppi che hanno frequenze alleliche diverse, la presenza di un allele nel genotipo di una persona può alterare l'attesa statistica sugli altri alleli nel genotipo. Per esempio, probabilmente una persona che ha un allele comune tra gli italiani discende da una famiglia italiana e dunque è più probabile che sia portatore di altri alleli comuni tra gli italiani. La reale frequenza genotipica perciò è più alta di quella che si ricaverebbe applicando la regola del prodotto alle frequenze medie dell'intera popolazione.[4]

Il problema aveva messo contro i più grandi scienziati. Entrambe le fazioni sostenevano che ci potesse essere una sottostruttura genetica nei diversi gruppi etnici, ma se alcuni ritenevano fosse significativa, altri la pensavano all'opposto.

Durante i lavori della commissione dell'NRC Eric Lander e Bruce Budowle concludono insieme che non è necessario condurre uno studio dettagliato sulle frequenze alleliche nelle diverse etnie, basta seguire il *ceiling principle* (letteralmente "principio del tetto"):

> La commissione ha scelto di assumere che la popolazione possa avere una sottostruttura, e di fornire un metodo per

[4] NCR, *DNA Technology in Forensic Science*, cit.

> stimare le frequenze in modo da tenerne conto [...] Come base per l'interpretazione della significatività statistica dei risultati di un test del DNA, la commissione raccomanda che si raccolgano campioni sanguigni da 100 persone scelte a caso in ciascuna delle 15-20 popolazioni relativamente omogenee; che il DNA [...] dei campioni sia usato per determinare le frequenze degli alleli che al momento vengono analizzati nelle applicazioni in ambito forense [...]. Ogni volta che si applica la regola del prodotto per stimare la frequenza di un particolare profilo genetico, dovrebbe essere usato il *ceiling principle*: per ogni allele nel DNA di una persona, si dovrebbe usare il valore maggiore tra il 5% e la più alta frequenza allelica trovata nelle 15-20 popolazioni.[5]

Le voci critiche dentro la comunità scientifica permangono. Alcuni studi dicono che le probabilità così calcolate restano sbagliate. Ancora una volta la frattura nel mondo scientifico è insanabile. Hartl e Lewontin mostrano, con un gruppo di finnici e italiani, che le frequenze alleliche non tornano rispetto a quelle calcolate sulla carta secondo il criterio di Lander. La struttura della popolazione, dicono, è ben più rilevante. L'NRC dice che il contestato principio è stato fissato a garanzia della presunzione di innocenza, e per questo non può essere tacciato di illogicità. Ma la relazione dell'NRC fa discutere animatamente gli scienziati. Lascia di fatto le cose in sospeso, come aveva scritto *The New York Times*.

Geni criminali

Il tema che infiamma gli animi è appunto la struttura genetica delle popolazioni, ovvero le frequenze alleliche delle diverse etnie: in gioco c'è la questione razziale. Un tema riguardo al quale, in passato, la scienza non ha certo dato il meglio.

Il dibattito sulla struttura genetica delle popolazioni parte da lontano. Quando si discute di etnie e DNA corre in sottofondo la pericolosa idea che il crimine abbia una base ereditaria. Un'idea che ha origini antiche. Da sempre è rimasto radicato il sospetto che esista

---

[5] *Ibidem.*

una tendenza biologica a delinquere e la tentazione di teorizzarla, seppure con lo scopo di prevenire il male, è stata ricorrente nella storia.

Cesare Lombroso era certo che all'origine dell'atteggiamento criminale ci fosse un ritorno alla natura selvaggia e che questa trovasse riscontro nei tratti somatici, dalla dimensioni del cranio alle asimmetrie facciali, dalla forma dei denti alla bassa statura, dalla villosità alla grandezza di naso e orecchie, da zigomi pronunciati alla corporatura esigua. Persino l'inclinazione al tatuaggio rappresentava un'evidente causa di degenerazione morale.

All'alba del XX secolo, con l'avvento della genetica, l'idea di una tendenza innata al delitto si rafforzava. Era ciò che pensava larga parte dei genetisti, sull'onda delle teorie sulla superiorità della razza propugnate a metà Ottocento dal cugino di Darwin, Francis Galton, lo stesso delle impronte digitali. Chi si opponeva era considerato un oscurantista del progresso scientifico. A Londra, nel 1912, si tenne il primo congresso mondiale di eugenetica, con una nutrita rappresentanza di scienziati italiani. Il miglioramento razziale era senza dubbio ben visto. E, come scrivono Luca e Francesco Cavalli-Sforza, «gli eugenetisti dell'epoca si rivelarono sufficientemente incompetenti ma di grande efficacia politica».[6] Negli anni Venti gli eugenetisti statunitensi lanciarono una campagna di stampa e di interventi al congresso per ottenere il varo di leggi razziste e di quote di immigrazione che limitassero severamente l'ingresso a quasi tutti gli immigrati, a eccezione degli europei del nord.

Uno dei massimi studiosi della razza nei primi decenni del XX secolo era un americano. Si chiamava Madison Grant, di professione faceva l'avvocato a New York ed era laureato a Yale. Aveva il pallino della genetica. Era soprattutto un uomo con amicizie influenti, amico di Charles Davenport, massimo esperto di genetica umana negli Stati Uniti, ma apprezzato anche da Theodore Roosevelt e soprattutto da Adolf Hitler. Nel 1925 Hitler lesse la traduzione del suo best seller da oltre un milione e mezzo di copie, *The Passing of the Great Race, or the Racial Basis of European History*, pubblicato per

---

[6] Luca CAVALLI-SFORZA e Francesco CAVALLI-SFORZA, *Chi Siamo*, Mondadori, Milano 1993, p. 331-32.

la prima volta nel 1916, in cui esponeva la teoria della superiorità nordica. Grant sognava una società libera da «scarti sociali» e invocava un programma di sterilizzazione dei «fallimenti sociali»,

> un processo che comincia sempre con i criminali, i malati e i pazzi e si estende gradualmente ai tipi che potremo chiamare deboli più che affetti da deficit e forse in fin dei conti ai tipi razziali di scarso valore.[7]

Adolf Hitler considerava quel libro la sua Bibbia.

Il testo di Grant venne acclamato dalle principali riviste scientifiche come moderno e scientifico. Si sosteneva che l'America fosse geneticamente a rischio per via dell'orda di immigrati che a frotte arrivavano dall'Europa, come dal Sud e dall'Est. L'unico modo per arginare la deriva era da una parte promulgare leggi per una sterilizzazione, dall'altra limitare l'accesso ai poco dotati intellettualmente, vale a dire ai poveri che per mancanza di mezzi non avevano potuto ricevere istruzione. Il Congresso sancì nel 1924 la limitazione all'immigrazione, mentre nel maggio 1927 la sterilizzazione coatta dei poveri fu confermata dalla Corte suprema e fatta passare come una vaccinazione. Il provvedimento passò alla storia per la sua conclusione: «Tre generazioni di imbecilli sono sufficienti». La politica agiva secondo i più moderni dettami scientifici. I pochi che si opposero alle leggi furono messi alla gogna, come accadde a Clarence Darrow che si azzardò ad affermare che tra i progetti per rimodellare la società quello era il più imprudente e insensato mai avanzato per bersagliare chi aveva già abbastanza sofferto per ciò che l'esistenza gli aveva riservato. Fu ritenuto un traditore per aver puntato il dito verso gli scienziati che in quegli anni si sentivano anche in competizione con i colleghi tedeschi, tanto da arrivare a dire «ci stanno battendo nel nostro sport».[8] Anche Carl Brigham si rese conto del tragico errore in cui i genetisti erano incorsi. Nel 1930 disse che «uno dei più pretenziosi di quegli studi di confronti fra razze», e cioè il suo, «era senza fondamento».[9]

---

[7] Madison GRANT, Henry Fairfield OSBORN, *The Passing of the Great Race, or the Racial Basis of European History*, Scribner's Son, 1921, p. 51.

[8] Jonathan MARX, *Che cosa significa essere scimpanzé al 98%*, Feltrinelli, Milano 2003.

[9] Luca CAVALLI-SFORZA e Francesco CAVALLI-SFORZA, *Chi Siamo*, cit. p. 332.

Il maestro dei genetisti dell'epoca era Charles Davenport, fondatore del laboratorio di Cold Spring Harbor. Nel 1934, esponenti dell'accademia statunitense, come il genetista Raymond Pearl della Johns Hopkins e lo stesso Charles Davenport, osannarono un collega tedesco di nome Eugen Fisher, decano dei genetisti nazisti.

Ciò che accadde in Germania negli anni successivi è noto. L'esempio più clamoroso sarà il programma di eugenetica a causa del quale morirono tra le 60 e le 100.000 persone affette da malattie mentali o malformazioni congenite. Noto come Aktion T4, il piano si ispirava ai programmi di sterilizzazione coatta attuati negli Stati Uniti, dove si parla di circa 65.000 persone rese sterili.[10]

Basta questo breve accenno storico per capire la portata della discussione in corso tra genetisti delle popolazioni all'inizio degli anni Novanta. Cosa pensavano dunque gli scienziati sulle differenze genetiche tra diverse etnie? Ecco cosa scrivono Luca e Francesco Cavalli-Sforza:

> Siamo pochissimo diversi. Abituati a notare le differenze tra pelle bianca e pelle nera o tra le varie strutture facciali siamo portati a credere che debbano esistere grandi differenze tra europei, africani, asiatici e così via. La realtà è che i geni responsabili di queste differenze visibili sono quelli cambiati in risposta al clima [...] che influenzano i caratteri esterni del corpo, perché l'adattamento al clima richiede soprattutto modifiche della superficie del corpo (che è la nostra interfaccia con il mondo esterno). Appunto perché esterne, queste differenze razziali catturano in modo prepotente il nostro occhio, e automaticamente pensiamo che differenze della stessa entità esistano anche per tutto il resto della costituzione genetica. Ma questo non è vero: siamo poco diversi per il resto della nostra costituzione genetica. [...] Niente purezza genetica quindi: essa semplicemente non esiste nelle popolazioni umane.[11]

---

[10] P.R. REILLY, *The Surgical Solution. A History of Involontary Sterilization in the US*, Johns Hopkins University Press, Baltimore and London 1991.

[11] Luca CAVALLI-SFORZA e Francesco CAVALLI-SFORZA, *Chi Siamo*, cit., pp. 185 e 345.

«Non c'è ragione di dubitare»

Tra il 1989 e il 1991 sono stati scoperti nuovi marcatori del DNA, che diventeranno uno standard mondiale. Più tardi, come abbiamo visto, li userà Peter Gill nel caso dei Romanov: sono gli *Short Tandem Repeats* (STR).[12] Ci lavora Tom Caskey del Baylor College of Medicine, da quando nel dicembre 1991 è stato costretto a dimettersi dalla commissione del National Research Council.[13] Le tecniche della *Multi Locus Probe* hanno mostrato infatti diversi svantaggi: bisogna usare sostanze radioattive, i tempi sono lunghi e non è sempre facile interpretare i risultati, né spiegarli a un giudice. Intanto l'impiego della PCR in campo forense ha portato una grandissima svolta, ora si possono analizzare tracce biologiche anche piccolissime. Caskey mette a punto un primo kit commerciale per fare il test del DNA, che sfrutta la PCR ma non gli STR, sviluppati soprattutto in Europa al Forensic Science Service britannico. Il test di Caskey si chiama AmpliType DQ alfa: è semplice e si basa su sei marcatori, sei diversi alleli del complesso maggiore di istocompatibilità.

C'è dunque grande fermento nell'ambiente scientifico. Ma anche in tribunale. Nel 1993 un nuovo caso spazza via il cosiddetto *Frye standard*. È la sentenza Daubert, che stabilisce nuove regole per l'ammissibilità del test in aula. Si tratta della causa intentata dalla madre di Jason Daubert, nato nel 1974 con gravi malformazioni in seguito all'assunzione di un farmaco contro la nausea in gravidanza. La donna ha citato in giudizio la compagnia farmaceutica Merrell Dow, che produce il farmaco. La madre di Jason perde la sua battaglia nonostante testimonianze di esperti a suo favore, ma per la prima volta la Corte suprema decide di superare il criterio Frye, che prevede il consenso generale della comunità scientifica, giudicandolo troppo limitante. Ora la prova scientifica deve essere valutata dal giudice, un po' come se fosse lui stesso uno scienziato. Da quel momento in poi il test non trova sostanzialmente più ostacoli. O meglio, non trova intoppi a entrare come prova in un processo.

---

[12] Mark JOBLING e Peter GILL, "Encoded evidence: DNA in forensic analysis", *Nature Genetics*, 5, ottobre 2004, pp. 739-51.

[13] NCR, *DNA Technology in Forensic Science*, cit.

Quell'anno, il 1993, Kary Mullis riceve il premio Nobel per la scoperta della PCR.

Dopo l'insuccesso della prima relazione tecnica dell'NRC, per l'FBI è invece arrivato il momento di prendere nuovamente in mano la situazione, specie dopo che i media hanno trattato la vicenda del report dell'NRC come una sorta di moratoria per il test. Nell'agosto del 1994 una nuova commissione dell'NRC è pronta a ripartire da zero:

> Ci furono varie lamentele su diverse raccomandazioni della prima commissione dell'NCR, di cui la maggior parte non fu mai implementata nei laboratori forensi. Di conseguenza, e su richiesta diretta di agenzie come l'FBI, l'NCR costituì una seconda commissione per riconsiderare soprattutto le questioni legate a statistica e genetica delle popolazioni. [...] secondo la comunità forense, rispetto al 1992 nuovi dati raccolti e altrettanti studi scientifici potevano ovviare alle prime raccomandazioni dell'NCR. Gran parte di questi nuovi studi riguardava l'indipendenza statistica.[14]

Il secondo rapporto arriverà solo nel 1996, quando ormai la disputa scientifica è arrivata al capolinea e il progresso tecnico ha fatto passi da gigante. E soprattutto dopo che, nell'ottobre 1994, Eric Lander e Bruce Budowle pubblicano un articolo su *Nature* dal titolo "La disputa sull'impronta genetica è finita. Non c'è ragione scientifica di dubitare del DNA". L'articolo comincia così:

> Due protagonisti di quella che è stata una accesa disputa sull'impronta genetica concludono che tutte le questioni scientifiche sono risolte. Le guerre sono finite.[15]

Se i media hanno contribuito a creare confusione nell'opinione pubblica quando è uscito il primo rapporto dell'NRC, ora la prova del DNA è indiscutibilmente valida sotto ogni profilo.

---

[14] Laurence MUELLER, "The DNA typing controversy and NCR II", in M. Elizabeth HALLORAN e Seymour GEISSER, a cura di, *Statistics in Genetics*, Springer , New York 1999, p. 19.

[15] Eric LANDER e Bruce BUDOWLE, "DNA Fingerprinting, Dispute Laid to Rest", *Nature,* 371, ottobre 1994, pp. 735-38.

> Dopo oltre 400 pubblicazioni scientifiche, 100 conferenze, 3 diverse linee guida stilate da commissioni tecniche, 150 sentenze, e tre anni di studi dell'NRC, finalmente, la controversia scientifica è chiusa.

La questione delle etnie sembra superata. Ma è davvero finita? L'FBI ha studiato le frequenze alleliche in più di venticinque sottopopolazioni di oltre cinquanta nazioni, scoprendo che le differenze tra etnie sono insignificanti rispetto alla diversità genetica all'interno di uno stesso gruppo etnico. Non si conosce l'esistenza, se mai dovesse esserci, di tratti del DNA davvero esclusivi di certe etnie.[16]

L'FBI ha ottenuto un altro risultato: tenere separate scienza e legge e sopire il dibattito scientifico che ormai verte su questioni poco rilevanti rispetto all'importanza di condannare chi ha commesso un grave crimine. Per l'FBI la comunità scientifica deve smettere di entrare nel dibattito pubblico e confondere le idee. Stavolta Eric Lander, anziché aizzare la comunità scientifica, consolida il ruolo guida dell'FBI pubblicando uno studio mondiale sulla struttura delle etnie. Da sempre fiero avversario del test in tribunale, si è alleato con l'uomo dell'FBI che aveva combattuto per anni, Bruce Budowle, mettendo su *Nature* la parola fine alle guerre del DNA. Del resto lo stratega di Barry Scheck e Peter Neufeld sta per dare il via a un progetto scientifico sul genoma umano che richiederà molti finanziamenti. Ha bisogno dell'appoggio del governo e soprattutto non vede l'ora di togliersi di dosso il marchio di avversario del test genetico ai processi, specie in quell'ottobre 1994: l'articolo di *Nature* esce a un mese dall'avvio del «processo del secolo», quello alla star del football O.J. Simpson. Budowle di lì a poco si presenterà in aula a testimoniare davanti a decine di milioni di americani.

L'articolo su *Nature* di Lander e Budowle parla esplicitamente dell'importanza del caso Simpson:

> Il processo che si terrà a Los Angeles a novembre e sarà trasmesso dai principali network televisivi, darà risalto al più dettagliato corso di biologia molecolare mai insegnato al

---

[16] FORENSIC SCIENCE RESEARCH AND TRAINING CENTER, *VNTR Population Data: A Worldwide Study*, FBI Academy, Quantico 1993.

> popolo americano.[17] Questo audace esperimento di educazione pubblica potrebbe, in teoria, essere motivo di giubilo tra scienziati. Il problema è che il corso è già stato preparato dagli avvocati, il cui ruolo primario è quello di avversari; il probabile risultato è la confusione. Già i settimanali stanno preparando il terreno dicendo che l'impronta genetica rimane "controversa", invasa da questione scientifiche irrisolte. Il profilo del DNA ha certamente provocato controversie poco dopo esser stato introdotto nelle corti americane nel 1988. [...] Ma le guerre sono finite. Il nostro obiettivo è correggere la persistente impressione contraria.

Ma alcuni oppositori restano fedeli alla linea. Come Richard Lewontin, che irride alla nuova alleanza tra Lander e Budowle proprio su *Nature*:

> Perché Lander e Budowle scelgono di abbracciarsi sulle pagine della rivista scientifica leader, proprio prima che Budowle sia chiamato a comparire davanti a milioni di persone in televisione come testimone dell'accusa in quello che è certamente il crimine più pubblicizzato dall'assassinio di John Kennedy? Come si dice, dà da pensare.[18]

Lewontin taccia i due di disonestà per aver marginalizzato chi dissentiva sul fatto che la questione statistica fosse risolta. In realtà non è quello il punto cardine: persino gli avversari di Lander e Budowle capiscono che si tratta di sottili questioni tecniche rispetto alle garanzie che l'impronta genetica ormai è in grado di dare.

Piuttosto, il fatto rilevante è che nell'articolo di *Nature* non emerge un problema cruciale: la prova del DNA nel caso O.J. si baserà su un nuovo test e sul nuovo metodo della PCR, che non sono stati sottoposti a uno scrutinio rigoroso come per le procedure precedenti.

È in questo clima confuso che si apre il processo a O.J. Simpson. Ma cosa è successo?

---

[17] Nel corso del processo l'acronimo DNA è stato usato ben diecimila volte.

[18] Richard LEWONTIN, "Forensic DNA typing dispute laid to rest", *Nature*, 372, 1994, p. 398.

O.J. Simpson: il succo della giustizia

Orenthal James Simpson in America è molto più che una star: è un mito. Nato a San Francisco nel 1947, fin dalle scuole elementari mostra grande propensione per il football. Uscito dal college diventa giocatore professionista nei Buffalo Bills. Nel 1973 segna un record monumentale, superando la soglia delle 2.000 yarde di corsa in una sola stagione. Nel 1978 corona un sogno: giocare nella squadra della sua città, con i San Francisco 49ers. Nel 1983 Simpson è nell'albo d'oro dei professionisti del football, ma nel frattempo ha preso il via anche una fortunata carriera nel cinema e nella televisione. Da *L'Inferno di cristallo* a *Cassandra Crossing*, da *Capricorn One* alla serie *Una pallottola spuntata*, O.J. diventa anche una celebrità di Hollywood. Nel 1985, poco dopo il suo ritiro dal professionismo sportivo, sposa una cameriera di night club, la bionda e bellissima Nicole Brown. Il loro matrimonio, dal quale nascono due figli, dura sette anni; fino al 1992, quando Nicole chiede il divorzio. Non è stato un matrimonio felice. Simpson era ossessionato dalla gelosia ed era violento, non ci pensava due volte ad alzare le mani. Dopo il divorzio non cambia. Nicole ha chiamato una decina di volte il 911 per segnalare aggressioni dell'ex marito.

La notte del 12 giugno 1994 Nicole Brown e il venticinquenne Ronald Goldman vengono assassinati rispettivamente con dodici e venti coltellate, nel giardino dell'abitazione della donna, nel ricco quartiere residenziale di Brentwood, a Los Angeles.[19] A dare l'allarme sono dei passanti alle 22.45. Qualcuno riferisce alla polizia di aver sentito urla e di aver visto il cane di Nicole, sporco di sangue, scappare dalla casa circa mezz'ora prima.

Quella sera Nicole e O.J. si sono visti al saggio di danza della figlia Sidney. Verso le 20 Nicole è stata a cena con la madre al ristorante Mezzaluna; tornata a casa, si è resa conto di aver dimenticato gli occhiali da sole al locale. Allora ha chiamato il Mezzaluna e un cameriere aspirante modello si è offerto di riportarglieli. È Ronald Goldman.

---

[19] Ove non diversamente specificato, i riferimenti e i virgolettati sul caso O.J. Simpson sono tratti da Jay D. ARONSON, *Genetic Witness*, cit.

I cadaveri giacciono a terra. Nelle prime ore dell'alba arriva la polizia e trova un berretto, un guanto di pelle e impronte di scarpe che si allontanano dalla scena del crimine. Ci sono soprattutto cinque macchie di sangue a qualche decina di metri dai corpi. Alle 4.30 la polizia lascia la scena del crimine per raggiungere la casa di O.J., The Juice, come è soprannominato il nero più famoso d'America, visto che O.J. suona come *orange juice*, "succo d'arancia". È lui il primo sospettato.

Ma nella sua residenza di Rockingham O.J. non c'è. Uno degli agenti, Mark Fuhrman, nota del sangue sulla portiera del fuoristrada di O.J., un Ford Bronco di colore bianco, che sembra parcheggiato in modo strano, contro il marciapiede. Svegliano il baby sitter, Kato Kaelin, e la figlia di ventisei anni di Simpson, Arselle. Entrambi dormono in un bungalow all'interno della proprietà. Gli agenti apprendono così che Simpson ha lasciato la città per andare a Chicago, a un incontro della Hertz. Ha preso un aereo poco dopo l'ora a cui viene fatto risalire il duplice omicidio. L'autista della limousine conferma di essere arrivato a casa di O.J. per portarlo all'aeroporto come previsto, ma di averlo atteso una quarantina di minuti. Alla polizia dice di essere arrivato alle 22.25 a Rockingham e di aver visto un uomo nel buio che entrava nell'abitazione alle 22.54; poco dopo O.J. ha finalmente risposto alle sue chiamate e si è fatto accompagnare all'aeroporto.

La polizia di Los Angeles entra senza un mandato e ispeziona la villa. Il poliziotto Mark Fuhrman trova un altro guanto di pelle, quello della mano destra, che combacia con il sinistro recuperato sulla scena del crimine. È insanguinato. In quelle ore gli agenti ottengono un mandato di perquisizione e vengono quindi repertate altre macchie di sangue, nell'auto di O.J. e sul vialetto d'ingresso. Nella stanza da letto c'è un calzino insanguinato.

La polizia rintraccia Simpson in un hotel di Chicago molto presto al mattino. Con il primo aereo disponibile O.J. fa ritorno a Los Angeles. Agli agenti spiega che dopo aver salutato Nicole è andato a mangiare un panino da McDonald's con Kato, quindi è andato a casa a dormire. Ha chiamato la fidanzata, dice, alle 22, ma la chiamata risulta partita dalla sua auto. Alle 23 si è svegliato per andare all'aeroporto. I poliziotti notano che ha una ferita sulla mano sinistra. Le macchie di sangue, trovate sulla scena del crimine accanto all'impronta di scarpa, indicano che lo sgocciolamento è proprio dal lato sinistro. Simpson dà diverse versioni sulla ferita, che non convincono la polizia. Un'infermiera gli preleva un campione di sangue che solo nel pomeriggio viene consegnato al criminologo Dennis Fung, che si trova a casa di Simpson con un assistente.

Quel giorno O.J. arruola la squadra d'avvocati più famosa d'America, soprannominata Dream Team, come la nazionale di basket USA. Ci sono Robert Shapiro, Johnnie Cochrane, Alan Dershewitz, Francio Lee Bailey. Tutti principi del foro. Nella squadra ci sono anche due avvocati che hanno fama di conoscere ogni segreto sulle indagini scientifiche, specie per il DNA: Barry Scheck e Peter Neufeld. Sì, sono loro: gli avvocati del Bronx che difendevano gli indigenti, e hanno fatto strada.

Il 15 giugno arrivano i risultati preliminari dei test del DNA e molti sono convinti che saranno la prova chiave per capire se O.J. è colpevole o innocente. Il test è l'AmpliType DQ alfa messo a punto da Caskey: conferma che il sangue sulla scena del crimine è compatibile con Simpson, così come quello sul guanto trovato da Fuhrman, in cui è mischiato a quello delle due vittime. Il test non è conclusivo però, perché mostra un profilo condiviso dal 7% della popolazione. Ma è abbastanza per emettere il mandato di arresto.

La mattina in cui deve consegnarsi alla polizia, O.J. sparisce. Novantacinque milioni di telespettatori, di lì a poco, seguiranno in diretta la sua fuga sul Bronco bianco. Sarà il secondo evento, dopo l'atterraggio sulla Luna, più seguito nella storia della televisione.[20]

Sembra che Simpson abbia scritto un biglietto in cui dice di volersi suicidare. Quel pomeriggio del 17 giugno, sulla 405 Freeway che attraversa il sud della California, ci sono un convoglio di dodici auto della polizia e sette elicotteri carichi di reporter che inseguono il fuoristrada. Simpson ha una pistola puntata alla tempia e siede sul sedile posteriore. Alla guida c'è l'amico Allen Cowlings. La situazione sembra inestricabile, ma, come nei migliori thriller cinematografici,

[20] CourtTV Crime Library, *Hit the road Jack*, 8 febbraio 2006 (www.crimelibrary.com/notorious_murders/famous/simpson/jack_6.html).

un poliziotto riesce a parlargli al telefono, a convincerlo a fermarsi. Gli parla dei figli, che lo aspettano. O.J. sembra in trance, confuso, disperato. Ma non dice che lo hanno incastrato, che lui è innocente. Ascolta la voce del poliziotto, pacata, sicura. E risponde con una sorta di rantolo. A un tratto il Bronco fa ritorno nella tenuta di Brentwood e accosta. Simpson viene arrestato.

Il 22 luglio 1994 inizia il «processo del secolo», che prosegue per 253 giorni, seguito costantemente dai media. Il giudice è l'asiatico Lance Ito e l'accusa è affidata a Marcia Clark, una donna bianca, algida e determinata. Al suo fianco, un giovane procuratore di colore, Christopher Darden. I giurati sono dodici: un bianco, otto neri, un ispanico e due meticci. Ma poi ci si ripensa: i neri sono sette, quattro i bianchi più un ispanico. Resteranno chiusi in un albergo per mesi, scortati dalla polizia.

Dream Team

Barry Scheck e Peter Neufeld all'inizio di ottobre hanno fatto richiesta perché la prova del DNA sia esclusa dal processo.

Progettano di chiamare a testimoniare Kary Mullis, fresco di premio Nobel. L'intenzione è far parlare l'inventore della PCR per convincere la Corte che una prova del DNA ottenuta con questa tecnica non è attendibile: il rischio di contaminazione con altro DNA è alto, specie in laboratori come quelli della polizia. Ma all'ultimo decidono di non chiamare Mullis, la sua fama è troppo compromessa: nonostante abbia vinto il Nobel, lo scienziato sarebbe facilmente screditato perché si sa, è un tipo strano, cresciuto nell'America inquieta, psichedelica, creativa e contestataria degli anni Settanta. Mullis ha sempre avuto un solo obiettivo, spingersi oltre. Oltre all'ordinario, alla normalità, ma anche oltre la ragionevolezza, fino al ridicolo. Nella sua autobiografia, *Ballando nudi nel campo della mente*,[21] racconta non solo dell'intuizione che gli ha cambiato la vita, ma anche di credere all'astrologia, di esser stato rapito dagli alieni; e ovviamente di fare uso di droghe, forse una buona spiegazione ai rapimenti da parte di procioni luminosi. Sostiene infatti di aver parlato

[21] Kary MULLIS, *Ballando nudi nel campo della mente*, cit.

con un procione e nega con forza l'esistenza del buco dell'ozono. Il campionario delle sue esternazioni assurde è immenso, e non si limita al suo vissuto. Mullis arriva a negare che il virus HIV sia l'agente infettante dell'AIDS. Non è il tipo di scienziato che piacerebbe a una giuria, visto che oltre al resto non fa mistero dell'abuso di droga e della sua ossessione per il sesso.

L'obiettivo degli avvocati è evitare il *pretrial*, il processo preliminare per l'ammissibilità della prova scientifica. La difesa vuole sfidare il test genetico davanti a una giuria fin dall'inizio del processo. Ma il giudice Ito non è d'accordo e il 5 gennaio 1995 rigetta la richiesta iniziale della difesa di escludere la prova del DNA solo sulla base del fatto che la PCR non è stata sufficientemente testata in campo forense. Il tentativo di puntare sulla contaminazione della PCR è fallito. Scheck e Neufeld sono costretti a cambiare rapidamente strategia.

La questione razziale emerge fin dalle prime mosse del processo. Sono passati solo due anni dall'inferno dei *riots* dell'aprile 1992, l'ondata di violenza scoppiata a Los Angeles dopo il processo alla polizia per le percosse a Rodney King, dove una giuria di bianchi aveva assolto gli agenti rei di aver pestato selvaggiamente il tassista afroamericano che non si era fermato all'alt. Il fatto, ripreso in un videotape, aveva fatto il giro del mondo e a seguito del verdetto di assoluzione era scoppiata una guerriglia urbana durata giorni, con centinaia di saccheggi e roghi appiccati per la metropoli, epicentro il ghetto nero di South Central. C'erano stati oltre cinquanta morti e un miliardo di dollari di danni, decine di case della Hollywood milionaria andate in fiamme.

Negli Stati Uniti il razzismo non è affatto finito con le grandi battaglie civili degli anni Sessanta. Tra la comunità nera serpeggia il sospetto che l'idolo O.J. sia stato incastrato dalla polizia. È proprio su questo che fa perno la squadra di avvocati del campione. Dal gennaio 1995 preparano una controffensiva giocandosi la carta della discriminazione razziale. Ma resta aperto il problema del DNA: come convincere la giuria a non affidarsi a quella prova schiacciante?

La polizia ha preparato con cura l'accusa e, dato il richiamo mediatico che il processo sta per avere, decide per cautela di spedire i reperti per le analisi del DNA sia alla Cellmark sia al laboratorio centrale per le analisi forensi della Stato della California, a Berkeley.

In tutto sono quarantacinque le macchie di sangue da analizzare e la gran parte sono contro O.J. Undici sono analizzate con la tecnica degli RFLP (quella tradizionale, con i frammenti di restrizione) dalla Cellmark, le altre trentaquattro a Berkeley con una nuova tecnica, chiamata HLA DQ-alfa, che sfrutta la PCR. Quest'ultima non ha un alto potere di risoluzione, ma vengono aggiunti altri marcatori per ottenere il Polymarker, così si chiama il test.

Robin Cotton, a capo delle ricerche della Cellmark, viene chiamata a testimoniare per l'accusa. Il DNA accanto all'impronta di scarpe Bruno Magli, dice, è quello di O.J.; il sangue trovato sul Bronco è di Ronald Goldman, quello trovato sul guanto e sotto le unghie della vittima è misto a quello di Nicole e di O.J. e il sangue sul calzino, infine, è di Nicole.

Ma per il Dream Team la questione non è più se il test del DNA sia o meno affidabile. Scheck e Neufeld conoscono fin troppo bene ogni piega del dibattito scientifico sull'impronta genetica. Una stretegia vincente non può più prendere in considerazione la possibilità di distruggere la credibilità del test, nonostante i due avvocati attacchino comunque le analisi della Cellmark e quelle del laboratorio statale. Ma l'attacco è blando dal momento che due diversi laboratori hanno di fatto ottenuto gli stessi risultati. Bisogna mostrare che l'errore è a monte.

La questione da chiarire diventa piuttosto: c'è davvero da fidarsi degli uomini che hanno analizzato la scena del crimine o di quelli che hanno maneggiato i campioni di sangue di O.J.? Su Mark Fuhrman si scatena l'inferno. Quel poliziotto che ha raccolto il guanto ha un passato di insulti razziali da far rabbrividire. Fuhrman sotto giuramento dichiara di non aver mai pronunciato la parola "negro". Ma la difesa porta sul banco dei testimoni nastri registrati di una regista che lo aveva intervistato per ore, preparando un documentario sulle forze di polizia. Le registrazioni provano l'opposto. Fuhrman non solo ha pronunciato la parola "negro" per oltre quaranta volte, ma racconta che quando si deve incastrare qualcuno alla polizia non si va tanto per il sottile, le prove insomma saltano sempre fuori. Dichiarazioni sconcertanti nel processo all'idolo della comunità nera. La polizia vuole forse incastrare una star di colore perché odia i "negri"?

La linea della difesa è corroborata da una serie di fatti che minano la prova regina del DNA. Fuhrman afferma di aver trovato il guanto destro a casa di O.J. in un momento in cui era solo, senza testimoni e per di più senza un mandato.

E poi c'è la questione del prelievo di sangue. L'infermiera che lo ha effettuato dice di aver raccolto 8 cc nella provetta, ma allora perché agli atti ne risultano solo 6,5? L'incertezza sulla quantità di sangue è dovuta al fatto che non è stato redatto un rapporto preciso, né al momento del prelievo né in laboratorio. Ma per la difesa non ci sono dubbi: il sangue mancante è servito per portare sulla scena del crimine il DNA di Simpson. Deliberatamente.

Senza contare che la condotta dei tecnici di laboratorio è stata a dir poco sconsiderata: nessun protocollo seguito, personale senza esperienza, incompetente e in cattiva fede. Scheck e Neufeld chiamano a testimoniare due criminologi che attaccano il lavoro della polizia di Los Angeles. Dennis Fung e l'assistente non conoscono l'abc nel repertare la scena del crimine, dicono. Non hanno nemmeno fatto asciugare i campioni presi, lasciandoli probabilmente marcire, quindi la PCR potrebbe aver amplificato il DNA delle muffe. Nel controinterrogatorio gli avvocati di Simpson riescono a far ammettere a un tecnico di laboratorio della polizia di non essersi cambiato i guanti e di aver fatto cadere una goccia di sangue sul bancone. L'accusa controbatte che i test di controllo hanno escluso ogni possibile contaminazione. C'è persino chi dice esplicitamente che il sangue delle vittime è stato mischiato a quello di Simpson.

A testimoniare per la difesa c'è anche William Thomson, che mette in risalto come la polizia sia addirittura incapace di stabilire l'incidenza dell'errore umano, visto che non viene effettuato alcun controllo di qualità interno. La prova del DNA traballa agli occhi dei giurati e dell'opinione pubblica, che segue giornalmente il processo.

> La difesa non ha sfidato in generale la validità della scienza ma piuttosto ha accusato la polizia di aver maneggiato senza precauzioni e manipolato la prova prima che fosse effettuata l'analisi del DNA.

Così scrive *The New York Times* il 28 maggio 1995, in un articolo dal titolo quasi irridente: "Il potere della prova del DNA". Il quotidiano prosegue con un'interpretazione del processo Simpson come chiave rispetto al test del DNA:

> Molto meno evidente, almeno in questa fase di un lungo ed estenuante processo, è se la scienza possa essere chiarificatrice o convincente per una giuria di non scienziati. Questi giurati assorbono davvero il mini-corso di genetica, e interpretano poi correttamente le immagini sfocate ai raggi X di grumi che i criminologi dicono di essere campioni sanguigni corrispondenti? Quanti tra i milioni che seguono il processo in TV possono onestamente ammettere di capire le prove? Il processo Simpson si sta dimostrando una prova di resistenza per i giurati e, per il sistema legale, della sua abilità di gestire ricchissimi processi alle celebrità. Ma potrebbe restare nella memoria soprattutto come dimostrazione del potere – e delle complessità – della tecnologia genetica.[22]

Ma c'è un altro particolare ancora: i guanti non entrano bene nella mano di O.J. Uno degli episodi più clamorosi del processo è quando l'avvocato Johnnie Cochrane, nel momento in cui O.J. deve provare i guanti davanti alla giuria, dice: «If they don't fit, you must acquit» (Se non calzano lo dovete assolvere). I guanti sembrano in effetti piccoli ma, spiega l'accusa, è perché si sono ristretti con il sangue. Un'altra ipotesi è che O.J. abbia assunto farmaci per gonfiarsi le mani.

La linea di Scheck, Neufeld e Thomson per contrastare in passato la prova del DNA è sempre stata puntare sull'errore umano, e non cambia al processo Simpson. Troppe sono state le occasioni per una contaminazione, troppe le prove che la polizia è prevenuta nei confronti dei neri, troppe le volte in cui non sono stati seguiti i protocolli. È una linea vincente.

Orenthal James Simpson il 2 ottobre 1995 viene dichiarato innocente. La giuria emette il verdetto in meno di quattro ore, con grande sorpresa sia per l'accusa che per la difesa. La comunità afroamericana celebra la vittoria sulla polizia razzista, mentre sono in

[22] "The Power of DNA Evidence", *The New York Times*, 28 maggio 1995.

molti a chiedersi come sia stato possibile pensare che O.J. non abbia commesso il duplice omicidio. Un editorialista di *The Los Angeles Times*, commentando il verdetto, mette in dubbio con una frase a effetto la capacità della giuria – composta in maggioranza da donne nere – di comprendere i termini del dibattimento:

> La troupe di Johnnie Cochrane ha fatto di tutto, ci mancava solo il tip tap, davanti a una giuria che non avrebbe distinto il DNA dalla RCA e a quanto pare senza preoccuparsene granché.[23]

Infatti, al processo in sede civile per la questione del risarcimento dei danni alle famiglie della vittime, il verdetto si ribalta e O.J. è condannato a pagare per l'omicidio di Nicole Brown e Ronald Goldman: è lui il colpevole anche se non ha fatto un giorno di galera. Il risarcimento ai familiari delle vittime è di quasi 35 milioni di dollari. Dollari contro DNA, dollari che non ha pagato, risultando nullatenente.

Nel 2007 Simpson ha pubblicato un libro dal titolo *If I Did It* (Se l'avessi fatto), ipotetico racconto di come avrebbe ucciso Nicole e Ronald. I diritti sono andati alla famiglia Goldman, che ha reintitolato il libro *Se l'avessi fatto. Confessioni di un killer*.

I risultati del test del DNA dell'ex atleta sono finiti al Museo di archivi antropologici di Washington, insieme ai referti sull'autopsia di John Fitzgerald Kennedy. O.J. è stato arrestato nel 2007 per furto con scasso, rapina di cimeli sportivi e sequestro di persona in un hotel di Las Vegas. Nel dicembre 2008 è stato condannato a quindici anni di prigione, dove ora si trova per scadenza dei termini della libertà su cauzione.

L'assoluzione di O.J. al processo per duplice omicidio è in realtà l'ultimo colpo di coda delle guerre del DNA. Ecco cosa dice Scheck in proposito:

> Non abbiamo mai attaccato la validità della tecnologia del DNA, perché è una tecnologia valida, rivoluzionaria. Il

[23] Al MARTINEZ, "Taking It Personally – Reflections on the Verdicts, the City and Ourselves – Feeling Saddened by the Outcome", *The Los Angeles Times*, 4 ottobre 1995.

problema nel caso O.J. Simpson è stata la modalità di raccolta delle prove: hanno usato tecniche del XIX secolo per una tecnologia del XXI secolo. Di conseguenza, più che la possibilità, c'era la sicurezza di produrre contaminazioni nei risultati.[24]

[24] Barry Sheck, citato in Harry KREISLER, "DNA and the criminal justice system", cit.

Parte terza

L'ONERE DELLA PROVETTA

Capitolo 7

GLI ARCHIVI DELLE IDENTITÀ

«Ogni volta che troviamo un nipote è una festa, perché è un miracolo, è un trionfo, il trionfo della verità sulla menzogna, il trionfo della nostra lotta contro il ladro».[1] Lo dice Estela Carlotto, nel raccontare la storia della madri di Plaza de Mayo. Si stima siano almeno cinquecento i figli dei *desaparecidos* che hanno perduto la loro identità: novantotto l'hanno ritrovata grazie al Banco Nacional de Datos Genéticos, la prima banca dati genetica del mondo, istituita nel 1987 all'Ospedale Durand, lo stesso dove la prima bambina tornata a casa, Paulita, era stata identificata.

Fu già a partire dal giugno 1984, di ritorno dalla prima conferenza in Argentina con Clyde Snow, che Victor Penchaszadeh e la genetista di Berkeley, Mary-Claire King, allieva di Luca Cavalli-Sforza, cominciarono a ragionare sull'opportunità di istituire una banca dati con i campioni di sangue delle nonne e di tutte le persone che potevano supporre di essere figli di *desaparecidos*. Oggi, grazie al sangue conservato al Banco Nacional de Datos Genéticos di Buenos Aires, i figli dei *desaparecidos* avranno la possibilità di ritrovare i familiari anche quando l'ultima delle *abuelas* morirà, perché la loro ricerca continuerà dopo di loro.

I nipoti potrebbero trovarsi persino fuori dall'Argentina, anche nel nostro Paese: ecco perché nell'aprile 2009 Estela Carlotto e Horacio Pietragalla Corti sono venuti in Italia, ospiti della trasmissione di Rai Tre *Chi l'ha visto?*, che si è unita alla ricerca degli *hijos desaparecidos*. Grazie alla banca dati Horacio Pietragalla Corti è uno di quelli che hanno avuto indietro la loro identità. Fin da bambino si è chiesto di chi davvero fosse figlio. Era alto 1 metro e 80 già a diciott'anni, mentre i suoi genitori gli arrivavano alla spalla. Horacio ha sempre sospettato di essere un figlio di *desaparecidos*, ma il test del DNA lo ha fatto solo quando nel sito Internet delle *abuelas* ha

---

[1] Ove non altrimenti specificato, riferimenti e virgolettati sulle storie delle *abuelas* sono tratti da Abuelas de Plaza de Mayo, *Las Abuelas y la genetica*, cit.

visto la fotografia della sua vera madre. Gli assomigliava così tanto che non sarebbe stato possibile non accorgersene.

> Il giorno in cui nacqui mia madre urlò di contentezza perché ero maschio e lei mi poteva dare il nome di mio padre che all'epoca era già *desaparecido*. Prima mi chiamavo César Sébastian Castillo. Le persone che mi hanno cresciuto erano molto diverse da me e vicino alla mia famiglia viveva un militare che era mio padrino di battesimo. Questo militare aveva preso parte alla dittatura. Quando mia sorella compiva gli anni si faceva un gran parlare del giorno della nascita, mentre quando li compivo io non si parlava mai di quel giorno. La mia fidanzata aveva visto la foto di mia madre in Internet, nel sito delle nonne, dove c'era mia madre che mi teneva in braccio, e mi disse: «Questa è tua madre, sei uguale a lei». Andammo a fare il prelievo per le analisi del DNA. Dopo diciassette giorni mi diedero la risposta positiva, ero figlio di Liliana Corti. Ho avuto la fortuna di trovare i resti di mio padre sei mesi dopo aver conosciuto la mia vera identità, e sei mesi dopo ancora quelli di mia madre. Così ho potuto portare i resti nello stesso posto. I militari furono abbastanza ignoranti da credere che tutto sarebbe rimasto occultato per sempre.[2]

Solo grazie alle *abuelas* e alla loro ricerca si è potuto incriminare e processare i responsabili dei crimini della dittatura, perché le cause sul sequestro di minori non hanno potuto essere archiviate con l'indulto. Quando Jorge Rafael Videla, Emilio Eduardo Massera, Orlando Ramón Agosti e Roberto Eduardo Viola sono stati condannati al carcere a vita, il processo si è chiuso con queste parole: «Mai più. *Nunca más*». Dice Estela Carlotto:

> Non avrebbero mai pensato che avremmo continuato nel modo in cui continuiamo la nostra lotta oggi, che li avremmo portati in carcere, per giudicarli e condannarli con tutta la forza della legge.

Ma la battaglia delle *abuelas* è stata lunga e piena di insidie. Proprio poco dopo l'istituzione del Banco Nacional de Datos Genéticos,

---

[2] Intervista di Matteo Berdini, *Chi l'ha visto?*, 22 aprile 2009.

scoppiò un caso di errata identificazione che in Argentina fece discutere. Un familiare di Estela Carlotto nel 1978 le aveva detto che alla Casa Cuna, un istituto per bambini abbandonati, conosceva un'infermiera che riferiva di una bambina abbandonata in un ascensore. Era rimasta solo un giorno prima di esser data in adozione. Il direttore chiuse la porta in faccia a Estela Carlotto dicendo che non avrebbe mai potuto darle informazioni sui genitori affidatari, perché erano riservate. Se voleva, poteva provare a rivolgersi al giudice. La richiesta fu rigettata. Ma nel 1985 una donna si presentò alla sede delle *abuelas* dicendo che aveva adottato una bambina di quell'istituto. Si chiamava Juliana. Carmen Rivarola e il marito José Treviño sapevano che la loro bambina poteva essere una nipote scomparsa. L'esame genetico, all'epoca ancora rudimentale, diede una compatibilità del 98,91% con la famiglia Sandoval-Fontana. Fu ordinata la restituzione della bambina, che venne presa ai genitori nel cuore della notte. I coniugi Treviño erano furibondi e non credevano affatto al test, perché la bambina era nata tre mesi dopo la nipote dei Sandoval-Fontana, Julia. Le analisi ripetute diedero dapprima lo stesso esito. Ma i Treviño avevano ragione: Juliana Inés non era la nipote dei Sandoval-Fontana. Con una metodologia più avanzata, il test diede un risultato opposto. Le prime analisi erano errate. Il test HLA fu ripetuto una terza volta mostrando che la parentela non c'era. È probabile che si fosse verificato un problema tecnico perché all'epoca il test si poggiava anche sull'osservazione al microscopio, ed era per questo più suscettibile all'errore umano.

Ma intanto il caso di Juliana aveva provocato un terremoto. Se ne erano occupati i media per un anno intero e l'opinione pubblica, proprio negli stessi anni in cui negli Stati Uniti erano in corso le guerre del DNA, cominciava a nutrire dubbi. Alcuni avevano cominciato anche a sostenere che il passato era passato, e i bambini con chi stavano stavano, era arrivato il momento di lasciarli tranquilli. L'incertezza sulla genetica faceva comodo all'operazione ideologica della destra, che puntava a seppellire il passato. Bisognava che non ci fossero più errori di quel genere.

Nel 1991 intanto le nonne avevano ottenuto un'importante vittoria in tribunale: una sentenza senza precedenti aveva dichiarato nulla l'adozione di Ximena Vicario. Il test genetico aveva provato che era figlia di una *desaparecida*. Aveva quattordici anni e lei stessa aveva chiesto al giudice di essere liberata dalla madre *apropriadora*. «Mi ha sempre mentito e ha cercato più volte di trasferirsi con me all'estero, per far perdere le nostre tracce alla mia nonna materna che mi aveva localizzato».[3]

Nel 1996 è stata la volta di un'altra sentenza storica: la Corte suprema stabiliva che le analisi del DNA erano obbligatorie nonostante l'opposizione dei genitori e del minore. Se si sta indagando su un reato che vede vittima un bambino, non è lui a poter decidere se accettare o meno l'esame del DNA.

Il DNA mitocondriale venne in soccorso della causa delle *abuelas* a partire dall'inizio degli anni Novanta, e l'avvento della PCR e dei marcatori STR aumentarono enormemente l'affidabilità del test. Una delle pioniere nell'uso di questa tecnica fu proprio Mary-Claire King. In quegli anni a Berkeley il gruppo di Luca Cavalli-Sforza conduceva le prime ricerche sull'origine dell'uomo. Fu lo scienziato italiano a spiegare al mondo che tutti veniamo dall'Africa e che il nostro DNA mitocondriale deriva da un'antenata comune, chiamata Eva mitocondriale, che ha vissuto 150.000 anni fa in Africa. Ma anche il cromosoma Y poteva essere utile, nel caso in cui fosse stato possibile testare solo parenti maschi.

Ma le insidie per le madri non sono finite con il progresso tecnologico, come nel caso dei gemelli Gonzalo e Matías Reggiardo. Ci sono voluti anni per riportarli a casa, perché la scienza non è bastata a combattere le antiche alleanze del regime. I genitori *apropriadores* erano stati scovati già nel 1987 dalle *abuelas*. Si credeva che i gemelli fossero i nipoti dei Rossetti-Ross. Quando finalmente si ottenne dal giudice il test del sangue per i bambini, Samuel Miara, noto torturatore, e la moglie Beatriz Castillo, scapparono in Paraguay, dove ad attendenderli c'erano amici militari. La protezione durò fino alla caduta del dittatore Alfredo Stroessner, poi l'Interpol ottenne l'estradizione. Gli esami provocarono sconcerto, perché i gemelli non erano nipoti dei Rossetti-Ross. Tuttavia le *abuelas* avevano trovato altri nonni che sapevano di avere nipoti gemelli. Erano i Reggiardo-

---

[3] Italo MORETTI, *I figli di Plaza de Mayo*, Sperling&Kupfer, Milano 2002.

Tolosa. Purtroppo la famiglia era stata quasi sterminata dalla dittatura, compresa la nonna paterna, uccisa insieme al figlio e alla nuora. Così mettere insieme un protocollo per stabilire l'identità dei ragazzi non fu semplice. C'è voluta una lunga ricerca per trovare un numero sufficiente di familiari, ben diciassette, con cui sarebbe stato possibile dimostrare che i gemelli erano nipoti dei Reggiardo-Tolosa. Una delle zie fu localizzata negli Stati Uniti, così Victor Penchaszadeh chiamò José Ocariz dell'Università di Irvine, per chiedergli di prelevare il sangue alla donna. Sono nate in questo modo anche amicizie molto forti, proprio come quella tra Penchaszadeh e Ocariz.

> Il dottor Penchaszadeh mi chiamò dicendo che aveva una signora nella contea di Orange a cui bisognava fare il test HLA in un caso di cui si parlava molto, quello dei gemelli di Buenos Aires. Gli dissi che sarei stato felice di aiutarli, poi gli chiesi se sapesse con chi stava parlando, se sapeva che anche io ero argentino. Fu l'inizio di una bella amicizia.

L'esito del test confermò i dubbi ma il giudice, contro ogni logica, scarcerò i coniugi Miara restituendo loro i gemelli. L'avvocato dei Miara aveva nel frattempo sollecitato la nullità della perizia. Perché? Per le analisi condotte negli Stati Uniti all'Università di Irvine: illegittime secondo la difesa. Solo nel dicembre 1993 un giudice riassegnò i gemelli alla loro vera famiglia. Nel frattempo i bambini erano diventati adolescenti e i genitori avevano avuto tempo sufficiente per manipolarli, al punto che Gonzalo e Matías non hanno voluto lasciare i Miara.

La verità per Rosa Roisinblit è arrivata nel 2000. È stata sua nipote Mariana Pérez, investigatrice per le *abuelas* e studentessa di ventitré anni a scienze politiche, a ritrovare il nipote scomparso, suo fratello Rodolfo. Dopo vent'anni di silenzio una donna aveva parlato.

La laureanda in medicina Patricia Roisinblit e il marito Manuel Pérez scompaiono nell'ottobre 1978. Anche Mariana è *desaparecida*, ma solo per qualche ora: ha già quindici mesi, troppi per i ladri di bambini. Patricia è incinta all'ottavo mese. Un uomo dei servizi segreti dell'aeronautica ha preso suo figlio registrandolo all'anagrafe come proprio, con un falso certificato di nascita, firmato da un medico dell'aeronautica.

Il bambino ha compiuto ventidue anni, frequenta un istituto tecnico nella brigata aerea nella base di Morón, dove sua madre è stata uccisa. La sera lavora in un bar. È lì che la sorella Mariana si presenta il 27 aprile 2000. Gli passa un bigliettino.

> Mi chiamo Maria Pérez, vorrei parlarti. I miei genitori sono *desaparecidos* nel 1978, io avevo quindici mesi. Mia madre partorì un mese dopo che l'avevano catturata. Era un maschietto. Forse tu sei il fratello che sto cercando.[4]

Patricia Roisinblit ha fatto in tempo a dare un nome a quel maschietto: Rodolfo. Lo testimonia una ragazza prigioniera con Patricia, che ha assistito al parto. Nonna Rosa Roisinblit è a Boston, dove sta per ricevere una laurea honoris causa, quando le telefona Mary-Claire King dicendo che ha completato il test del DNA. Il ragazzo del bar è Rodolfo. Francisco Gomez, l'uomo che si è appropriato di suo nipote, viene arrestato. Da quel momento Rodolfo, alias Guillermo Gomez, volterà le spalle a sua nonna e a sua sorella. Preferisce i genitori che lo hanno cresciuto a degli estranei, dice. «Il tempo forse farà assorbire il trauma che mio nipote ha subito, un trauma immane» riflette con rammarico Rosa Roisinblit.

Oggi gli *hijos* hanno dai ventisette ai trentatré anni. Per i circa quattrocento che ancora vivono sotto falsa identità, il momento della verità potrebbe arrivare tra molti anni, quando troveranno la forza di sottoporsi al test del DNA per fugare dubbi magari sopiti per lungo tempo.

Le *abuelas* non hanno solamente restituito l'identità a novantotto nipoti:[5] hanno creato un modello per il lavoro congiunto tra giuristi e scienziati, rendendo possibile immaginare una nuova relazione tra scienza e società. Le nonne hanno fatto un dono al mondo, a tutti coloro che vogliono una scienza che incarni i valori umani secondo giustizia, una scienza che sia al servizio dei diritti umani.

Le nonne hanno dovuto sopportare anche un'opinione pubblica ostile, sostenuta da una stampa di destra che le ha a lungo osteggiate. Basti pensare che all'inizio della loro battaglia le *abuelas* hanno

---

[4] *Ibidem*.

[5] Il dato è aggiornato all'agosto 2009.

dovuto comprare spazi a pagamento nei giornali per far conoscere la loro lotta per la ricerca della verità. Quando una mattina del 1979 hanno letto una notizia su un giornale. Una notizia che le ha riempite di speranza:

> Così ci si illuminò una lampadina e ci venne l'idea di usare la genetica per identificare i nostri nipoti. La morale, l'insegnamento che vorremmo lasciare è la nostra, non un'altra. Farsi domande, non smettere di farsi domande, credere nelle domande, come noi abbiamo creduto quando da poco avevamo cominciato a considerare la possibilità di usare il sangue per mostrare la parentela di nonne, quando siamo state in visita in centri medici prestigiosi di molte parti del mondo e ci hanno detto che non si poteva, che era impossibile. Le grandi scoperte della scienza sono cominciate con una domanda. La nostra ricerca anche. E la ricerca degli altri quattrocento nipoti che vivono con un'altra identità sarà cominciata, o comincerà, con una domanda, la domanda sull'identità. In tutto questo tempo abbiamo imparato che la domanda sull'identità è la domanda più intima che un essere umano possa farsi, e che perciò molti possono sentire una terribile solitudine quando questa domanda viene a galla. Non bisogna avere paura. L'enorme dolore, l'angoscia di non conoscere la propria identità, si può curare solo con la verità. Tutto quello che viene dopo è sollievo e serenità.

Kirk e l'assassino di Dawn Hamilton

L'importanza delle banche dati del DNA è proprio questa: conservare un archivio informatico dei profili genetici in modo da poter incrociare i dati e restituire le identità perdute di chi è scomparso, ma anche assegnare un'identità a un colpevole che l'ha fatta franca.

È quello che è successo a Kirk Bloodsworth, il primo innocente condannato a morte e scagionato dal DNA. Il suo inferno era cominciato un mattino d'estate del 1984, per finire nove anni più tardi quando era tornato in libertà. Ma Kirk l'inferno lo ha sperimentato due volte. La seconda è stata nel settembre del 2003, davanti a un cheeseburger e una Coca-Cola, quando da dieci anni era di nuovo un uomo libero.

Quel giorno a casa di Kirk e di sua moglie Brenda arriva una telefonata. È una donna che Kirk conosce bene. «Cosa posso fare per lei?» gli chiede. «Ho delle novità sull'omicidio Hamilton, ma devo vederla di persona». Si danno un appuntamento. A dargli la notizia che aspettava da quasi vent'anni, in un anonimo Burger King di Cambridge, nel Maryland, è la stessa donna che per ben due volte, in primo grado e in appello, aveva persuaso la giuria a infliggergli la condanna a morte: la procuratrice Ann Brobst, che lo aveva chiamato mostro, convinta della sua colpevolezza. La donna aveva finalmente incastrato il vero assassino della piccola Dawn. Come? Scorrendo i profili genetici inseriti nel *Combined* DNA *Index System*, o CODIS, un sistema automatizzato per confrontare il DNA di un sospettato con quelli di una banca dati dove sono conservate le impronte genetiche dei criminali.

La procuratrice comincia così a raccontare a Kirk cosa ha scoperto. «Ricorda che i testimoni dicevano che l'assassino era alto 1 metro e 90? Be', non lo era. Era 1 metro e 70».

Per arrivare alla riapertura delle indagini ci è voluto un decennio, ma a quel punto è bastato un attimo: il tempo di inserire nella banca dati il profilo genetico trovato nella traccia sui pantaloncini della bambina uccisa e confrontarlo con il DNA dei detenuti delle carceri statunitensi. L'assassino di Dawn Hamilton era già in carcere. Dall'estate del 1984. Scontava una condanna a quarantacinque anni per rapina, tentato stupro e tentato omicidio. Il suo nome era Kimberly Shay Ruffner. È stato esattamente in quell'istante che Bloodworth non è riuscito a trattenere le lacrime. Ruffner, quello che per cinque anni era stato il compagno di prigionia a cui aveva passato i libri e gli attrezzi in palestra. Sapere di Ruffner è stato un duro colpo per Kirk, che si è sempre interrogato sull'identità dell'assassino di Dawn Hamilton.

> Col senno di poi, tutte le volte che gli avevo consegnato un libro, non mi aveva mai guardato negli occhi. Girava sempre lo sguardo da un lato. Ma Ruffner era alto 1 metro e 70. Io cercavo un uomo di 20 centimetri più alto.[6]

---

[6] Intervista a Kirk Bloodsworth, *Larry King Live*, cit.

Le banche dati genetiche

Storie come quella di Kirk sono sempre meno inusuali, da quando sono entrate in funzione le banche dati del DNA. La prima al mondo è quella allestita in Inghilterra nel 1995. Si chiama National DNA data base, o NDNAD. L'archivio genetico britannico è ancora oggi il più esteso del mondo, con oltre 4 milioni e mezzo di profili del DNA, circa il 7% della popolazione, e aumenta al ritmo di quasi 1 persona al minuto.[7] Il sistema di confronto si basa su dieci marcatori STR e dà una probabilità di errore inferiore a 1 su 1 miliardo. Dal 2004, il DNA viene prelevato a tutti coloro che vengono fermati per qualunque reato, anche ai minori. Sono decine di migliaia i minorenni incensurati di cui esiste un profilo nella banca dati.

Nonostante le banche dati rappresentino un potente strumento per le forze dell'ordine, non sono mancate le polemiche sull'opportunità di prelevare il DNA a fette così estese della popolazione. Il nodo cruciale del dibattito riguarda il potenziale uso delle informazioni genetiche: non tanto dei profili, utili soltanto all'identificazione, quanto dei campioni di DNA, da cui è in linea teorica possibile ricavare dati sensibili sulla privacy, come quelli che riguardano la salute di una persona o della sua famiglia. Le leggi che regolano i data base genetici, che variano da Stato a Stato, rappresentano sempre un compromesso tra il diritto alla privacy e quello alla sicurezza del cittadino.

In Gran Bretagna il dibattito è davvero rovente. Qualcuno si è spinto a suggerire l'opportunità di istituire un data base genetico universale, con i profili di tutti i cittadini e non solo con quelli delle persone arrestate. Nel 2003, *The Observer* riassumeva così gli argomenti a favore:

> È più giusto rispetto a un data base unicamente legato ai criminali. Al momento, coloro il cui profilo è nel data base potrebbero non essere mai accusati di un crimine, ma avranno timore di essere eventualmente associati a un crimine, poiché un campione del loro DNA è nel data base.

---

[7] BBC1, *Panorama – The World's Longest Running Investigative TV Show*, puntata del 24 settembre 2007.

> Si dimostrerà un'arma vitale e di vasta portata nella dimostrazione della colpevolezza e dell'innocenza. L'innocente non avrà nulla da temere, l'accusato ingiustamente potrà scagionarsi e il colpevole sarà identificato.
> Aprirà la porta a un data base internazionale, trasformandosi nell'arma più efficace mai esistita contro il terrorismo globale e i crimini internazionali.

Ed ecco gli argomenti contro un simile data base:

> Sarà un'invasione dei diritti civili. Lo Stato non dovrebbe essere in possesso del nostro DNA. Potrebbe anche dar luogo ad abusi nel futuro, tra cui l'uso inappropriato delle informazioni genetiche.
> Essendo un data base dal valore pericolosamente alto, darà luogo ad allarmanti problemi di sicurezza.
> Che succede se queste informazioni finiscono nelle mani sbagliate? Le assicurazioni e o datori di lavoro potrebbero tentare di avervi accesso. Lo stesso campione di DNA che dimostra l'innocenza potrebbe rivelare informazioni personali, come la probabilità di morire di attacco cardiaco.
> Diluirà l'efficacia del data base attuale, concentrato sulla comunità criminale.[8]

Lo stesso padre del test del DNA, Alec Jeffreys, ha espresso più volte le sue perplessità rispetto a una schedatura così invasiva. Nel 2004, a vent'anni dalla sua scoperta, affermava:

> Oggi come oggi un investigatore con pochi scrupoli potrebbe facilmente ottenere il tuo profilo genetico – dalla saliva su una tazzina da caffè o dal mozzicone di una sigaretta – e usarlo per verificare se sei il vero genitore di tuo figlio. È illegale, ma semplice da fare, e sono abbastanza sicuro che accada spesso.
> È una pesante invasione della privacy.[9]

---

[8] Rebecca FOWLER, "DNA, the second revolution", *The Observer*, 27 aprile 2003.

[9] Robin MCKIE, "Meet the DNA genius who fears the dark side of his discovery", *The Observer*, 8 agosto 2004.

Nella stessa intervista, Jeffreys si diceva ancora più preoccupato del destino dei campioni nel NDNAD britannico non riconducibili alla scena del crimine (una buona metà dei 2,5 milioni di profili totali):

> Se certi scienziati riuscissero a determinare il colore dei capelli o della pelle di un colpevole da questo DNA non identificato, fornirebbero alla polizia il modo di ricavare il profilo medico o razziale di una persona dal DNA che lascia in giro. Questo proprio non va.

Da ciò, paradossalmente, Jeffreys concludeva che un data base universale sarebbe stato la panacea rispetto ai diritti civili, sempre che fossero garantite misure di sicurezza.

Negli anni il governo britannico ha progressivamente esteso il data base, finché la Corte europea per i diritti umani ha dichiarato la natura indiscriminata della legge britannica sui campioni di DNA una violazione dei diritti umani, imponendo la rimozione di quasi un milione di profili dal più grande data base al mondo (pro capite).[10]

Così, cinque anni dopo aver auspicato un data base universale, anche Jeffreys ha cambiato idea. In un'intervista a *The Guardian* dell'aprile 2009 condannava l'idea del governo britannico di mantenere nel proprio data base i dettagli genetici di centinaia di migliaia di innocenti fino a dodici anni, trovando che «marchiasse gli innocenti come criminali».[11]

Negli Stati Uniti l'FBI ha messo a punto il CODIS, o *Combined DNA Index System*, un software operativo dal 1998 che gestisce i risultati delle tipizzazioni genetiche e che consente la comparazione tra profili, e ha risolto già oltre 90.000 casi giudiziari.[12]

Oggi, quando si osserva un test del DNA, non si ha più davanti agli occhi una lastra di gelatina che sembra un codice a barre, con bande che solo un esperto può interpretare, bensì una tabella alfanumerica, formata da coppie di numeri e sigle associate a ciascun marcatore. Così, anche un non addetto ai lavori può confrontare due

---

[10] Tom WHITEHEAD e Christopher HOPE, "DNA database innocents win landmark European court ruling", *The Daily Telegraph*, 4 dicembre 2008.

[11] James STURCKE, "DNA pioneer Alec Jeffreys: drop innocent from database", *The Guardian*, 15 aprile 2009.

[12] Ugo RICCI *et al.*, *La prova del DNA per la ricerca della verità*, cit.

profili e notare se esistono differenze o se si tratta della stessa persona. È un sistema apparentemente semplice, che non deve tuttavia trascurare la complessità dell'aspetto statistico.

Il CODIS comprende i profili di coloro che sono stati arrestati o reclusi, indipendentemente dal corso dell'accusa. Una legge del 2005 consente di richiedere la rimozione del profilo dalla banca dati federale a posteriori, nel caso in cui l'accusato sia stato prosciolto.[13]

I profili sono ricavati in base a una precisa serie di tredici marcatori che hanno un potere di discriminazione molto elevato e consentono di massimizzare l'efficacia della tecnica. Si tratta di loci STR altamente variabili tra le popolazioni. In particolare: D3S1358, TPOX, FGA, CSF1PO, D5S818, D7S820, D8S1179, TH01, VWA, D13S317, D16S359, D18S51, D21S11. Le sigle indicano la localizzazione dei marcatori nei diversi cromosomi o nelle regioni non codificanti di geni. Per esempio, nel marcatore D3S1358, la lettera D indica il DNA, 3 sta per cromosoma numero 3, e il numero successivo indica l'ordine di scoperta del marcatore.

Ai tredici marcatori citati sopra si aggiungono HUMAMGXA e HUMAMGY, due marcatori che indicano il sesso, contenuti nel gene umano per l'amelogenina, la principale proteina dello smalto dei denti.

Oggi il CODIS contiene oltre sette milioni di profili di cui oltre 272.000 da scene del crimine ed è composto da tre tipi di archivi. Il primo contiene il DNA delle persone condannate; il secondo contiene i profili ignoti trovati sulla scena di un crimine e altri resti umani senza identità; nel terzo si trovano i profili delle persone scomparse o dei loro familiari. Il successo del CODIS viene misurato in base ai crimini che aiuta a risolvere: si passa da 1.573 nel 2000 a oltre 91.800 nel 2009.[14]

Il rischio di abusi sembra essere scongiurato dalla promulgazione del Genetic Information Nondiscrimination Act (GINA), una legge del maggio 2008 a garanzia delle discriminazioni genetiche.

---

[13] DNA Fingerprint Act of 2005, "Expungement of DNA Records", 42 USC 14132(d)(1)(A).

[14] I dati numerici sui vari data base sono tratti dal sito dell'FBI, Laboratory Services, e aggiornati all'agosto 2009 (www.fbi.gov/hq/lab/html/codis1.htm).

Quel che è certo è che, da quando sono disponibili banche dati come il CODIS o il NDNAD, possono accadere i più incredibili colpi di scena.

Familiarità

Cade di sabato il giorno di San Valentino del 1988. Quella notte, all'1.45, l'orologio al polso di Lynette White si è fermato. La ragazza, una prostituta, era nel suo appartamento a pochi metri dalla discoteca Casablanca, a Cardiff.[15] Forse un colpo del suo aggressore, nella furia omicida. È stata pugnalata al seno cinquanta volte e l'assassino le ha tagliato la gola da un orecchio all'altro. La polizia è sotto pressione per risolvere uno dei più efferati omicidi nella storia del Galles. Vengono sentite migliaia di persone, le settimane diventano mesi e l'indagine non fa passi avanti. Ma presto la polizia manda a processo i tre colpevoli: Stephen Miller, fidanzato di Lynette, che confessa, e i suoi due complici. Miller ha un ritardo mentale ed è stato incriminato nonostante le testimonianze di diverse persone che avevano passato con lui quella notte, a giocare a biliardo. Gli altri due non confessano e hanno anche un alibi. Nel 1990 il più lungo processo per omicidio in Inghilterra si conclude con tre condanne all'ergastolo.

Sulla scena del crimine non c'era nulla che portasse ai tre di Cardiff, e il *DNA fingerprinting* di Jeffreys, che aveva scagionato il primo sospettato, avrebbe potuto scagionare anche loro. I tre di Cardiff non c'entravano nulla con il delitto di Lynette White. Nel 1992, in appello, le condanne sono annullate. Intanto il colpevole è libero.

La madre di Lynette è una donna coraggiosa che non si vuole arrendere. Vuole scoprire chi ha ucciso sua figlia e perché. Nel 1995 ottiene la riapertura delle indagini: finalmente nel 1998 quel DNA che all'epoca dell'omicidio non aveva portato a nulla alla luce della scoperta della PCR e dell'introduzione di nuovi marcatori genetici come gli STR, molto più affidabili, può ora segnare una svolta.

---

[15] La storia di Lynette White è raccontata nel dettaglio da Satish SEKAR, "The downfall of cellophan man", *Web Mistery Magazine*, 3, 2005 (lifeloom.com/I2Sekar.htm)

Nel 1999 nasce in Inghilterra la prima unità per gli omicidi irrisolti del passato, i *cold cases*. Il caso di Lynette White è il primo a essere riesaminato. Angela Gallop, responsabile di Forensic Alliance, il laboratorio indipendente incaricato di analizzare il DNA, spiega in un'intervista che, poiché negli anni gli investigatori avevano consumato le tracce raccolte sulla scena del crimine per ottenere un profilo, praticamente non restava nulla su cui lavorare. «Il nostro compito, che sembrava impossibile, era trovare altri campioni del sangue dell'assassino».[16] Il primo campione viene trovato sul cellophane di un pacchetto di sigarette. Un secondo, sotto strati di vernice sul battiscopa dell'appartamento. Un terzo sulla porta, mischiato al sangue della vittima.

L'assassino viene soprannominato Cellophane Man (l'uomo del cellophane). Il profilo viene confrontato con quello dei cinque presunti assassini iniziali, già assolti, e conferma la loro innocenza. Chi è l'uomo del cellophane? La prima cosa da fare è controllare la banca dati nazionale, ma l'assassino non è tra i due milioni di profili raccolti. Significa che non ha commesso altri reati. Può essere emigrato all'estero. L'Interpol controlla i profili anche negli altri Paesi, ma niente. Di Cellophane Man non c'è traccia in alcun data base. Ma il detective Paul Williams si accorge che forse c'è una strada per risolvere l'omicidio.

Nel seguito dell'intervista Angela Gallop descrive così l'impiego della banca dati per il confronto del profilo del killer:

> Circoscrivendo la ricerca a uomini della zona di Cardiff, e considerando solo certi elementi del profilo, compresi i più rari, la polizia ha ridotto la lista prima ad alcune centinaia, e poi a soli settanta individui. In seguito, usando un modello matematico innovativo – che stabiliva il grado di rarità di ogni segmento del profilo – gli esperti hanno trovato un nome che risultava più vicino di tutti gli altri.

Su venti alleli, due per ogni marcatore, ben dodici corrispondono a un profilo inserito nella banca dati. Ed è una persona che vive

---

[16] Susan PEARSON, "Forensic science: from DNA profiling to hair analysis", *The Biomedical Scientist*, dicembre 2003, pp. 1298-99.

proprio nel Sud del Galles. Il suo DNA è finito nel data base per un reato minore. È un ragazzo di quattordici anni. Il 14 febbraio 1988 non era ancora nato, ma il detective Williams sa che Cellophane Man deve essere un suo parente. Viene prelevato il DNA al padre del ragazzo, ma non è lui l'assassino. I sospetti si concentrano sullo zio, una guardia giurata di nome Jeffrey Gafoor. È lui l'assassino di Lynette White, e confessa. È la prima volta che un colpevole viene inchiodato e condannato grazie alla ricerca per familiarità.

L'anno seguente, il 2004, viene condannato per omicidio anche Craig Harman, colpevole di aver ucciso Michael Little, un trasportatore inglese di cinquantatré anni, ucciso da un mattone lanciato da un ponte e piombato sul suo parabrezza. La polizia del Surrey su quel mattone ha trovato del DNA e ha arrestato Harman, che ha confessato. Era ubriaco e con un amico non aveva trovato di meglio che scacciare la noia tirando mattoni da un cavalcavia. A risolvere il caso è stato il *familial searching*, una tecnica capace di scovare in un archivio profili genetici simili a quello incriminato, e trovare così il colpevole per familiarità. Oggi non è più necessario che il profilo di un criminale sia schedato in un archivio, basta quello di un suo parente. Il profilo genetico di Harman non era nel data base, ma lo era quello di suo fratello. Il programma di ricerca ha selezionato venticinque profili simili. Quello del fratello di Harman era in cima alla lista.

L'assassino di Pauline Floyd e Geraldine Hughes, due teenager stuprate e uccise nel 1973, era già morto, invece, quando la polizia lo ha individuato. Tra i cento profili trovati al computer per familiarità, si è arrivati a Joseph Kappen, o meglio alla sua esumazione per trovare la conferma che era lui il killer delle ragazze.

In Gran Bretagna la ricerca per familiarità ha inchiodato anche un serial killer, a partire dalle indagini su un caso irrisolto, l'omicidio della quindicenne scozzese Vicky Hamilton, scomparsa nel nulla da diciassette anni. Di lei era stata trovata solo la borsetta, nei pressi della stazione degli autobus di Edimburgo. Era il 10 febbraio 1991. Tra gli effetti personali della ragazza, conservati negli archivi, la polizia scientifica ha isolato del DNA compatibile con quello di Daniel Tobin, che all'epoca del delitto però aveva solo tre anni. La perquisizione dell'appartamento del padre Peter ha portato al ritrovamento di un coltello, sul quale gli investigatori hanno isolato il DNA della ragazza scomparsa. Keith Anderson, a capo dell'indagine, ha seguito le tracce di Tobin fino alla sua casa nel Kent, dove si era trasferito nel marzo 1991, cinque settimane dopo la scomparsa di Vicky. Nel maggio 2007 è stato trovato il cadavere sepolto in giardino, insieme a quello di un'altra ragazza svanita nel nulla, la diciottenne Dinah McNicol. Peter Tobin era già in carcere per lo stupro e l'omicidio di una studentessa polacca di ventitré anni, Angelika Kluk, sepolta viva sotto il pavimento del confessionale di una chiesa a Glasgow nel 2006.

Cognomi

Su Internet migliaia di persone inseriscono intere sequenze del proprio DNA, accessibili a chiunque con un clic di mouse. Perché? Semplice, per indagare sulle proprie origini e trovare parenti sparsi per il pianeta. È un fenomeno in crescita esponenziale, soprattutto negli Stati Uniti dove, da qualche anno, la genealogia è di gran moda. Migliaia di persone si fanno sequenziare il DNA per calcolare magari la percentuale di sangue europeo. Alcuni inseriscono i dati nel curriculum, nella speranza che una discendenza olandese o inglese possa incidere sulla scelta di un candidato per un impiego. Sono diverse le società che per poche centinaia di dollari offrono test di questo tipo su Internet. Si riceve un kit per corrispondenza in cui c'è tutto il necessario: dal tampone per prelevare la saliva all'apposito cartoncino dove sigillarlo. Poi basta spedire per posta i campioni da analizzare e il risultato arriva via email, in pochi giorni. C'è chi vuole sciogliere dubbi sulla paternità, o chi appunto è ansioso di sapere se discende da un quacchero del Mayflower e in che percentuale.

I genetisti mettono in guardia da questi test, e ne contestano la validità. Ma non basta per arginare questa mania genealogica. La ricerca delle origini si basa sul cromosoma Y, che contraddistingue il sesso maschile. Viene trasmesso da padre a figlio praticamente senza modifiche, quindi il pattern delle variazioni genetiche che questo cromosoma porta con sé possono aiutare a identificare da quale linea paterna discende un individuo, e possono essere legate al cognome. Attraverso questo cromosoma si possono trovare lontani parenti in luoghi impensati. Se si digitano su Google le parole "Y-chromosome" e "surname", ossia cromosoma Y e cognome, si ottengono 43.400 risultati.[17] In molti di questi siti, tra cui Family Tree DNA, che vanta il più grande data base del mondo, ci si può iscrivere per fare ricerche sul proprio cognome, basandosi su marcatori chiamati Y-STR, messi a punto a partire dal 1992. Su Family Tree DNA ci sono oltre 5.000 progetti per cognome a cui si può aderire, circa 160.000 profili del cromosoma Y e 95.000 profili del DNA mitocondriale. Il sito invita anche i figli adottivi a cercare i genitori naturali, perché con il cromosoma Y si può individuare il padre biologico, con il DNA mitocondriale si può risalire alla madre biologica.

Nel 2005 ci è riuscito un quindicenne americano.[18] Gli sono bastati un tampone di saliva e un computer. Il ragazzo era alla ricerca del padre biologico, un donatore ignoto di seme. Per 289 dollari, il quindicenne ha potuto ottenere la prima informazione utile alla sua ricerca: in quel data base c'erano due uomini il cui cromosoma Y era compatibile con il suo. Combinando l'informazione sul cognome dei due, le informazioni sul donatore ignoto che la madre del ragazzo aveva avuto dalla clinica e ulteriori informazioni acquistate tramite un altro sito (omnitrace.com), il ragazzo ce l'ha fatta.

È logico pensare che questa ricerca interessi anche chi indaga su un delitto. Poniamo che la polizia trovi un DNA ignoto sulla scena del crimine e non possieda altri indizi per arrivare a dare un'identità. In linea teorica basta inserire dati sul cromosoma Y in un archivio per verificare se sono associati a un particolare cognome. A quel punto le indagini potrebbero concentrarsi su tutti gli uomini con quel cognome che possano aver avuto accesso a una scena del crimine.

Le potenzialità di questi archivi sono sorprendenti. Sono infatti molte le cose che si possono scoprire, specie con cognomi non troppo diffusi. Mark Joblings, collega di Alec Jeffreys all'Università di

---

[17] Al 18 agosto 2009.

[18] Alison MOTLUCK, "Anonymous sperm donor traced on Internet", *New Scientist*, 3 novembre 2005.

Leicester, ha tentato così di quantificare qual è la percentuale di figli illegittimi nati nelle coppie inglesi. Circa 1 su 25 non è figlio del padre di cui porta il cognome.[19]

11 settembre 2001: i marcatori SNPs

Se i marcatori del cromosoma Y hanno segnato una rivoluzione nel campo della genealogia, nuovi marcatori sono stati scoperti negli ultimi anni. Si tratta dei cosiddetti "polimorfismi di un singolo nucleotide", *Single Nucleotide Polymorphisms* o SNPs, cioè variazioni di sequenza di una sola base, che rappresentano la nuova frontiera dei test del DNA.[20] Ogni locus è biallelico, cioè per ogni marcatore possono esistere solo due alleli. Infatti è una singola base a cambiare, A o C, T o G. I genetisti ne hanno già classificati quasi un milione mezzo, ciò significa che più del 90% dei segmenti di DNA lunghi 20.000 basi contiene uno o più SNPs. Si calcola che nel genoma umano gli SNPs siano almeno dieci milioni: in media una base ogni 300-600 mostra questo tipo di polimorfismo. Il grande vantaggio di questi marcatori è che consentono di analizzare DNA anche molto degradato, cioè di trovare alleli utili al confronto in frammenti di materiale genetico anche molto scarso, di sole 50-60 paia di basi. Il loro tasso di mutazione è inoltre particolarmente basso e sono utili per ricostruire le origini geografiche.

Esistono anche kit in commercio usati per calcolare la probabilità di provenienza dai quattro grandi gruppi bio-geografici, Africa Subsahariana, Europa, Asia e America, ma anche Nord e Sud Europa. Gli SNPs possono fornire anche altre informazioni, come il colore della pelle, dei capelli, l'altezza e il peso medio. Nel caso della pelle esistono almeno tre marcatori SNPs in grado di stabilire se un profilo appartiene a un bianco o a un nero. Altri due marcatori possono dare indicazioni sulla presenza di capelli rossi e occhi azzurri.

---

[19] Turi E. KING e Mark A. JOBLING, "Founders, drift and infidelity: the relationship between Y chromosome diversity and patrilineal surnames", *Molecular Biology and Evolution*, 26, 5, 2009, pp. 1093-1102.

[20] Si veda Giuseppe NOVELLI e Ilenia PIETRANGELI, "Nuove frontiere delle tecniche di analisi del DNA", in Massimo PICOZZI e Alberto INTINI, *Scienze forensi. Teoria e prassi dell'investigazione scientifica*, UTET, 2009.

Questi marcatori sono stati usati con successo per identificare le vittime del World Trade Center, la più grande operazione di riconoscimento avvenuta con il DNA.

Alle 7.59 decolla il primo aereo, il volo American Airlines 11 da Boston a Los Angeles; a bordo ci sono novantadue persone. Il boeing da 132 tonnellate e 10.000 galloni di carburante si schianta sulla Torre Nord del World Trade Center di New York, tra il novantaquattresimo e il novantottesimo piano, alle 8.46. La velocità stimata era di 690-795 chilometri orari. Dopo 102 minuti, alle 10.28, la prima torre collassa su sé stessa. Il volo United Airlines 175 decolla da Boston con la stessa destinazione alle 8.14. A bordo ci sono sessantadue persone. Alle 9.03 si schianta contro la Torre Sud tra il settantottesimo e l'ottantaquattresimo piano. Viaggiava a circa 860-940 chilometri l'ora. La velocità più elevata e il punto d'impatto più basso faranno crollare la Torre Sud per prima, alle 9.58.[21] Il computo ufficiale delle vittime al 10 settembre 2006 è 2.973: 2.749 persone sono morte al World Trade Center, 184 al Pentagono e 40 in Pennsylvania.[22]

In media, in un giorno feriale, 55.000 persone si recavano al WTC a lavorare. All'ora degli impatti la stima era di 17.400 persone. Quel giorno gli Stati Uniti si trovano a fronteggiare la più grande strage di massa della loro storia. Quasi tremila vittime da una trentina di Paesi. Di molte sono rimasti sono frammenti. Ma, al settembre 2005, circa 1.600 sono state identificate, il 58%. Al WTC sono stati recuperati meno di trecento corpi intatti e riconoscibili. Il calore delle fiamme e il peso delle macerie hanno letteralmente vaporizzato gli altri, ridotti in polvere.[23]

Le macerie sono state raccolte inizialmente a Staten Island e nell'hangar 17 dell'aeroporto JFK, dove sono stati accumulati anche tutti gli oggetti personali ritrovati. Nell'aprile 2002 si sono concluse le analisi sui 19.915 frammenti, resti di persone che i lavori di scavo

---

[21] Si veda il sito President's DNA Initiative, "Lessons learned from 9/11: DNA identification in mass fatality incidents", settembre 2006 (massfatality.DNA.gov/).

[22] ASSOCIATED PRESS, "9/11 Memorial in New Jersey Honors 40 People Too Many", *The New York Times*, 10 settembre 2006.

[23] James R. GILL, "9/11 and the New York City Office of Chief Medical Examiner", *Forensic Science, Medicine, and Pathology*, 2, 1, marzo 2006.

a Ground Zero hanno restituito dentro 1,7 milioni di tonnellate di detriti. Ogni frammento è stato passato al vaglio da uno staff di duecento persone del Office of Chief Medical Examiner (OCME), l'ufficio di medicina legale di Manhattan. La metà dei quasi 20.000 frammenti sono stati assegnati alle vittime della strage.

Una delle prime decisioni da prendere per il panel di scienziati coinvolti nella più grande operazione di riconoscimento mai avvenuta è stata quella di stabilire le dimensioni limite per i resti da analizzare. Ogni frammento più piccolo di circa 2,5 cm è stato scartato. Alcuni erano grandi un'unghia. Nel panel ci sono personaggi che hanno scritto la storia dell'impronta del DNA come Bruce Budowle e Kenneth Kidd. E c'è Robert Shaler, a capo della sezione DNA dell'OCME di New York, che sul tema ha scritto un libro: *Who they were.*[24] Il 31% delle identificazioni è avvenuto tramite l'analisi del solo DNA, usando 20-50 marcatori SNPs. Il resto dall'analisi della dentatura, dalle impronte digitali o altro. In oltre ottocento casi il riconoscimento è stato possibile solo e soltanto grazie al DNA. Il 40% delle vittime non è stato identificato.[25]

Mancano all'appello 1.100 persone e decine di frammenti, e anche corpi non del tutto decomposti, sono venuti alla luce ad anni di distanza. La famiglia di Peter Adam Feidelberg ha avuto la notizia a gennaio del 2005. Li ha chiamati la polizia per dire loro che il figlio, un manager di trent'anni, era stato identificato con il DNA. Ma di Meredith Ewart, sua moglie, non c'è nulla. Come Robert Ewart, il padre di Meredith, sono in molti a doversi rassegnare. Tutto ciò che sanno è che quella mattina hanno visto i loro cari andare al lavoro per l'ultima volta, e avere un frammento, un po' di cenere che contenga qualcosa dei familiari, può alleviare il dolore della perdita. Si può avere una tomba su cui piangere. Quattro famiglie su dieci non ne hanno la possibilità, ma sanno che lo sforzo tecnico è stato immenso.

---

[24] Robert SHALER, *Who they were. Inside the World Trade Center DNA story: The unprecedented effort to identify the missing,* Free Press, 4 ottobre 2005.

[25] James R. GILL, "9/11 and the New York City Office of Chief Medical Examiner", cit.

Il computo esatto delle identificazioni delle vittime dell'11 settembre non è mai definitivo. Nel luglio 2007, per esempio, è stata riconosciuta un'altra vittima, grazie al DNA. I resti del broker Edward Ryan sono stati trovati da alcuni operai che lavoravano a Ground Zero.

Non è stato facile neppure stilare una lista delle vittime. A differenza dei passeggeri degli aerei dirottati, per cui esiste una lista ufficiale, al World Trade Center l'11 settembre nessuno aveva idea di quale fosse il numero esatto dei morti e di chi cercare tra i resti. Durante la prima e la seconda commemorazione del disastro, piuttosto che tralasciare qualcuno le autorità hanno deciso di inserire nella lista ufficiale delle vittime, una litania letta ad alta voce da bambini, anche nomi che erano rimasti nel dubbio. Almeno quaranta nomi erano da cancellare dall'elenco.[26] Altri nomi sono ancora oggi un enigma.

Per molte famiglie l'impatto delle stragi si è invece abbattuto con inesorabile determinazione. Al e Ginger Petricelli sono tra queste. I resti del figlio sono stati trovati più volte. Prima una tibia, poi un femore, un frammento di cranio. I funerali sono stati in tutto cinque.

Il DNA ha consentito anche di separare i resti delle vittime da quelli dei loro carnefici, gli attentatori, immediatamente trasferiti dal Memorial Park, l'obitorio allestito a Manhattan dove gli esperti hanno assegnato un'identità ai resti. L'FBI ha fornito il profilo completo di dieci dei terroristi suicidi, prelevando frammenti di pelle dal volante dei veicoli noleggiati dai kamikaze, o dai capelli recuperati su pettini trovati negli alberghi dove hanno dormito.

Anche il capo dei pompieri era lì, sotto le macerie, insieme a più di trecento colleghi morti con lui. Ray Downey, alla guida delle operazioni del Fire Department, era uno dei più esperti di recupero e ricerca di vittime. Era il vigile del fuoco più decorato di New York. Era stato anche a Oklahoma City, per soccorrere le vittime di un altro attentato terroristico, quello del 19 aprile 1995. I suoi figli, anche loro pompieri, hanno partecipato quasi ogni giorno alle ricerche dopo l'11 settembre.

---

[26] Phil HIRSCHKORN, "New York reduces 9/11 death toll by 40", *CNN.com/US*, 29 ottobre 2003.

Per i familiari di José Guadalupe la sorte si è abbattuta come un fulmine, due volte. Il vigile del fuoco ucciso dal crollo era già stato sepolto, ma nella tomba sbagliata. La sua è stata l'unica identificazione fallace e l'errore è stato provocato dal fatto che non era stato eseguito l'esame del DNA. I resti attribuiti a Guadalupe erano quelli di Christopher Santora. In assenza di impronte dentarie e digitali, erano state esaminate le vertebre del collo, che presentavano un'anomalia rarissima. La fatalità ha voluto che entrambi i pompieri avessero la stessa anomalia ossea.

Le banche dati dell'orrore

La prima volta che il DNA è stato impiegato per il riconoscimento delle vittime in una strage di massa è stato nel 1993, a Waco, in Texas, dove la setta dei Davidiani, proveniente dalla Chiesa avventista del settimo giorno, si è barricata per cinquantuno giorni all'interno di una fattoria, impedendo all'FBI di entrare. Il 19 aprile 1993 l'assedio si è concluso con un catastrofico rogo in cui sono morte un'ottantina di persone tra cui molte donne e bambini.

Oggi, a coordinare lo sforzo tecnico per l'identificazione delle vittime in situazioni che vanno dai genocidi al disastro ambientale, come nel caso dello tsunami, è la Commissione internazionale per le persone scomparse, o ICMP, nata su iniziativa statunitense con gli accordi di pace di Daytona, all'indomani della conclusione del conflitto nella ex Jugoslavia, durante la presidenza Clinton.

L'Italia ha partecipato all'identificazione delle vittime dello tsunami:

> Andavamo nelle case delle famiglie, cercavamo di rassicurare genitori anziani, e intanto repertavamo le impronte nella stanza del figlio, raccoglievamo un capello rimasto in bagno, imprigionato in un pettine, un vecchio spazzolino da denti, un rasoio, le radiografie del dentista.[27]

---

[27] Francesco LA LICATA, Massimo NUMA, Guido OLIMPIO, Mario PORTANOVA e Elisabetta ROSASPINA, *Sbirri*, BUR, 2007, p. 107.

Così racconta Giuseppina Menna, una delle poliziotte coinvolte nell'operazione di riconoscimento delle vittime. Saranno quaranta quelle italiane.

Era la prima volta che le polizie scientifiche di mezzo mondo si confrontavano direttamente. La ICMP ha portato a termine 902 identificazioni su 1.700 campioni ossei delle vittime dello tsunami nel 2004.[28] Ha inoltre assistito all'identificazione di 14.900 persone scomparse durante il conflitto in territorio serbo-bosniaco, i cui resti sono stati recuperati nelle fosse comuni clandestine, delle 28.775 reclamate dai familiari. Il loro DNA è conservato in un archivio di 87.180 profili genetici.[29] Ma la ICMP ha lavorato anche al riconoscimento delle vittime del regime di Pinochet in Cile, in cui si stima siano state circa tremila le persone assassinate, dell'occupazione del Kuwait nel 1991, dell'uragano Katrina che ha fatto 1.400 morti e dei genocidi in Rwanda ed Etiopia, così come delle vittime dell'apartheid in Sudafrica nel dopoguerra, dove almeno duemila persone sono scomparse, prima di essere uccise e gettate in fosse comuni.

Negli ultimi anni è partito anche il Progetto DNA Shoah, volto a ricongiungere familiari di ebrei di cui si siano perse le tracce dopo la guerra o restituire ai sopravvissuti i resti dei loro cari, spesso rinvenuti in Polonia, Germania e Paesi limitrofi. Annunciato al meeting della Human Genome Organisation, tenuto a Helsinki nel 2006,[30] il progetto è condotto dal genetista americano Michael Hammer dell'Università dell'Arizona, insieme a un figlio di sopravvissuti all'Olocausto. La speranza è di riunire, grazie a un data base, i circa diecimila orfani della Shoah sparsi nel mondo ai loro eventuali parenti superstiti, ai discendenti. I sopravvissuti all'Olocausto sono oggi circa 300.000, con un'età media di settant'anni: è a loro che

---

[28] Dato aggiornato all'agosto 2009. ICMP, "Number of DNA Assisted Identifications of Persons Missing: Countries/Regions of Southeastern Europe affected by the conflicts of the 1990's". In rete all'indirizzo: www.ic-mp.org/icmp-worldwide/southeast-europe/

[29] Dati aggiornati all'agosto 2009. ICMP, "Number of DNA Assisted Identifications of Persons Missing: The 2004 Tsunami in Thailand" (www.ic-mp.org/icmp-worldwide/southeast-asia/).

[30] Claire AINSWORTH, "Disasters drive DNA forensics to reunite families", *Nature*, 441, 8 giugno 2006, p. 673.

viene prelevato il DNA per l'archivio genetico. Sono in corso anche le analisi del DNA sulle dodici vittime non identificate dell'eccidio delle Fosse Ardeatine, dove il 24 marzo 1944 vennero massacrate dai nazisti 355 persone.[31]

Le banche dati dei casi irrisolti

Nel settembre 1999 un procuratore di Milwaukee, nello Stato del Wisconsin, ha stilato un "mandato d'arresto futuristico" contro «John Doe, maschio sconosciuto con un profilo del DNA ai loci D1S7, D2S44, D5S110 e D17S79...»[32] (*John Doe* in inglese sta per "Pinco Pallino"). Il mandato è arrivato poco prima che il caso di stupro venisse prescritto, come accade in Wisconsin dopo sei anni. Il 5 agosto 2003, la città di New York ha adottato lo stesso provvedimento incriminando il DNA di uno stupratore ignoto, in attesa di catturarlo. «La polizia e l'intero sistema giudiziario, dai procuratori ai tribunali, dai giudici ai medici legali, non abbandonano alcun caso. Ti troveremo e ti processeremo» ha detto il sindaco Michael Bloomberg, annunciando così il John Doe Indictment Project, che evita l'annullamento della prescrizione per il reato di stupro che arriva dopo nove anni a New York: incriminando il DNA si può evitare che il reato cada in prescrizione, una decisione inedita per la giurisprudenza. Quell'anno erano circa seicento i casi di stupro i cui termini stavano per scadere. Un anno dopo, nel 2004, la polizia ha trovato il colpevole e il caso ha fatto scuola.

Nei casi di stupro il DNA rappresenta la chiave di volta. È un test imprescindibile che porta dritto alla soluzione. Spesso il riconoscimento oculare dell'aggressore da parte della vittima non è attendibile, mentre il DNA non mente mai. Negli Stati Uniti ogni anno vengono denunciate circa 90.000 violenze sessuali.[33] Tra la fine degli anni Ottanta e la metà degli anni Novanta gli stupri hanno subito un

---

[31] Ilenia PIETRANGELI *et al.*, "Forensic DNA Challenges: replacing numbers with names of Fosse Ardeatine's victims", *J. Forensic Sci.*, 54, 4, luglio 2009, pp. 905-908.

[32] James Herbie DIFONZO, "In praise of statutes of limitations in sex offense cases", *Houston L. Rev.*, 41, 1205, 2004.

[33] Statistiche FBI (www.fbi.gov/ucr/cius2006/data/table_01.html).

picco. Grazie ai data base del DNA il numero degli stupratori incastrati dal loro DNA aumenta di anno in anno. La percentuale di successi nell'identificare gli autori dei reati passa con le banche dati dal 6 al 60%.[34] Centinaia di vittime di violenza sessuale hanno trovato giustizia grazie alla genetica.

[34] MINISTERO DELL'INTERNO, MINISTERO DELLA GIUSTIZIA, *Adesione al trattato di Prum e istituzione della banca dati nazionale del dna e del laboratorio centrale*, 2008.

Capitolo 8

IL DNA DEGLI INNOCENTI

Faye Treatser lo vede una mattina di novembre all'improvviso, sotto la sua finestra.[1] L'uomo che l'ha stuprata nel suo appartamento due settimane prima è lì sotto, armato di secchio e spugna, intento a lavare un'auto. Faye si siede sul divano e resta a fissarlo. Poi alza la cornetta del telefono e chiama il detective Barry Shiftic.

La sera dell'aggressione Faye, una minuta manager trentacinquenne di Alexandria, in Virginia, era a letto quando aveva sentito un rumore. La luce si era accesa all'improvviso, il tempo di vedere un uomo di colore, muscoloso, poi il buio. Lui non aveva detto nulla. Le aveva coperto il viso con un panno, l'aveva violentata, e se ne era andato. La polizia era arrivata poco dopo. Faye era andata ad aprire con un coltello, terrorizzata. All'ospedale il suo corpo era diventato una scena del crimine.

La mattina seguente l'indagine era stata affidata al detective Barry Shiftic, che aveva bussato porta a porta per capire se qualcuno aveva visto o sentito qualcosa. Alla fine aveva chiamato una donna. Abitava nella stessa via di Faye, aveva visto un uomo in pantaloncini rossi che beveva una birra, verso le dieci di sera, in piedi davanti alla casa di Faye. Si chiamava Walter Snyder.

Snyder ha un precedente. Con qualche amico è entrato nel campo di basket della scuola oltre l'orario consentito: reato di sconfinamento. Fa il meccanico ed è al lavoro quando l'8 novembre 1985 lo chiamano la prima volta per interrogarlo. Gli scattano delle foto e gli chiedono se ha per caso dei pantaloncini rossi. Sì, li usa per tirare di boxe.

Faye ha davanti a sé sette fotografie di sospetti. In cima c'è quella di Walter Snyder, scattata quella mattina. L'uomo che l'ha stuprata non c'è. Poi riprende in mano la foto: c'è qualcosa in quelle

---

[1] Le storie di innocenti scagionati grazie al test del DNA raccontate in questo capitolo sono tratte da: Barry SCHECK Barry, Peter NEUFELD e Jim DWYER, *Actual Innocence*, cit.

sopracciglia... Ma no, non è sicura che sia lui. La polizia va a casa di Snyder, che è ancora al lavoro. Il detective prende i pantaloncini rossi e delle scarpe da ginnastica. Tre giorni dopo Faye vede l'uomo alla finestra. Conosce quella faccia e chiama la polizia.

Il campionato di boxe si avvicina e Snyder non ha ancora avuto indietro i suoi indumenti. Un giorno di fine gennaio decide di tornare alla polizia. «Non li puoi riavere,» gli dice Shiftic «servono per l'indagine. Ora devi andartene». Snyder non capisce perché non può avere indietro la sua roba. «Se non te ne vai, ti arresto per sconfinamento». Più tardi, quella mattina, il problema della roba da boxe diventa all'improvviso insignificante quando il notiziario annuncia che lo space shuttle *Challenger* è esploso qualche secondo dopo il lancio e sono morte sette persone dell'equipaggio. Sua madre gli dice di stare lontano dalla polizia, ma lui non riesce a smettere di pensare alla sua roba, non ha certo i soldi per comprarsela nuova. In fondo, ha solo diciannove anni. Ritorna dal detective. Parlano del *Challenger*, poi il discorso va sullo stupro: «Commetteresti un simile crimine?». A questo punto, secondo la versione del detective, Snyder avrebbe sostanzialmente confessato. Non è quello che racconta Snyder. Shiftic chiama Faye. Quando arriva Snyder è seduto all'ingresso. L'uomo che lavava la macchina. L'uomo che l'aveva stuprata. Faye resta impietrita. Le dicono di andare dal detective. Ma lei sussurra terrorizzata all'impiegata che non può, perché lì c'è l'uomo che l'ha violentata. L'impiegata l'accompagna e in lacrime Faye dice a un soddisfatto Shiftic che all'ingresso c'è lui. Snyder non si accorge neppure della presenza della donna. Ma la sua vita da quel momento sta per essere disintegrata. «Ora, Faye, non voglio che tu faccia errori» dice solennemente il detective. «È un crimine serio, voglio che tu sia certa». «Lo sono al cento per cento» dichiara lei. Un collega va a prendere Snyder. È in quel momento che arriva Shiftic. «Buone notizie sui vestiti, Walter. Tornano dal laboratorio. La brutta notizia è che sei in arresto». Snyder è frastornato. Gli strappano dei capelli per dei test di laboratorio. Teme che possano incastrarlo e spinge via i poliziotti che lo picchiano, lo spogliano, gli strappano anche dei peli pubici.

Le prove raccolte, in particolare peli, non sembrano compatibili con la scena del crimine, ma non ha molta importanza perché il riconoscimento di Faye è stato lampante. Tre giorni dopo che la polizia le aveva mostrato la foto di Snyder, quell'uomo si era materializzato sotto la sua finestra. Riconoscerlo a distanza di tre mesi in centrale, quando i suoi ricordi si erano ormai sedimentati, è stato un attimo. Ci sono ancora i test sierologici da fare, ma per la polizia di Alexandria il caso è risolto. Il processo si apre il 23 giugno 1986. Dopo la testimonianza di Faye, un medico spiega che il gruppo sanguigno dell'aggressore è lo stesso di Snyder. Non dice invece che ce l'ha il 32% della popolazione. Le uniche impronte trovate nell'appartamento dove è avvenuta la violenza sono di Faye, che intanto riconosce anche i pantaloncini, del tutto simili a quelli indossati dall'aggressore. Aggiunge di aver sentito un forte odore di tabacco e alcol, misto a odore di olio e di scantinato. Snyder lavora come meccanico e vive in uno scantinato. Viene condannato a quarantacinque anni. Lo aspetta la prigione di Nottoway. I genitori di Walter sono sconvolti, suo padre in particolare. I tentativi di ottenere un verdetto favorevole sono falliti nelle mani di cinque avvocati incapaci.

Era stato Walter a suggerire una strada quando era ancora ad Alexandria, in attesa del verdetto. Gli era capitata tra le mani la rivista *Newsweek* dove aveva letto un articolo a proposito di uno scienziato inglese, Alec Jeffreys, che aveva inventato il *DNA fingerprinting* e l'aveva usato per risolvere un crimine. Lo scienziato non solo aveva incastrato il colpevole, ma prima ancora era riuscito a scagionare un innocente. La madre di Walter era riuscita a parlare con Jeffreys a Leicester: nessuno in America poteva fare quel test, ma la società con cui lo scienziato lavorava in Inghilterra stava per aprire una succursale nel Maryland, non lontano da Alexandria. La società si chiamava Cellmark. Potevano tenersi in contatto.

Walter era stato nel frattempo condannato e trasferito in carcere. I primi tempi diceva ai compagni di cella di essere finito dentro per omicidio e non avrebbe seguito il programma psicologico per la violenza sessuale, non gli interessava lo sconto di pena. Lui sarebbe uscito prima, in fondo era innocente. Intanto 10.000 dollari si erano volatilizzati in spese legali, pagate con un'ipoteca sulla casa e la rinuncia alle assicurazioni mediche. Al suo avvocato il 12 maggio 1987, poco dopo la carcerazione, scrive una lettera in cui chiede il test del DNA:

> Ho passato quasi un anno intero in carcere, aspettando che qualcosa succedesse. Non sapevo nulla di un test come questo. So, perché è un fatto, che il mio sperma in nessun modo sarà compatibile con il seme trovato sulla scena del crimine. Sento che questo test spazzerà via tutte le accuse nei miei confronti, l'analisi degli spermatozoi proverà senza ombra di dubbio la mia innocenza. La mia vita mi scorre davanti, tutte le persone che amo sono lontane e sono più che curioso di sapere che ne sarà del mio caso. Apprezzerei soprattutto il fatto di essere informato sui progressi della mia situazione. Non sto cercando di insegnarle il suo lavoro, ma mi interessa sommamente sapere quanto tempo mi manca per ricongiungermi con la mia famiglia e il mondo esterno.

Nel processo di appello, arrivato dopo tre anni e mezzo dalla carcerazione di Snyder, non viene preso in considerazione il test del DNA. Un nuovo avvocato, per 5.000 dollari, sembra interessarsi alla possibilità del test, ma a quanto pare alla Cellmark dicono che non c'è abbastanza materiale per ottenere risultati concreti. Un terzo avvocato chiede 20.000 dollari anticipati per seguire il caso, che la famiglia Snyder non ha.

Un giorno una collega della madre di Walter le racconta di una nuova tecnica chiamata PCR: potrebbe funzionare? La Cellmark indirizza la donna a David Bing, uno scienziato di Boston, esperto di PCR, che le dice: «Si procuri un avvocato, ci spedisca i reperti e noi faremo il resto». Stavolta bastano 50 dollari a un avvocato per spedire una lettera con i reperti. Il 23 maggio 1992 i reperti arrivano a Boston. Nel primo test fatto dalla Cellmark il campione di sperma era stato quasi consumato, ma con la PCR basta pochissimo materiale: il 27 ottobre, sette anni dopo l'accusa di stupro, Bing e l'assistente testano i reperti. Non si tratta di Walter.

Un pomeriggio d'inverno del 1992 Edith, la madre di Walter Snyder, chiama uno studio legale di New York. «Ho la prova che mio figlio è innocente». Ma non sa come tirarlo fuori. Comincia a raccontare dei pellegrinaggi tra avvocati, poi parla dei soldi che sono ormai finiti, che è anche la ragione che l'ha portata a chiamare loro, gli avvocati di Innocence Project.

Il caso di Walter Snyder e il Progetto Innocenza

Era stato David Bing a consigliarle di chiamarli. Aveva poi saputo che il primo americano scagionato dal DNA era stato Gary Dotson, nel 1989. Era in carcere dal 1979 con una condanna a cinquant'anni per lo stupro di una sedicenne che lo aveva riconosciuto in un confronto all'americana. Il test del DNA gli era stato concesso dopo che la vittima, Cathleen Crowell, aveva ritrattato le accuse, ammettendo di aver simulato una violenza sessuale per nascondere un rapporto con il fidanzato. Temeva di essere rimasta incinta e non sapeva come dirlo ai genitori. Otto anni dopo la ragazza lo ha confessato a un prete. Le tracce di liquido seminale conservate portavano dritto al fidanzato.[2]

Lo stesso anno era stato scarcerato anche David Vasquez, ingiustamente condannato a trentacinque anni. Aveva confessato lo stupro e l'impiccagione di una donna della contea di Arlington, in Virginia. Vasquez era un malato di mente a cui la polizia aveva estorto una confessione dopo avergli detto che altrimenti avrebbe avuto la pena di morte. In più non aveva un alibi e un testimone diceva di averlo visto sulla scena del crimine, dove era stato trovato anche un pelo pubico compatibile con lui. Nel 1990 è stata la volta di Edward Green, che aveva passato un anno da innocente in prigione per stupro; nel 1991 il DNA aveva scagionato Charles Dabbs, rimasto in carcere sette anni per uno stupro mai commesso, ma anche Bruce Nelson, condannato all'ergastolo per stupro e omicidio, che di anni ne aveva fatti nove.

Nel 1992 nasce Innocence Project, per dare assistenza legale gratuita a innocenti come loro. Due avvocati e professori di legge alla Cardozo School of Law dell'Università Yeshiva di New York inaugurano questa associazione senza fini di lucro composta da una squadra di studenti di giurisprudenza impegnati a tirare fuori di galera, grazie al test del DNA, innocenti con sentenze passate in giudicato.

---

2 AP, "Prosecutors Drop Charges of Rape 4 Years After Accuser Recanted", *The New York Times*, 15 agosto 1989.

Peter Neufeld e Barry Scheck, sono proprio loro. I due avvocati del Bronx erano diventati professori di legge e nel loro progetto avevano coinvolto gli studenti migliori. Quei due avvocati che avevano lavorato con passione a Legal Aid per chi non aveva i soldi per pagare l'assistenza legale sono gli stessi che hanno scatenato guerre durate anni tra scienziati, procuratori, FBI e società biotech. Scheck e Neufeld sono stati la miccia delle guerre del DNA, riuscendo a stanare dalle accademie le migliori menti della genetica e mettendole a confronto, un confronto serrato, durissimo, sulla prova del DNA. Insomma, Scheck e Neufeld, l'incubo dell'FBI, quelli che avevano affilato i coltelli al processo contro gli Hell's Angels, che avevano fatto parte del Dream Team di O.J. Simpson. Vincenti che non temevano il confronto con le forze di polizia. Né quando c'era da assolvere O.J. persino davanti all'evidenza delle prove genetiche, né ora che di nuovo gli investigatori rappresentavano in un certo modo le forze del male contro vittime sacrificali, innocenti disperati e senza un soldo. Nessuna contraddizione, per la coppia di avvocati, che pure ha infilato molte vite in una sola, prima all'attacco contro la prova scientifica imperfetta, poi brandendo la prova regina contro la sciatteria di indagini mal condotte. Il punto è sempre lo stesso: il rigore delle indagini, la prova oltre ogni ragionevole dubbio, fino al caso O.J., innocente fino a prova contraria. Un esempio, per Scheck e Neufeld, di quanto il potere della scienza, anche quello del test del DNA, vada ponderato se in mano a poliziotti incapaci.

Innocence Project stava scoperchiando una pentola di misfatti della giustizia, denunciando quanto il sistema statunitense fosse carente, specie per uomini di colore, poveri ed emarginati.

È proprio quello che serve alla madre di Walter Snyder. Edith è felice di avere la prova scientifica dell'innocenza di suo figlio, ma senza un avvocato, stavolta, non andrà da nessuna parte. È davvero tutto gratis? Dall'altro capo del filo Peter Neufeld, che ha a lungo ascoltato quella madre disperata raccontare il calvario del figlio, risponde che sì, la consulenza legale di Innocence Project è gratis.

Edith chiede a Peter come si può procedere. Bisogna contattare il procuratore, che nel frattempo è cambiato. Se il test non gli basta, allora daranno battaglia. Se invece vuole dare una mano, sarà un alleato prezioso.

Peter Neufeld scopre quel giorno che, per la legge della Virginia, nuove prove si possono produrre solo entro tre settimane dalla condanna. I termini sono scaduti da sei anni e sei mesi. Non resta che un'unica via, quella della clemenza del governatore. Il nuovo procuratore si chiama Randolph Sengel e parla con Neufeld il giorno seguente. «È una chiara esclusione di colpevolezza» spiega l'avvocato. «Se lei ha ragione non farò alcuna opposizione» risponde Sengel, che fa rianalizzare i reperti. Il 18 febbraio 1993 un nuovo test conferma il risultato. «Andiamo dal governatore» dice Sengel.

In prigione Walter riceve per la prima volta regolarmente la corripondenza dai suoi avvocati. Peter Neufeld accetta sempre la sue telefonate a carico del destinatario. Ma non c'è verso di farlo uscire di galera. Le migliori menti della scienza hanno impiegato centocinquant'anni per mettere a punto il test del DNA da quando un monaco ceco di nome Gregor Mendel ha scoperto la genetica. Walter aveva avuto solo ventuno giorni per provare la sua innocenza. Si poteva ricorrere alla Corte suprema, ma non era aria da quando il presidente aveva detto che i casi di effettiva innocenza non rientrano di per sé nelle questioni costituzionali. Era tutto nelle mani di Douglas Wilder, il governatore della Virginia, un democratico in uno Stato conservatore. Passa febbraio, passa marzo e arriva aprile, ma Walter è sempre in cella ed è innocente. Ci sono questioni che quando passano per la politica perdono la logica iniziale, si trasformano in matasse inestricabili, in intrecci di opportunità e ricatti. Era il caso di Walter Snyder. È a quel punto che Peter Neufeld alza il telefono per chiamare un giornalista di Richmond, la capitale della Virginia. Ha una grande storia, quella di una donna, Edith Snyder, gran lavoratrice, che da sette anni cerca la prova per scagionare suo figlio. Lei e il marito hanno contratto debiti, preso secondi lavori. Ora finalmente la loro missione è alla fine. Edith ha la prova che dice che il figlio è innocente, una prova inoppugnabile. Non solo: anche il procuratore è dalla sua parte. La firma del governatore per la scarcerazione di Walter Snyder può avvenire da un momento all'altro. La storia e le dichiarazioni dell'avvocato hanno grande rilievo sul principale quotidiano di Richmond. L'ufficio stampa del governatore è inferocito. I media ormai sono scatenati e il 23 aprile il governatore, ormai alle strette, si trova costretto a firmare l'ordine di scarcerazione. «Sono convinto che non è colpevole» dichiara. «Se il DNA può essere impiegato per condannare, deve essere usato anche per proteggere un innocente».[3] Peter vola a Richmond dove, all'aeroporto, incontra per la prima volta Edith. Lei è un donnone, lui è magro e altissimo. È lei a riconoscerlo per prima, lo abbraccia sollevandolo da terra, poi si mettono in auto. Destinazione: il carcere di Nottoway, dove i giornalisti sono già in attesa. Walter esce dal carcere: «Ho ricevuto una nuova vita. Grazie Dio per il DNA» sono le sue prime parole.

È un grande successo per il progetto giuridico di Innocence Project. I due avvocati stanno lavorando anche al caso del primo condannato a morte liberato grazie al test del DNA: Kirk Bloodsworth viene scagionato solo due mesi dopo Walter Snyder, che è già in attesa di intentare una causa per un risarcimento.

Insieme al più importante dei risultati, liberare un innocente, l'associazione lavora infatti anche ai risarcimenti, la compensazione statale per il fallimento della giustizia. È così del resto che può continuare a finanziarsi. Ma la vicenda di Glen Woodall sta per diventare qualcosa di più che un caso di fallimento della giustizia americana.

Il caso di Glen Woodall e le frodi in camice bianco

«One million dollars». Al telegiornale la cifra viene pronunciata sillaba per sillaba. È l'apertura dei notiziari e il titolo campeggia a lettere cubitali sui giornali.[4] È la somma che lo Stato del West Virginia ha stabilito per risarcire Glen Woodall, il becchino di Charleston che ha passato quattro anni e mezzo in carcere per un crimine che non ha commesso: violenza sessuale, sequestro e rapina di due donne.

Nessuno pensa che Woodall non abbia diritto a un risarcimento, ma la cifra sembra sproporzionata e in quell'estate 1992 non si parla d'altro. Ci sono molte stranezze. Per esempio, la richiesta formale di risarcimento non è ancora stata depositata, la causa non è

---

[3] "DNA testing frees man jailed in rape", *The New York Times*, 25 aprile 1993.

[4] "Man cleared of mall rapes gets $1 million settlement", *Charleston Daily Mail*, 18 settembre 1992.

ancora cominciata, gli avvocati stanno raccogliendo le carte. Di un risarcimento simile nessuno ha memoria. Qualcuno calcola che la cifra è 28,5 volte maggiore del più alto risarcimento mai elargito per ingiusta detenzione. E a tempo di record, visto che non sono passati nemmeno tre mesi dalla sentenza di scarcerazione. Anche tra i politici regna l'imbarazzo: non che lo Stato non abbia obblighi verso Woodall, ma farne un milionario è irragionevole. Bisogna fermare il provvedimento, due ingiustizie non fanno giustizia, titola il *Charleston Daily Mail*. Il *Charleston Gazette* si fa invece una domanda: «Che necessità c'è di un pagamento così cospicuo? Non riusciamo a immaginare, a meno di colpe serie da parte di poliziotti o procuratori...». Nemmeno Glen Woodall riesce a immaginarlo. Solo qualcuno, dietro le quinte, sa cosa è successo: quanto grave sia la questione lo ha scoperto un avvocato incaricato dallo Stato di dare un'occhiata al caso Woodall. Ecco cosa scrive l'avvocato Steven McGowan il 29 luglio 1992:

> Mi è stato chiesto di investigare sulle accuse per determinare la potenziale esposizione della polizia del West Virginia. Sulla base delle mie indagini, io raccomando che la questione sia sistemata il più rapidamente e silenziosamente possibile, perché la potenziale esposizione sarebbe catastrofica.[5]

Raramente un avvocato usa questa parola: "catastrofica". Raramente un avvocato suggerisce di coprire colpe in modo così drastico.

Al centro della questione c'è uno scienziato della polizia. Si chiama Fred Zain e lavora al laboratorio di sierologia. Il processo a Woodall si regge principalmente sulle sue prove scientifiche. Zain è salito sul banco dei testimoni e da lì ha tenuto una lezione su sangue e sperma, spiegando che secondo le sue analisi solo 6 su 10.000 persone potevano aver assalito le vittime, e Glen Woodall era tra quei sei. Peccato che Zain non avesse la strumentazione per condurre le analisi di cui aveva testimoniato, e se anche l'avesse avuta i suoi calcoli statistici erano anni luce lontani dalla realtà. Se li era semplicemente inventati di sana pianta. E non era nemmeno la prima volta.

---

[5] Barry SCHECK Barry, Peter NEUFELD e Jim DWYER, *Actual Innocence*, cit., p. 108.

> Le nostre investigazioni hanno rivelato che quel poliziotto, che ha riportato falsi risultati, ha tenuto la stessa condotta anche in altre occasioni e potrebbe aver testimoniato in altri casi. La pubblicità che verrebbe fuori da una causa di Woodall, o qualsiasi fuga di notizie sui fatti, provocherebbe un danno irreparabile alla polizia dello Stato e, forse più importante ancora nella vostra prospettiva, vi sommergerebbe di cause da parte di persone contro cui questo poliziotto ha testimoniato [...] Un accordo con Woodall lontano dal clamore consentirebbe quanto meno di evitare il circo mediatico e di controllare il danno.[6]

Le previsioni dell'avvocato McGowan, in questa lettera confidenziale, si rivelano profetiche. Con un'unica eccezione: la possibilità, o meglio il disperato tentativo, di mantenere il segreto sulla faccenda e coprire la condotta di Fred Zain. Che cosa ha combinato l'agente in camice bianco?

Woodall è stato accusato sulla base di questi fatti: lavorava vicino al luogo dei crimini; aveva una barba rossiccia come l'aggressore; le vittime ne hanno ricordato il volto sotto ipnosi (una pratica proibita); a casa sua ci sono un maschera da sci e del nastro adesivo simile a quelli usati dall'aggressore. Woodall è stato accusato nonostante avesse un alibi, chiedesse la macchina della verità e il test del DNA, di cui aveva letto su *The New York Times*. A incastrarlo, la testimonianza di Zain. Il capello rosso rinvenuto nell'auto di una vittima? «Altamente improbabile» che non fosse di Woodall, secondo l'agente. «Tutte le caratteristiche sono identiche, non c'è ragione di pensare che non sia suo». Woodall viene condannato a due ergastoli più 335 anni.

Quando finalmente riesce a ottenere il test del DNA, i risultati sono inconcludenti. I campioni sono troppo degradati. Ma un avvocato assunto dalla famiglia di Woodall legge in un articolo di *The New York Times* di un nuovo test che sfrutta la PCR.

Il caso arriva sulla scrivania di Barry Scheck e Peter Neufeld. Un nuovo test mostra che Glen è innocente. Viene rilasciato su cauzione con un braccialetto elettronico al polso nel luglio 1991. Al processo

---

6 *Idem.*

il procuratore dà battaglia ma Barry e Peter portano a casa una nuova vittoria. Quando a settembre esce la notizia del risarcimento, a Glen è appena stato tolto il braccialetto elettronico. Cosa è successo? Edward Blake, uno scienziato che da tempo si occupa di DNA forense, ha dato un'occhiata agli appunti di laboratorio di Fred Zain e ha stilato una relazione dettagliata. Zain aveva scritto che il pelo trovato era pubico, ma ha testimoniato che proveniva dalla barba. I calcoli statistici sul gruppo sanguigno erano trecento volte meno discriminanti di quanto aveva affermato.

Il caso ha portato la American Association of Crime Lab a condurre un'indagine su Zain, testimone in centinaia di casi di reati gravi, incluso l'omicidio. L'inchiesta lascia senza fiato: per dieci anni Zain ha prodotto falsi risultati in ogni singolo caso. Produceva i risultati di test che non aveva mai eseguito, ma che per lui portavano a una colpevolezza certa, e i suoi calcoli statistici erano sempre strabilianti. Al college era stato bocciato all'esame di chimica organica e ai corsi dell'FBI i suoi risultati erano stati deludenti. Al corso di sierologia di base dell'FBI che si era tenuto a Quantico nel 1977, aveva raggiunto «una votazione molto al di sotto della media della classe», secondo i documenti recuperati per far luce sul caso. «La magia era l'unico sistema per avere risposte per lui» ha detto la sua ex assistente Gayle Midkiff. Anni prima che fosse scoperto aveva tentato di denunciarlo, scrivendo una lettera ai vertici del laboratorio di Stato. Il supervisore l'aveva derisa. Uno scontro di personalità, aveva concluso, chiudendo la questione.

Quando esplode lo scandalo, Zain è già stato trasferito in Texas. La Corte suprema ha stabilito intanto che tutti i casi in cui ha testimoniato devono essere rivisti: «Qualunque testimonianza o prova documentale riportata da Zain per qualunque processo, è da considerare non valida e mai ammissibile» dichiara all'indomani dello scandalo.[7] Dopo il caso Woodall, il risarcimento a un altra vittima innocente di Zain, William Harris, arriva a 1,8 milioni di dollari. Stavolta nessuno ha nulla da ridire.

---

[7] "Court Invalidates a Decade of Blood Test Results in Criminal Cases", *The New York Times*, 12 novembre 1993.

Prima di lasciare il West Virginia Zain è diventato sergente. Non uno scienziato ma un agente in camice bianco. Ha rilasciato una sola intervista, continuando a ripetere che non aveva fatto nulla di sbagliato.

> Personalmente, nella mia vita, non ho mai fatto intenzionalmente alcunché per fare del male a qualcuno. Sono semplicemente accuse ingiuste. Non ho mai pensato che le mie testimonianze costituissero il punto di svolta. Mai. Mai creduto, mai voluto.[8]

Sui risultati inventati di sana pianta ha insistito: «Perché mettere a rischio carriera, famiglia, provvedimenti giudiziari e civili? Non ne avrei ricavato alcun beneficio». Non ha avuto denaro in cambio, ma Fred Zain era considerato un eroe. Nessuno era apprezzato quanto lui. All'indomani della condanna di Glen Woodall, il 10 luglio 1987, il sovrintendente della polizia W.F. Donohoe aveva scritto questa lettera di congratulazioni:

> Tu, con i tuoi personali sforzi e la presentazione professionale, insieme ad altri nella comunità delle forze dell'ordine, hai mostrato prove così credibili che sono stati emessi diciannove verdetti di colpevolezza. Dall'alto dei miei trentatré anni di esperienza nella legge, prevedo che qualcuno contesterà i risultati (qualche cuore spezzato che non ha partecipato alle indagini, che non ha fatto parte della giuria al processo). Se qualcuno di questi cuori spezzati ti piangerà addosso in futuro, sappi che molte brave persone sostengono le tue azioni giuste e fruttuose e io sono pronto ad assisterti in ogni modo possibile: siamo fieramente insieme nelle forze dell'ordine.[9]

Dopo il trasferimento ha continuato a prestare servizio in Texas, prima di morire nel 2002. Non ha fatto in tempo a essere processato.

Ma in Texas c'era un'altra superstar. Era Ralph Erdmann, autoproclamatosi il Quincy di Panhandle. Medico legale al servizio di quarantotto contee, si vantava di aver personalmente svolto quattrocento

---

[8] Barry SCHECK Barry, Peter NEUFELD e Jim DWYER, *Actual Innocence*, cit., p. 120.

[9] *Ibidem*, p. 121.

autopsie l'anno. Numeri da capogiro. «Chiamatelo McErdmann, è come McDonald's, ne serve miliardi» aveva scherzato un giorno un procuratore. Come ci riusciva? Saltando alcune formalità... Una volta una famiglia era rimasta sbigottita dopo aver letto, nell'autopsia, il peso della milza e della cistifellea di un loro congiunto. Anni prima l'uomo aveva subito un intervento chirurgico in cui gli erano state rimosse. Il corpo venne esumato e non si vide alcun segno di autopsia. Non fu l'unico caso. Fu esumato un altro corpo, quello di una donna. La testa non era stata toccata, nonostante Erdmann avesse scritto nell'autopsia di averne esaminato il cervello. Le indagini di agenti e procuratori avevano portato alla luce sette cadaveri integri per i quali Erdmann sosteneva di aver svolto un'autopsia. Non sempre la buona volontà del Quincy texano veniva in aiuto. La polizia a Odessa aveva arrestato un uomo in possesso della carta di credito di una donna ammazzata. L'uomo aveva detto agli agenti di non esser stato lui «ad averle sparato in testa». Le accuse verso di lui caddero perché Erdmann era stato l'ultimo a vedere la testa del cadavere. Sparita. Un'altra testa era invece ricomparsa a sorpresa otto anni dopo un'indagine per omicidio. Peccato fosse quella di un ragazzo che Erdmann aveva aggiunto allo scheletro di una donna trovata decapitata in un fosso. «Sono un essere umano e posso fare degli errori,» si era giustificato «ma intenzionalmente? Mai». Una lettera di protesta era stata scritta da un agente di polizia: «Il secondo assistente che il dottor Erdmann ha portato alle ultime tre autopsie è il figlio tredicenne. Il bambino indossa guanti e grembiule e procede e tasta le ferite, così come manipola prove». Portava anche il lavoro a casa. Un giornalista del programma della CBS, *60 Minutes*, era andato a curiosare nel suo frigorifero, trovando campioni di sangue accanto alla mostarda. Lo hanno sospeso per dieci anni. Trasferitosi nello stato di Washington, gli hanno trovato in casa un arsenale di armi illegali prima di finire in galera. Ha contribuito ad almeno venti sentenze di condanna a morte.[10]

Zain ed Erdmann sono solo due mele marce? Si tratta solo di errori fisiologici, oppure siamo di fronte a qualcos'altro? Sono una minoranza o la punta di un iceberg?

---

[10] Robert SURO, "Ripples of a Pathologist's Misconduct In Graves and Courts of West Texas", *The New York Times*, 22 novembre 1992.

Il caso di Earl Washington

«Cosa diavolo intendere fare?». Le parole di Joseph Giarratano erano rimbombate tra i corridoi del carcere di Boydton, in Virginia. La giovanissima Marie Deans, fresca di laurea in legge, che quindici minuti prima non aveva mai messo piede in una prigione, era rimasta impietrita. Ma al detenuto Giarratano non faceva nessuna pena, anzi, si era stufato di vedere che nessuno aveva fatto nulla per Earl Washington. Così, aveva continuato a gridare in faccia a Marie: «Non ha un avvocato, è mentalmente ritardato. Direbbe qualunque cosa uno vuole, così l'hanno fatto confessare. È innocente e l'esecuzione è tra due settimane». «Mi faccia fare un colpo di telefono allo studio» aveva risposto l'avvocato. È cominciata così la storia della scarcerazione di Earl Washington, un bracciante agricolo senza un soldo, con un quoziente intellettivo di 69, pari a quello di un bambino di dieci anni, che ha mostrato al mondo tutta la fragilità del sistema legale americano.

Come per Walter Snyder, anche per il condannato a morte Earl Washington, lo Stato della Virginia aveva previsto un termine di ventun giorni per produrre nuove prove e dimostrare l'innocenza. Ma Earl era in carcere dal 1984: i termini erano scaduti da sedici anni.

Il 4 giugno 1982, intorno a mezzogiorno, un uomo che viveva in un complesso di Culpeper, in Virginia, aveva sentito un lamento mentre stava rincasando. Davanti alla porta dell'appartamento 682 c'era la diciannovenne Rebecca Lynn Williams, rannicchiata a terra in una pozza di sangue che chiedeva aiuto. Era riuscita a dire che era stata stuprata, poi che non voleva morire. Il marito era rincasato pochi minuti dopo e l'aveva trovata sulla barella dell'ambulanza. Era riuscita a dirgli soltanto che era stato un uomo di colore. Nient'altro. Due ore dopo era morta.

Gli agenti avevano raccolto sulla scena del crimine 175 reperti, compresa una coperta blu macchiata di sperma. Erano stati duecento i sospettati interrogati dalla polizia senza risultati. Ma poi, finalmente, l'assassino aveva fatto un passo falso. A fine maggio Earl "Junior" Washington, ventitré anni, aveva litigato con il fratello mentre era ubriaco. Sapeva che un'anziana vicina teneva una pistola sopra un congelatore. Era andato a casa sua, aveva preso l'arma, dato una spinta alla donna, ed era rientrato in casa sparando al piede di suo fratello. Poi si era nascosto tra i cespugli in giardino. Quando la polizia lo ha arrestato, Earl Washington ha confessato tutto. E cosa aveva da dire su un'altra irruzione avvenuta nella stessa via, su Waterloo Road, era stato lui? «Sì, signore». E la rapina di Winchester Street, c'entrava qualcosa? «Sì, signore». E aveva anche stuprato una donna in città? «Sì, signore». I poliziotti hanno chiesto a Washington se per caso non avesse ucciso una ragazza a Culpeper. E lui ha risposto nello stesso modo: «Sì, signore». Per Washington la donna era di colore, anche se Rebecca Lynn era bianca. L'aveva descritta come una donna di bassa statura, ma era alta più di 1 e 70. Aveva detto di averla accoltellata due volte. Dall'autopsia risultavano trentotto coltellate. Aveva detto che non c'era nessuno con lei in casa, ma i due figli erano presenti. Earl Washington avrebbe confessato qualunque cosa. Peccato che non conoscesse i dettagli. Gli unici che conosceva erano quelli dell'irruzione a casa della vicina e del piede di suo fratello che sanguinava e che l'aveva spaventato a morte. Quest'uomo-bambino aveva sorriso agli agenti quando gli avevano chiesto di firmare la sua confessione. Non sapeva leggere né scrivere. Il desiderio di rendersi utile non lo abbandonava mai, come affermava la conclusione della perizia psicologica su di lui: «Se la notte della sua esecuzione si rompesse la sedia elettrica, lui sarebbe lieto di dare una mano per ripararla».

Al processo per l'omicidio di Rebecca Lynn Williams la giuria aveva provato orrore per la descrizione della scena del crimine e si era commossa quando la madre della vittima aveva raccontato che i suoi nipotini avevano un telefono speciale che usavano per chiamare la loro mamma in cielo. Per il verdetto di colpevolezza sono bastati 90 minuti. La condanna: sentenza capitale. A Culpeper c'era grande soddisfazione. Solo una giornalista, Roseann Berkenstock, aveva notato che le prove a carico erano ben poche. «Molte persone si stanno domandando come una giuria possa votare per eliminare una vita con così poche prove» aveva scritto, facendo notare che non erano state rilevate impronte digitali, che la "confessione" non era neppure stata registrata dagli agenti. La debolezza dell'impianto accusatorio aveva colpito anche qualche giudice della Corte di appello, ma la questione non li aveva impegnati più di tanto e nessuno aveva mai pensato di fermare la marcia di Earl verso l'esecuzione.

Joseph Giarratano lo aveva incontrato nell'agosto 1985, quando l'esecuzione era ormai questione di giorni. L'avvocato Marie Deans aveva spiegato la situazione al suo capo in modo concitato, al telefono. I colleghi di New York quella sera si erano messi al lavoro e la stessa notte le carte erano pronte per tentare di bloccare l'esecuzione. Bisognava ripartire da zero. Una squadra di cinque persone al lavoro senza orari, e una settimana dopo c'era una petizione di 1.200 pagine. La data della sentenza venne spostata, in tempo perché Barry Scheck e Peter Neufeld venissero in aiuto e scoprissero particolari scioccanti del processo Washington. Rebecca Lynn era stata stuprata prima di essere ammazzata e la polizia aveva analizzato le macchie di sperma sulla coperta. La relazione del laboratorio diceva che il gruppo sanguigno dell'assassino era A. Washington era di gruppo 0, ma gli avvocati difensori non dovevano essersi accorti di quanto quel particolare fosse importante. Il test del DNA ha fatto il resto. Nel 2000 Earl è tornato libero dopo diciassette anni. Solo nel 2006 è stato individuato il vero assassino di Rebecca Lynn Williams, grazie alla banca dati, quando il suo caso è stato riesaminato. Era Kenneth Tinsley, già in carcere, con due ergastoli.

Se Earl Washington è vivo lo si deve a Joseph Giarratano. Anche lui potrebbe essere innocente, ma i reperti sono andati distrutti. «Che cosa diavolo intendete fare?» aveva detto a una giovane avvocato alle prime armi. È la domanda che si fanno a Innocence Project ogni volta che devono chiudere un caso, come hanno dovuto fare per il suo. Joseph Giarratano, ex poliziotto, condannato all'ergastolo per l'omicidio della fidanzata, continua a proclamarsi innocente.

Il contatore

Sulla home page del sito di Innocence Project c'è un contatore.[11] Indica il numero delle persone condannate ingiustamente e scarcerate dal test del DNA. Al settembre 2009 il contatore segna 242: tanti

[11] Si veda www.innocenceproject.org.

sono, dal 1992, gli innocenti che gli avvocati di Innocence Project hanno fatto uscire di galera con il test del DNA. Quando hanno liberato il duecentesimo condannato, Jerry Miller, un ex cuoco dell'esercito che ha passato un quarto di secolo in carcere per uno stupro mai commesso, era l'aprile del 2007. Barry, in quell'occasione, ha detto che cinque anni prima credevano che il numero dei detenuti scagionati dal DNA potesse esaurirsi. Al contrario, evidentemente esiste ancora una gran quantità di persone condannate ingiustamente. Dal 1989 al 2002 sono stati scagionati i primi cento detenuti, altri cento sono stati liberati nei successivi cinque anni. Solo dal 2000 sono centosettantadue. Ben diciassette innocenti erano stati condannati a morte; circa la metà, il 45%, hanno avuto un risarcimento. In media hanno trascorso dodici anni in carcere, per un totale di 3.019 anni. Gli afroamericani sono più della metà dei condannati ingiustamente: 144 su 242. L'età media al momento della sentenza è di ventisei anni. Il vero colpevole è stato identificato in 104 casi. A Innocence Project arrivano circa duecento lettere al mese, ma almeno un terzo dei casi che vengono passati al vaglio non ha alcuna speranza di arrivare davanti a una corte, perché mancano i reperti da analizzare, andati persi o distrutti. Sono il 22% i casi chiusi dall'associazione per questa ragione, solo dal 2004. Di tutti i detenuti che ottengono una revisione e un test genetico, circa la metà risultano innocenti.[12]

Ma queste sono solo le cifre note. Uno studio dell'Università Columbia ha stimato che la percentuale di errore nella giustizia statunitense è pari al 5%, che corrisponde a circa 100.000 condannati ingiustamente su una popolazione carceraria di circa due milioni di persone.[13] Il fallimento della giustizia americana non è frutto del caso, ma può essere ricondotto a specifiche mancanze, in particolare: nel 77% dei casi alla base di una condanna ci sono false testimonianze, sia in buona che in cattiva fede. Si scopre che molti testimoni sono stati minacciati dalla polizia, altri hanno avuto in cambio soldi o favori; gli errori nei riconoscimenti oculari da parte delle vittime

[12] INNOCENCE PROJECT, "Facts on Post-Conviction DNA Exonerations", dati aggiornati all'agosto 2009 (www.innocenceproject.org/Content/351.php).

[13] James LEIBMAN *et al.*, "A broken system: error rates in capital cases, 1973-1995" (www2.law.columbia.edu/instructionalservices/liebman/index.html).

sono alla base del 74% dei casi di condanna di innocenti; le false confessioni degli imputati hanno portato a un'ingiusta condanna nel 25% dei casi (percentuale che arriva al 35% quando l'imputato è un minore o una persona con un ritardo mentale); gli informatori della polizia, in buona o cattiva fede, hanno contribuito nel 16% dei casi. La scienza-spazzatura è causa di errore in ben un caso su due.

Fabbricatori di prove

Secondo il recente rapporto stilato da Peter Neufeld e Brandon Garrett, le prove scientifiche fasulle, per errore umano o peggio negligenza e intenzionalità, sono all'origine di oltre il 50% degli errori giudiziari: in 116 casi su 225 esaminati un esperto ha testimoniato portando una prova scientifica per condannare un innocente.[14] Mele marce?

La lista dei fabbricatori di scienza-spazzatura non si ferma alle frodi leggendarie di Zain ed Erdmann, è purtroppo molto lunga.[15] Sulle impronte digitali, il più grosso scandalo riguarda David Harding e colleghi della polizia dello Stato di New York, che potrebbero vincere un premio per l'efficienza con cui producevano false impronte digitali. Secondo un rapporto del 1997 della procura di New York, lo avrebbero fatto in almeno quaranta casi. Ma la falsificazione di impronte digitali è avvenuta anche a Boston e a San Francisco. Nel West Virginia, patria di Fred Zain, un altro chimico si è dichiarato colpevole per aver prodotto falsi risultati tossicologici di analisi che non aveva mai condotto. Altri tre chimici sono stati sospesi a New York per aver trovato cocaina dove non ce n'era.[16] La circostanza è emersa per caso, quando uno dei fabbricatori di impronte ha fatto domanda per un lavoro alla CIA, vantandosi dell'accaduto. L'informazione è passata all'FBI che ha tentennato per un anno prima di avvertire le autorità dello Stato.

---

[14] Peter NEUFELD e Brandon GARRETT, "Invalid forensic science testimony and wrongful conviction", *Va. L. Rev.*, 1, 2009, p. 95.

[15] Craig COOLEY, "Reforming the forensic science community to avert the ultimate injustice", *Stan. L. & Pol'y Rev.*, 381, 2004, pp. 395-6.

[16] State of New York, Office of Inspector General, "Investigation on drug test irregularities at the NYPD forensic laboratory in 2002", 2007.

Nel 2003 Kathleen Lundy ha ammesso di aver procurato all'FBI una falsa perizia balistica per un caso di omicidio nel Kentucky. È stata condannata a novanta giorni di sospensione e una multa di 250 dollari.[17]

La specialità del dentista forense del Mississippi, Michael West, era invece la luce blu, una tecnica che si era inventato per le impronte dei morsi. Diceva che con una particolare lunghezza d'onda vedeva cose invisibili a occhio nudo. La comunità scientifica non aveva mai sentito parlare della sua luce blu, ma questo non ha impedito a West di testimoniare in almeno venti casi di condannati alla pena capitale, uno dei quali lo vede responsabile di fatto di una sentenza di condanna a morte. È il caso di Kennedy Brewer, condannato alla pena capitale nel 1992 per l'omicidio della figlia della sua fidanzata, stuprata e strangolata. West ha testimoniato che il morso trovato sulla bambina combaciava con la dentatura di Brewer. Erano morsi di animali. Nel 2001 il test del DNA sui campioni di sperma trovati sulla vittima lo ha scagionato dopo sette anni trascorsi in carcere.

Louise Robbins era una specialista di impronte di scarpe, anche se non aveva mai seguito un corso sull'argomento. La sua testimonianza ha giocato un ruolo, oltre che in diversi casi di condanne all'ergastolo, anche in una sentenza di condanna a morte. Dale Johnston ha rischiato la sedia elettrica per duplice omicidio, dopo che la Robbins ha assicurato che l'impronta di stivale sulla scena del crimine era senza dubbio quella dell'imputato. Peccato che un altro esperto avesse sostenuto che non poteva distinguere se si trattava dell'impronta di un piede nudo o della suola di uno stivale.

Michael Malone era uno specialista del capello e ora ci si chiede se con il suo aiuto l'FBI non abbia fatto condannare a morte un innocente, James Duckett, un ex poliziotto in attesa che la sua condanna sia rivista.

Le analisi pilifere hanno giocato un ruolo cruciale in diversi casi di condanna di innocenti. In uno studio sulle analisi pilifere, che risale agli inizi degli anni Settanta e condotto dalla US Law Enforcement

[17] Questo e i seguenti casi di scienza-spazzatura sono ampiamente discussi in Craig COOLEY, "Reforming the Forensic Science Community to Avert the Ultimate Injustice", cit.

Assistance Administration, ha testato l'efficacia delle analisi scientifico-criminologiche di 240 laboratori sparsi per il Paese. Sono stati considerati diversi tipi di indagini, dall'analisi delle fibre a quelle delle vernici, ma i peggiori risultati erano di gran lunga quelli delle analisi pilifere. La percentuale di risposte errate sul confronto tra peli e capelli ha raggiunto il 67,8. Meglio tirare una moneta.

Arnold Melnikoff era il capo del Laboratorio criminologico del Montana. È stato lui in persona a testimoniare al processo contro Jimmy Ray Bromgard, condannato per lo stupro di una bambina. Ha detto che i capelli trovati sulla scena del crimine erano «praticamente indistinguibili» da quelli di Bromgard e che c'era solo 1 possibilità su 10.000 che lui non fosse lo stupratore. Nel 2002 il test del DNA ha provato che Bromgard era innocente. Da allora altri due innocenti, condannati grazie alle testimonianze di Melnikoff, sono stati scagionati.

Ma non ci sono solo le famigerate analisi pilifere, che dire azzardate sarebbe poco, o quelle del sangue, che pure hanno una solida base scientifica. C'è anche il DNA. Non si contano i casi in cui la scienza-spazzatura ha portato alla condanna di innocenti, sono una decina i casi in cui sotto accusa è finito proprio il test del DNA, la prova inoppugnabile.

Magia nera

Anche Pamela Fish, con falsi test sul sangue, ha fatto condannare sette innocenti. In aula riportava risultati contrari a quelli che aveva ottenuto, oppure diceva di aver avuto risultati inconcludenti quando invece escludevano la colpevolezza.

Marlon Pendleton era a casa con i genitori il 3 ottobre 1992, quando un'infermiera è stata stuprata a una fermata dell'autobus alla periferia di Chicago. Un uomo con una pistola l'aveva condotta in un edificio abbandonato prima di rapinarla e stuprarla. Sei mesi dopo l'infermiera stava guardando la televisione, quando ha riconosciuto il suo aggressore in un identikit. La polizia l'ha chiamata per un confronto all'americana. È lì che ha indicato Marlon Pendleton. Pamela Fish ha garantito che non c'era liquido seminale a sufficienza per fare un test del DNA. Non era vero, ma Marlon ha passato dieci anni in carcere da innocente. È uscito nel 2006.

Dopo quindici anni, dei sessantacinque da scontare, trascorsi in un carcere dell'Oklahoma per uno stupro che non aveva commesso, Jeffrey Pierce, trentanove anni, è finalmente tornato libero. La moglie nel frattempo lo ha lasciato e ha cresciuto i figli come se non fosse mai esistito. Era un giovane giardiniere, con la fedina penale pulita, e aveva un alibi e diversi testimoni. La prova che lo ha condannato era stata portata a processo da Joyce Gilchrist: un pelo e un campione di sangue. La scienza non poteva mentire, tanto che alla fine persino la vittima dello stupro aveva detto di riconoscere in Pierce l'autore del crimine.

Ma il perito chimico della polizia dell'Oklahoma, da qualche tempo indagata per negligenza per via delle chiacchiere dei colleghi, aveva fatto qualcosa di più agghiacciante, aveva fabbricato prove di colpevolezza, e testimoniato sotto giuramento, in almeno ventitré casi di sentenze capitali, di cui undici già eseguite. Dal 1980 al 1993, e in almeno 3.000 casi,[18] nessuno aveva mai messo in discussione il lavoro di quella donna così preoccupata di essere sempre la prima della classe, di arrivare sempre con la prova certa, come piaceva ai capi. Era così brava che l'avevano soprannominata Black Magic, magia nera, per il colore della sua pelle. Nel 1985 era stata proclamata impiegata dell'anno. Ma alla fine, sotto il microscopio, c'è finita lei.

Durante l'inchiesta interna, condotta in seguito allo scandalo dall'Oklahoma State Bureau of Investigation, nel 2002,[19] sono stati rianalizzati 1.452 casi. Di questi erano 566 quelli in cui la Gilchrist aveva preso parte attiva. Al capitolo dedicato agli esami del sangue, si legge che la donna aveva riportato in alcuni casi di non aver ottenuto risultato, quando invece i risultati scagionavano l'imputato. A volte invece i risultati ottenuti su diversi campioni di sangue venivano accorpati, in modo da ottenere un quadro più convincente

---

[18] Jim YARDLEY, "Inquiry Focuses on Scientist Employed by Prosecutors", *The New York Times*, 2 maggio 2001.

[19] OSBI, Criminalist Services Division, "Summary of findings concerning the review of case files from the Oklahoma City Police Department", 16 luglio 2002.

per l'accusa. Della verifica per capire anche solo se il sangue trovato sulla scena del crimine fosse umano o meno, non c'era traccia. Nel corso delle testimonianze la Gilchrist cadeva in contraddizione, non ricordando la provenienze delle macchie di sangue analizzate. «Un esempio di ciò che non si dovrebbe fare» conclude il rapporto alla fine di ogni pagina. Per stabilire i gruppi sanguigni, occorre effettuare un test sugli antigeni e uno, di conferma, con gli anticorpi: una procedura obbligatoria che la Gilchrist non seguiva. Sulla presenza di liquido seminale, in più di un caso ne aveva testimoniato la presenza, quando invece l'unico dato utile che aveva era la reazione positiva di un enzima, la fosfatasi acida, non sempre sufficiente a stabilire la presenza di sperma. I pasticci con l'elettroforesi erano costanti. Ma la sua specialità erano i peli. Nonostante le raccomandazioni stabilissero che non si poteva identificare una persona dalla struttura pilifera, lei era una specialista nel testimoniare il contrario. Durante un deposizione ha persino detto che Barry Gaudette, un esperto forense di peli, era considerato «il padre delle scienze forensi». Spesso i revisori interni non hanno nemmeno trovato traccia delle analisi che in tribunale diceva di aver effettuato.

Un pelo era servito per convincere il giudice a condannare anche Edward McCarty alla pena capitale. Quando le fu chiesto se pensava che McCarty fosse stato sulla scena del crimine al momento dell'omicidio per il quale era accusato, la Gilchrist disse che certamente l'uomo era lì, andando ben oltre un'evidenza tra l'altro assai poco scientifica. Nel maggio 2007 la richiesta di un nuovo processo per McCarty è stata rigettata perché i reperti rinvenuti sulla scena del crimine erano stati distrutti.

L'FBI ha redatto un rapporto sulla condotta della Gilchrist che si è tradotto nel suo licenziamento nel settembre del 2001. Lei ha fatto causa per riavere il lavoro. Non è mai stata condannata per i reati che ha commesso. Dimostrare la colpevolezza in questi casi è paradossalmente molto complicato in termini legali. Decine di profili genetici inseriti nei data base della polizia da Magia nera sono stati eliminati.

Joyce Gilchrist e Pamela Fish non sono le sole ciarlatane del DNA. Jacqueline Blake fa loro compagnia in questa galleria degli errori-orrori. Le sue frodi sono venute alla luce, anche qui, per puro caso. Venerdì 5 aprile 2003 un collega della Blake che era stato suo istruttore aveva buttato l'occhio su un'analisi di laboratorio che la donna stava eseguendo. Aveva notato che la procedura era da ripetere perché l'apparecchio non mostrava la presenza di un segnale di controllo, un picco che significa che il *primer*, la sonda molecolare usata per il test, era stato inserito correttamente nella macchina PCR. Quando le ha chiesto se aveva notato l'assenza del segnale, la Blake ha risposto con nonchalance che ciò che appariva sul display della macchina non era un problema. Il lunedì successivo il caso è arrivato sulla scrivania dei dirigenti dell'FBI.

Quello stesso mese di aprile l'FBI ha ammesso che un suo tecnico di laboratorio aveva disatteso i protocolli scientifici in almeno 103 diversi casi. La prima errata condanna attribuita alla Blake venne fuori un mese dopo, nel maggio 2003. A un anno esatto dallo scandalo è uscito un rapporto dell'Office of the Inspector General (OIG) di 192 pagine,[20] dove si legge persino che la Blake aveva problemi anche con la matematica più basilare. Aveva lavorato per l'FBI dal 1988, per quattordici anni, fino al giorno in cui ha dato le dimissioni. La sua carriera era cominciata alla sezione sierologia ma la Blake aveva puntato presto a diventare biologa esperta in PCR. In diverse occasioni aveva dato prova di non possedere le necessarie capacità, ma alla fine era riuscita a diventare tecnico PCR. Era il 2000, ma sono passati ben due anni prima che qualcuno si accorgesse di quanto era incompetente. Dai data base della polizia sono stati eliminati ventinove profili del DNA da lei tracciati, nove dei quali erano completamente sbagliati. In diversi casi aveva usato l'intero campione disponibile, con il risultato che non era più possibile effettuare un nuovo test genetico. La revisione del suo pessimo lavoro è costata all'FBI migliaia di ore e risorse. L'inchiesta dell'OIG ha concluso che in 31 delle 172 sezioni dell'FBI non venivano eseguiti propriamente tutti i protocolli per le analisi di laboratorio.

Nel 2004 la Blake si è dichiarata colpevole di aver falsificato risultati di laboratorio ed è stata condannata in primo grado a un anno di

[20] OFFICE OF THE INSPECTOR GENERAL, US Departmente of Justice, "The FBI DNA Laboratory, a review of protocol and practice vulnerabilities", 2004.

prigione e 100.000 dollari di risarcimento.[21] Non è chiaro chi pagherà questi soldi, che Jacqueline Blake non ha.

Le guerre del DNA negli anni Novanta hanno mostrato che una difesa competente può mettere in luce problemi che la comunità degli scienziati forensi non sempre vuole affrontare. È ancora così. Il test del DNA ha permesso di assicurare alla giustizia centinaia di colpevoli e scagionato centinaia di innocenti. Sulla validità della tecnica nessuno può dubitare, ma il fattore umano resta comunque cruciale. La battaglia di Innocence Project è oggi in gran parte finalizzata a ottenere controlli indipendenti e rigorosi sui laboratori criminologici e a mantenere alta la professionalità del personale: a combattere in buona sostanza l'*effetto CSI*.

Effetto CSI e scienza-spazzatura

Prodotto dalla CBS dal 2000, il telefilm *CSI: Crime Scene Investigation* ha oggi tre spin-off: *CSI Las Vegas*, *CSI Miami* e *CSI New York*, e racconta le vicende della polizia scientifica. Ma al successo sono arrivate anche serie come *NCIS*, *Law and Order*, *Crossing Jordan*. Sulla scia delle fiction statunitensi è nata anche la fiction italiana *RIS – Delitti Imperfetti*.

> In *CSI: Crime Scene Investigation*, la fiction che ha lanciato le scienze forensi in TV, e nelle numerose serie affini, gli analisti forensi sono dipinti come scienziati dotati che dubitano delle mere testimonianze e delle prove indiziarie, puntando tutto sulle cruciali tracce fisiche della scena del crimine. Quando la prova può parlare da sola, l'identificazione di un criminale è certa [...] Scienziati forensi di comprovata esperienza sottolineano che le descrizioni in queste fiction sono notoriamente inaccurate e che nella realtà le scienze forensi sono molto meno chiare, certe e attraenti rispetto alla TV. Per esempio, secondo lo scienziato forense Thomas Mauriello, «il 40% delle scienze forensi mostrate in TV non esiste». Un altro scienziato, Max Houck, aggiunge che la prova del DNA è usata in una

[21] Eric LICHTBLAU, "Scientist Falsified DNA Reports", *The New York Times*, 19 maggio 2004.

> minoranza di casi e aggiunge anche che pochi analisti forensi hanno un alto grado di specializzazione scientifica.[22]

Gil Grissom, l'eroe di *CSI*, fin dall'episodio pilota fa della prova scientifica un paradigma di certezza, di oggettività:

> Concentrati su ciò che non può mentire. La prova... Non c'è spazio per la soggettività in questo dipartimento, Warrick. Lo sai. Trattiamo ogni caso in modo oggettivo, senza supposizioni, senza badare a colore, razza, credo o preferenze sul gusto delle gomme da masticare.

La scienza è in *CSI* ciò che ci salva dal pregiudizio: le persone possono mentire, ma la prova scientifica è sempre veritiera, mai fallace. L'impatto di queste fiction, anche nel panorama italiano, è stato profondo, tanto da coniare l'espressione "effetto *CSI*" per descrivere l'influenza che una prova scientifica può avere sull'opinione pubblica, o ancor peggio, in chi si trova a giudicare in un processo. Le aspettative della gente ormai hanno largamente superato la realtà, ma sono anche un indice della credibilità delle scienze forensi, e del test del DNA in particolare.

> *CSI* sta convincendo il pubblico che le scienze forensi non solo sono scienze, ma sono una superscienza. E questo, paradossalmente, avviene in un momento particolare per la giurisprudenza e per le scienze forensi, perché proprio ora magistrati e scienziati stanno cominciando a capire che, sorprendentemente, c'è ben poca scienza in quelle che vengono chiamate scienze forensi.[23]

La prova genetica è persino evocata come «firma o sigillo di Dio» o ancor più spesso «macchina della verità», prova «inattaccabile» e «infallibile», e non sono solo gli attori di fiction a descriverla così, ma

---

[22] Michael LYNCH, Simon A. COLE, Ruth MCNALLY, Kathleen JORDAN, *Truth Machine: The Contentious History of DNA Fingerprinting*, University of Chicago Press, Chicago 2009, p. X.

[23] N.J. SCHWEITZER e Michael J. SACKS, "The *CSI* effect: popular fiction about forensic science affects the public's expectations about real forensic science", *Jurimetrics J.*, 47, 2007, p. 358, citato in Alessandro PERISSINOTTO, *La società dell'indagine*, Bompiani, 2008.

anche giornalisti, avvocati e accademici. Non c'è dubbio che si tratti del più potente strumento mai creato dall'uomo per identificare una persona, ma certamente non è vero che la prova del DNA sia inattaccabile o infallibile. Afferma Peter Neufeld:

> È come una macchina della verità. Ma come ogni macchina, quando è nelle mani degli esseri umani, può essere manipolata e se ne può abusare.[24]

Ecco ciò che a questo proposito mi ha raccontato un esperto, l'avvocato di Innocence Project Craig Cooley,[25] che conosce ogni piega delle scienze forensi e della giustizia americana, specie in tema di pena capitale. Craig ha supportato ogni sua affermazione con una quantità di dati, fonti e pubblicazioni da affondare una portaerei.

Ci sono storie che hanno dell'incredibile, sembrano fantasia e invece sono vere. Come quella che è accaduta negli Stati Uniti proprio su una delle prove scientifiche ritenute più attendibili: le impronte digitali.

L'11 marzo 2004 un gruppo terrorista fa detonare delle bombe su diversi treni della capitale spagnola, uccidendo circa 200 persone e ferendone altre 1.400. La Guardia Civil trova i detonatori in una borsa su cui rileva un'impronta digitale latente. La trasmette all'Interpol e chiede un aiuto all'FBI. Il 19 marzo il laboratorio per le impronte latenti del Bureau identifica nel suo data base Brandon Mayfield: è sua l'impronta latente numero 17. Il computer, attraverso il sistema automatico Afis, ha isolato una ventina di candidati, cioè di impronte compatibili, e i primi tecnici che le hanno analizzate sono arrivati alla conclusione che quella sulla borsa è di Mayfield. Il risultato passa al vaglio di un secondo e di un terzo esaminatore che confermano. L'avvocato di Portland viene messo sotto sorveglianza giorno e notte. Mayfield è sposato con una donna egiziana e si è convertito all'Islam, inoltre ha prestato assistenza legale a presunti terroristi. Intervengono anche i servizi segreti. Il 13 aprile il riscontro della polizia spagnola sull'impronta di Mayfield è negativo. L'FBI organizza allora un meeting a Madrid il 21 aprile per

[24] *Ibidem*, p. 263.

[25] Intervista dell'autrice a Craig Cooley, estate 2008.

spiegare ai colleghi spagnoli i dettagli dell'identificazione. Alla fine dell'incontro la polizia spagnola dice che riesaminerà l'impronta. Ai primi di maggio trapela sui media che c'è un americano tra i sospetti dell'attentato a Madrid. L'FBI vede le sue indagini su Mayfield in serio pericolo e il 6 maggio lo arresta. Lo stesso giorno cerca le prove per accusarlo nella sua abitazione e nel suo ufficio, ma non trova nulla che lo metta in relazione con gli attentati in Spagna. Il 17 maggio la Corte chiama un esperto indipendente per analizzare l'impronta. La relazione del perito conferma le accuse: l'impronta latente corrisponde a quella di Mayfield. Lo stesso giorno, il 19 maggio, la polizia spagnola riferisce all'FBI di aver trovato un riscontro in una diversa impronta. Si tratta di un algerino di nome Ouhnane Daoub. A Mayfield vengono concessi gli arresti domiciliari. Dopo aver confermato che l'impronta appartiene a Daoub, l'FBI fa cadere le accuse contro il cittadino americano e dà il via a un'indagine interna. Come è potuto succedere? Alla base del clamoroso errore, spiega il rapporto dell'Office of Inspector general (OGI)[26] sul caso Mayfield, c'è una rara somiglianza tra impronte ma anche una serie di leggerezze che disattendono le raccomandazioni sul confronto. Quella incriminata ha passato il vaglio di tre esaminatori dell'FBI e del perito chiamato dalla Corte, eppure non era perfettamente identifica a quella di Mayfield. Dichiarare una corrispondenza è stata una forzatura, e quando la polizia spagnola aveva detto che a loro non risultava identica, ancora una volta l'FBI aveva perso un'occasione per rilevare il proprio errore. Secondo il rapporto dell'OGI, chi ha identificato Mayfield non era a conoscenza della sua religione, né del fatto che aveva difeso dei musulmani, ma, conclude la stessa relazione, queste informazioni hanno contribuito pesantemente a far sì che i riscontri successivi non portassero alla scoperta dell'errore. Chi aveva effettuato le verifiche, poi, era a conoscenza dei risultati dei colleghi che avevano dato per certa l'identificazione di Mayfield. Senza dubbio questa procedura non è corretta: chi è incaricato di accertare un'identità non deve sapere se i precedenti riscontri sono stati positivi o meno.

---

[26] OFFICE OF INSPECTOR GENERAL, US Department of Justice, "A review of the FBI's handling of the Brandon Mayfield case", gennaio 2006.

Questa storia insegna soprattutto una cosa: i data base sono sì affidabili, ma ciò non significa che producano sempre certezze. E non soltanto nel caso di un'impronta digitale.

Supereroi

Craig Cooley ha trentacinque anni, una grande passione per i Pittsburgh Steelers, la squadra di football della sua città, e per i supereroi, Batman in testa. Lavora al 100 di Fifth Avenue, il quartier generale di Innocence Project. Il giorno del nostro appuntamento ha indosso una t-shirt con il supereroe-pipistrello. Non sembra affatto un avvocato, ma un giocatore di football, come quelli che campeggiano nei poster affissi nel suo ufficio, dove non c'è un centimetro quadrato per camminare, ma solo faldoni e pile di carta. Non c'è spazio per sedersi e parlare, così andiamo nella sala riunioni, dove la squadra degli avvocati discute i casi e dove arrivano le novità sui test del DNA. Ci sono un grande tavolo, una finestra con vista sulla Quinta Strada, e un frigorifero pieno di bottiglie di champagne. Le occasioni per brindare qui non mancano mai.

Craig vive a Brooklyn. Lì affittare un appartamento costa meno che a Manhattan, off limits per uno che guadagna 60.000 dollari l'anno. Craig Cooley guadagna meno di un portiere di notte. Ne prendeva 80.000 prima di arrivare a Innocence Project, un anno prima che io lo incontrassi. Faceva l'avvocato a Las Vegas, esperto di pena capitale. Doveva convincere i giudici a convertire una sentenza di morte in un ergastolo. Quando ha fatto domanda per un colloquio, in uno dei rari *opening*, le opportunità di assunzione, non ha avuto risposta per cinque mesi. Poi hanno chiamato Scheck e Neufeld che gli hanno chiesto se fosse ancora interessato. Qualche giorno dopo ha preso un aereo per New York. Le domande per entrare a Innocence Project sono centinaia e la selezione è durissima, anche se la paga per un laureato in legge è tra le più basse e non esistono promozioni. Un avvocato al primo impiego in USA, in uno studio di media fama, guadagna almeno 170.000 dollari. «Ma questo lavoro non si fa per soldi. Si fa perché ci credi». La battaglia personale di Craig è contro la pena di morte. Ma non è certo un ingenuo, fa l'avvocato e sa che sarà la battaglia di una vita perché le sentenza capitale, che in USA esiste in trentotto Stati su cinquanta, difficilmente sarà abolita. Eppure, dice, «ogni scarcerazione con il test del DNA segna una vittoria in questa direzione». La sua maglietta suona come un presagio: quando si tira fuori di galera un innocente, in fondo, bisogna sentirsi un po' supereroi... Per chi ha trascorso anni di carcere da innocente senza riuscire a dimostrarlo, gli avvocati di Innocence Project lo sono certamente. Sono in tutto una decina e hanno in media poco più di trent'anni. Il più vecchio lo prendono in giro, ne ha compiuti quaranta. Alla toilette, invece di trovare le insegne «Ladies» e «Gentlemen», per sapere qual è la porta giusta da prendere ci sono due set completi di cromosomi: uno maschile e uno femminile. Basta guardare se ci sono due X oppure una Y. Non è poi così difficile sbagliarsi.

Craig è timido e pacato, ma quando comincia a parlare è un fiume in piena. È lui a snocciolare le cifre, passare in rassegna i casi più eclatanti, insistere sul fatto che le guerre sul DNA non sono finite: hanno solo cambiato direzione. Ora bisogna fare i cani da guardia ai laboratori della polizia. Il calcolo statistico nei test del DNA, per esempio, è rimasto un punto debole. Quando si pensa a Innocence Project viene in mente solo quanto il test sia potente per scarcerare qualcuno. Non che, proprio in virtù della sua straordinaria forza, può essere usato senza controllo. La scienza-spazzatura non è solo analisi dei peli, segni di morsi o magici sieri della verità per stabilire se stai mentendo: è anche, purtroppo, DNA. Cooley è considerato un'autorità in materia.

Nell'estate del 2002 ha ricevuto una telefonata dalla CBS. Era uno degli autori della fiction più seguita d'America, *CSI*. In quei giorni non si faceva che parlare di un caso di cronaca, una bambina rapita e uccisa. L'autore televisivo aveva detto a Craig che la produzione era interessata a scrivere un episodio sulla pena di morte. L'idea era già stata buttata giù. Gli scienziati forensi trovavano le prove e il colpevole era condannato alla pena capitale. Craig non era affatto d'accordo sul plot: nei casi di pena capitale la prova scientifica, il DNA in particolar modo, poteva casomai giocare un ruolo nell'escludere la colpevolezza di un imputato. «Le scienze forensi non sono così obiettive come si potrebbe credere, sono spesso soggette all'interpretazione e all'errore umano». L'autore TV sapeva che per diventare scienziati forensi bastava avere un diploma in biologia o in chimica? Perché non immaginare invece una storia alternativa, aprendo un interrogativo cruciale sulla reale colpevolezza di un condannato a morte? Un episodio come quello che gli era stato proposto non solo faceva passare la sentenza capitale come atto di somma giustizia, ma inculcava nel pubblico la certezza che il colpevole era certo, visto che la prova era "scientifica". Perché invece non proporre una storia che rendesse il pubblico cosciente dei rischi di una condanna basata su prove ritenute scientifiche, che scientifiche non sono? Perché non raccontare una storia che porti il pubblico a chiedersi se davvero il condannato a morte è il colpevole? La reazione dall'altra parte della cornetta è stata, come prevedibile, di assoluto stupore. Inutile dire che non era quello il tipo di storia a cui gli autori della fiction potevano essere interessati. La serie *CSI* si basa un plot consolidato: la certezza che la scienza incastrerà i colpevoli, perché la scienza stessa è certezza. Ne consegue che quando un delitto resta irrisolto è colpa degli scienziati che non sono riusciti a trovare chi è stato. Il pubblico è stato inondato dalle storie sulle abilità sorprendenti delle scienze forensi, mentre nessuno informa la gente sui fallimenti giudiziari basati su queste indagini. Inutile dire che le scienze forensi hanno tratto enorme vantaggio da queste serie televisive, «proprio nel momento in cui attraversano forse il loro momento più buio». In America il successo di *CSI* ha consentito di aprire decine di corsi universitari per scienziati forensi, spesso di scarsa qualità, non facendo che peggiorare la preparazione del personale, sostanzialmente esente da controlli indipendenti e sopra le parti. Sostiene Cooley:

> L'aspetto più assurdo è che i laboratori di indagine criminale soffrono di una cronica mancanza di fondi e personale, vanno rimodernati, non riescono nemmeno a svolgere tutti i test richiesti; non esistono controlli di qualità indipendenti; molti tecnici, oltre a ricevere salari ridicoli, sono incompetenti specie sotto il profilo dei calcoli statistici, e la ricerca è scarsissima. Questo non vale solo per la genetica, ma persino per tecniche balistiche e dattiloscopiche. Nelle scienze forensi c'è poca scienza. Con l'eccezione del test del DNA, messo a punto

da ricercatori impegnati a studiare le malattie dell'uomo, ancora oggi le tecniche usate dalla polizia sono spesso fragili da un punto di vista scientifico.

Il test genetico è sicuro, ma che dire del fattore umano? Il DNA è per tutti ormai un paradigma di verità, l'ultima frontiera nella pretesa che la scienza possa darci tutte le risposte. Perché allora non raccontare in una serie TV anche un'altra storia? Come quella di Josiah Sutton...

Il caso di Josiah Sutton

Josiah Sutton, un ragazzo afroamericano di sedici anni, e Gregory Adams, suo coetaneo, vengono arrestati con l'accusa di essere coinvolti nel sequestro e nello stupro di Priscilla Stewart. Poco prima di sedere in manette dentro una macchina della polizia, Gregory era andato a fare visita a Josiah, il suo nuovo amico, ed erano usciti. Priscilla era in auto quando li ha visti. È corsa a chiamare la polizia: i suoi stupratori stavano camminando in quella strada. O meglio, Priscilla aveva visto due uomini che avevano gli stessi cappelli dei suoi assalitori.

Ai due ragazzi la polizia preleva un campione di saliva e sangue. Due mesi dopo Gregory viene rilasciato, Josiah è incriminato, ma è certo che il test del DNA lo avrebbe scagionato. Il suo avvocato invece non ha buone notizie per lui. «Ho appena avuto i risultati dei test. Sono arrivati alla tua identificazione, stando al DNA». La Corte lo ha proclamato colpevole in meno di due ore e con questa prova Sutton è stato condannato a venticinque anni di carcere. La prova che avrebbe dovuto scagionarlo, la più certa tra le prove scientifiche, lo ha incastrato. La polizia aveva detto di aver identificato in un campione di liquido seminale trovato sul sedile il DNA di Sutton, quello della vittima e del terzo assalitore: non era vero. La traccia non conteneva il DNA della vittima e proveniva da una sola persona che certamente non era Josiah Sutton. Al processo la polizia aveva detto che il profilo era un *match* esatto di quello trovato sulla vittima: in realtà corrispondeva a 1 uomo di colore su 15, ma il tecnico di laboratorio ha testimoniato che la probabilità di errore era di 1 su 694.000.

Inaspettatamente un giorno accade qualcosa. Gli avvocati difensori dicono a due giornalisti della televisione locale di Houston, KHOU, che ci sono problemi al locale laboratorio criminologico. David Raziq e Anna Werner decidono di investigare. Riescono ad avere degli appunti di laboratorio. Contattano un genetista per capirci qualcosa di più. Chiamano William Thomson, quello della Mafia di Irvine, per una relazione tecnica sull'operato del laboratorio. Thomson commenta: «È il peggior laboratorio che abbia mai visto. Non è neppure all'altezza di una buona tesina di scienze di scuola superiore».

La madre di Josiah vede il successivo servizio in TV e capisce che le sciatterie di laboratorio possono aver condannato anche suo figlio. Scrive un'email a KHOU e Thomson viene incaricato dai giornalisti di verificare anche le carte del processo a Josiah, compresi gli appunti di laboratorio sul test del DNA:

> Sono rimasto immediatamente colpito dalle discrepanze tra i risultati ottenuti e le note di analisi. [...] Sutton e Stewart potevano entrambi essere ESCLUSI sulla base di quei risultati, non appartiene a loro il DNA trovato sul campione di liquido seminale del sedile dell'auto. [...] I risultati del test del DNA sono stati presentati alla giuria in modo fuorviante dandogli un valore esagerato [...] nessuna stima statistica è stata presentata a sostegno. I giurati hanno ragionevolmente potuto concludere, sulla base di questa testimonianza, che Sutton era stato identificato come il solo a cui la traccia di sperma poteva appartenere. Il profilo del DNA di Sutton è infatti uno dei molti profili che possono essere inclusi come possibili nei reperti in cui sono state trovate tracce miste. Dai miei calcoli la probabilità che un afroamericano sia da includere è di 1 su 15 [...]. Ma il problema più grave è il non aver riportato prove del DNA su altri reperti che escludono Sutton. [...] In altre parole, la prova del DNA nel suo complesso è una forte prova dell'innocenza di Sutton. La giuria non ha saputo nulla sulle prove a discolpa.

Gli errori stavolta saltano praticamente fuori dalle pagine tanti sono. «Il sistema della giustizia penale a Houston è completamente disfunzionale» dice Thomson ai giornalisti.[27] Scoppia lo scandalo, cavalcato ora anche da altri giornalisti, e la polizia è costretta a ripetere le analisi. Il DNA di Josiah Sutton non è presente in alcun reperto.

Il caso ha portato a successive indagini sull'operato dei laboratori della polizia di Houston e, oltre a Sutton, altri casi di test mal condotti sono venuti a galla. Alla madre di Josiah avevano detto che era meglio che se ne facesse una ragione, non c'era speranza, perché il DNA non mente mai.

Coltivare il dubbio

Errare è umano, perseverare diabolico. Le storie che abbiamo raccontato mostrano che la scienza non è infallibile perché gli uomini non sono infallibili.

Questi tragici errori giudiziari basati su prove scientifiche fasulle, insieme ad altri cento e più, sono venuti a galla grazie al lavoro di bravi avvocati e giornalisti investigativi. Mai da indagini interne alle forze dell'ordine (con la possibile eccezione del caso Blake), suggerite diverse volte dalle commissioni indipendenti che negli ultimi anni hanno ribadito l'urgenza dei controlli di qualità. Nei laboratori di polizia esistono solo linee guida, raccomandazioni da seguire su base volontaria riguardo ai controlli di qualità del personale. Perché, se il rischio di errore è così alto? Se lo chiedono gli avvocati di Innocence Project, ma anche molti giornalisti che hanno contribuito a far emergere la verità.

A scoperchiare la pentola del laboratorio di Houston è stata un'emittente locale, la stazione televisiva KHOU, convinta della necessità di investigare dopo una segnalazione arrivata in redazione che accusava i tecnici di laboratorio di aver falsificato delle prove.

David Protess e Rob Warden, e i loro studenti della scuola di giornalismo dell'Università di Northwestern, da anni conducono indagini sui casi passati in giudicato. Sono stati loro a portare alla verità nel caso di Dennis William, condannato alla pena capitale nel 1979 sulla base di una falsa testimonianza. Ha trascorso diciotto anni in carcere, quasi la metà della sua vita, prima di essere scagionato nel

[27] Adam LIPTAK, "Houston DNA Review Clears Convicted Rapist, and Ripples in Texas Could Be Vast", *The New York Times*, 11 marzo 2003.

1996. Dennis, insieme a Kenneth Adams, Willie Rainge e Verneal Jimerson, anche quest'ultimo condannato a morte, erano per la giustizia i Ford Heights Four, la banda di afroamericani che aveva ucciso una giovane coppia a una stazione di benzina, dopo aver ripetutamente violentato la ragazza. La polizia, nel corso delle indagini, aveva raccolto una testimonianza che indicava l'innocenza dei quattro, ma non aveva indagato oltre. Il test del DNA ha assolto tutti.

I due giornalisti hanno raccolto la storia in un libro e Hollywood ne ha già annunciato la riduzione cinematografica.[28]

Per il test di Calvin Washington ha pagato Fredric Dannen, un giornalista di New York, convinto della sua innocenza. Washington ha passato tredici anni per stupro e omicidio in un carcere del Texas, lo Stato che detiene il record degli errori giudiziari. Il sangue trovato sulla sua camicia, considerato una prova schiacciante al processo, non era della vittima. Ad accusarlo sarebbero stati anche morsi trovati sulla vittima, un altro esempio di prova scientifica-spazzatura spesso usata per incastrare innocenti, nonostante sia assodata un'incidenza di falsi positivi del 63,5% e di falsi negativi del 22%. L'esame del DNA consentì nel 2001 anche di trovare il vero colpevole, che era già in carcere per un altro delitto.

Il 4 dicembre 2004 moriva Ron Williamson, qualche anno dopo la sua scarcerazione. L'ex promessa del baseball era stata ingiustamente accusata, con Dennis Fritz, dell'omicidio della giovane Debbie Carter. L'accusa si basava sulla confessione di Williamson. Ma era la confessione di un sogno, o meglio di un incubo, diventato realtà. Sulla vicenda lo scrittore americano John Grisham ha scritto il suo unico romanzo basato su una storia vera:

> Questa avventura mi ha fatto scoprire il mondo degli errori giudiziari, cui non avevo mai prestato attenzione, neppure quando facevo l'avvocato. Vicende di questo genere non sono prerogativa dell'Oklahoma, tutt'altro. Ne avvengono ogni mese in tutti gli Stati del Nord America, per motivi sempre diversi e al tempo stesso sempre uguali: indagini

---

[28] David PROTESS, Rob WARDEN, *A promise of jusice: The eighteen-year fight to save four innocent men* (www.law.northwestern.edu/wrongfulconvictions/resources/readings/wardenprotess/).

> approssimative, analisi che hanno poco di scientifico, identificazioni fallaci, difensori incapaci e pubblici ministeri troppo pigri o troppo arroganti. Nelle grandi città, i tecnici forensi sono oberati di lavoro e per sveltire le procedure a volte diventano approssimativi; nelle città più piccole, i poliziotti spesso mancano di adeguata formazione e supervisione. Omicidi e strupri sono scioccanti, la gente vuole che la polizia trovi il colpevole il prima possibile. Si dà per scontato che il sistema funzioni con professionalità e rigore. Quando non è così accadono episodi come quelli di Ron Williamson e Dennis Fritz.[29]

Non basterebbe un'enciclopedia per raccontare tutte le storie dei condannati ingiustamente. Ma vale la pena di ricordarne un'ultima, quella di Frank Lee Smith. Era stato condannato a morte nel 1986 per lo stupro e l'omicidio di una bambina di otto anni. È morto di cancro in carcere nel 1999. Il test del DNA è arrivato per lui troppo tardi.

I limiti intrinseci e la domanda giusta

Il DNA, dicono a Innocence Project, non ha tutte le risposte, ci mostra solo quali sono le domande giuste.

È convinzione fin troppo diffusa che la molecola del DNA sia sempre stabile, non soggetta a degradazione nel tempo o che, quanto meno, il progresso sia tale da rendere i danni del tempo insignificanti. Ma non è così. È vero che oggi si possono analizzare reperti antichi di millenni, che *Jurassic Park* è in parte diventato realtà, ma non è sempre vero che l'analisi del DNA è conclusiva e definitiva. Specie nel caso di tracce miste, i risultati possono essere ambigui, in ogni caso inconcludenti. Il test del DNA esprime sempre una probabilità, a volte così alta da essere certezza, a volte no. Per ogni cellula che muore il DNA comincia a degradarsi. Al processo di degradazione partecipano batteri e funghi, per esempio, che con il loro DNA possono contaminare il campione. Quando si cominciò a diffondere la tecnica PCR, gli scienziati sostenevano che la contaminazione non fosse un problema, a patto di prendere precauzioni. Era già accaduto ad

---

[29] John GRISHAM, *Innocente*, Mondadori, Milano 2006.

Alec Jeffreys, che solo dopo diversi mesi è stato disposto a discutere pubblicamente i limiti del suo metodo di riconoscimento, quando già una nuova generazione di test, quella dei polimorfismi STR, era in arrivo. Nel tempo si è dimostrato che l'attendibilità della PCR è influenzata dall'integrità del DNA da analizzare. Lo stesso vale quando si analizzano nello stesso campione due DNA diversi. Il risultato è un cocktail di alleli che appartengono a due distinte persone. Esistono sistemi, chiamati "controlli negativi di estrazione" e "controlli negativi di PCR", necessari per fugare i dubbi sulla contaminazione, controlli che tecnici come Jacqueline Blake o Joyce Gilchrist disattendevano regolarmente.

Al momento poi i gemelli monozigoti rappresentano un limite per il test del DNA, che, a differenza delle impronte digitali, non è in grado di discriminare tra due gemelli identici. Di recente un team di genetisti è riuscito a distinguere geneticamente due gemelli monozigoti, una scoperta che spiega anche come mai alcune patologie ereditarie, come il morbo di Parkinson, si sviluppi solo un uno dei due. Si tratta però di una tecnica molto recente, ancora in fase di ricerca.[30]

Ci sono poi profili ingannevoli, assolutamente ambigui, spesso ricavati da tracce troppo esigue per estrarre una quantità sufficiente di DNA da amplificare con la PCR. È possibile magari che un individuo eterozigote per un certo allele risulti omozigote perché il suo DNA è danneggiato. Se, infatti, il DNA è poco ed è rovinato, e il *primer* che deve amplificare un certo allele non riconosce più il suo sito di attacco, perché sono saltate proprio le basi di quella specifica sequenza, quell'allele scomparirà. Il fenomeno può avere conseguenze enormi, persino nell'attribuzione del sesso. Se una mutazione spontanea, o una degradazione, porta alla perdita di un allele, un campione maschile può diventare femminile. Lo stesso vale nel caso di campioni di tessuto tumorale. Se per analizzare un profilo si possiede solo una biopsia per un tumore, bisogna tener conto che il DNA geneticamente stabile può rappresentare anche meno di un terzo del totale.

---

[30] C. BRUDER *et al.*, "Phenotypically Concordant and Discordant Monozygotic Twins Display Different DNA Copy-Number-Variation Profiles", *The American Journal of Human Genetics*, 82, 3, pp. 763-71.

Ma uno dei rischi più sottovalutati sui limiti del DNA forense riguarda paradossalmente il fatto che le tecniche si sono affinate al punto da ricavare profili anche a partire da pochissime cellule. Quando qualcuno tocca un oggetto, si è visto che esistono in generale due casi: quelli che tendono a lasciare meno cellule e quelli che tendono a lasciare più cellule sull'oggetto toccato, e quindi più DNA. Il fatto di lasciare materiale genetico dipende chiaramente da diversi fattori che vanno dal tipo di oggetto toccato alla durata e forza del contatto. In una simulazione condotta su oggetti usati per strangolare, come sciarpe o cavi elettrici, un gruppo di ricercatori ha dimostrato che se il contatto è prolungato per almeno un minuto può trasferire 35-40.000 cellule e oggi le tecniche consentono di ricavare materiale genetico anche da una decina di cellule.[31] Proprio perché la tecnica è diventata così sensibile, occorre valutare la possibilità che il contatto non sia quello di un assassino ma, magari, quello di una persona che non ha nulla a che fare con il crimine. Se quella persona ha in qualche modo avuto a che fare con la vittima e non può provare la sua estraneità in alcun modo, si rischia di attribuire una certezza alla prova del DNA, al di là di ciò che quella prova scientifica può effettivamente dimostrare.

Nel 2002 *Nature* ha riportato un fatto strano, la nascita di una chimera in Gran Bretagna.[32] Si trattava di un bambino ermafrodita, nato dalla fusione di due ovociti fecondati da due spermatozoi. Un primo esame esterno mostrava che si trattava chiaramente di un maschio, ma alcune parti del corpo erano geneticamente femminili. Quel bambino, da un punto di vista genetico, si poteva considerare come due diverse persone. Quale dovrebbe essere considerato in questo caso il profilo genetico? Ci fu un caso analogo nel 1995, quello di un ragazzo che aveva alcune cellule dall'assetto genetico identico a quello della madre, altre di assetto normale, ciò un patrimonio genetico che proveniva per metà dalla madre e per metà dal

---

[31] Ugo RICCI *et al.*, *La prova del DNA per la ricerca della verità*, cit., p. 453.

[32] Helen PEARSON, "Dual Identities", *Nature*, 417, 2 maggio 2002, pp. 10-11; si veda anche Claire AINSWORTH, "The stranger within", *New Scientist*, 2421, 15 novembre 2003.

padre.[33] La spiegazione data dai genetisti è che probabilmente un ovocita materno si era fuso con un ovulo già fecondato, dando luogo a uno sviluppo misto.

Se questi sono certamente fenomeni rarissimi, i casi di *mosaicismo* invece sono molto meno rari. Si tratta di individui che possiedono più di un profilo genetico, cioè possiedono cellule geneticamente diverse tra loro. Accade nei gemelli, per esempio, il cui sangue si è mescolato nella placenta, e pare che il mosaicismo sia presente nell'8% dei gemelli biovulari. Esistono casi in cui il test di paternità dà un risultato negativo che è falso negativo. Il profilo genetico di un figlio dovrebbe di regola avere, per ogni allele considerato nel test, uno di origine materna e uno di origine paterna. Ma a questa modalità di trasmissione mendeliana esistono eccezioni, in cui interi cromosomi appartengono a un solo genitore e quindi due alleli avranno un'unica provenienza, o materna o paterna. Questa anomalia è nota come *disomia parentale*. Un test del DNA escluderebbe la parentela, che tuttavia sia può provare con analisi più approfondite.

Ma anche le semplici mutazioni possono portare all'alterazione di un profilo, come non va dimenticato l'errore accidentale di etichettatura o di scambio di campioni. Le stesse procedure sono usate anche in tutti gli ospedali e il Collegio dei patologi americani, già nel 1995, ha riscontrato che gli errori e le discrepanze nelle diagnosi cliniche rappresentano oltre il 6% del totale.[34] Uno scambio di campioni fa notizia quando a finire scambiati sono figli: sono diversi gli esempi di bambini di colore nati in provetta da gameti di coppie bianche.

Tutto questo serve a ricordare che il test ha limiti intrinseci, limiti che sono quelli degli esseri umani, in buona e in cattiva fede. Non esiste la scienza senza gli uomini, e, se gli uomini non sono infallibili, non può esserlo neppure la scienza. A maggior ragione la prova del DNA, che è davvero uno strumento potentissimo, valido e insostituibile, non deve essere ritenuto infallibile. Può essere il testimone silenzioso di un crimine, ma quando lo si fa parlare non bisogna mai andare oltre ciò che è in grado di provare.

---

[33] Ugo RICCI *et al.*, *La prova del DNA per la ricerca della verità*, cit., p. 464.

[34] Raouf E. NAKHLEH e Richard J. ZARBO, "Surgical Pathology Specimen Identification and Accessioning", *Arch. Pathol. Lab. Med.*, 120, 1996, pp. 227-33.

In Germania, a fine marzo 2009, la polizia si è resa conto di aver cercato per sedici anni un serial killer donna, il cui DNA si trovava in diverse scene del crimine. Ma il Fantasma di Heilbronn, la donna più pericolosa della Germania, collegata a sei omicidi e un caso di morte sospetta, era un tecnico di laboratorio che preparava i kit del DNA per la polizia. Una contaminazione in fase di fabbricazione.[35]

Possono essere anche notizie come questa a ricordarci che il DNA non è infallibile. Non è la verità, ma una risposta certa a una giusta domanda.

[35] ADNKRONOS, "Germania: non esiste killer donna che la polizia cerca da 16 anni. Errore provocato da materiale per raccolta DNA contaminato", 26 marzo 2009.

Parte quarta

APPROFONDIMENTI

Appendice A

Il profilo dell'Italia

Nel nostro Paese il test del DNA fa il suo ingresso in scena con un'ANSA dell'11 marzo 1985:

> Londra – Scienziati britannici hanno scoperto un nuovo rivoluzionario metodo per identificare le persone: l'"impronta" genetica, più precisa di quella digitale. La scoperta costituisce un notevole passo avanti per le indagini della polizia: i criminali potranno essere identificati dai geni presenti in una goccia di sangue, i violentatori da quelli presenti nei loro spermatozoi. La scoperta, opera del dr. Alec Jeffreys dell'Università di Leicester e di un gruppo di ricercatori dell'Ospedale John Radcliffe, Oxford, e di cui dà notizia *Nature* di questa settimana, può avere importanti applicazioni anche nello studio di malattie ereditarie come le fibrosi cistiche, il morbo di Huntington (demenza presenile), la distrofia muscolare ecc. Il metodo dovrebbe accelerare il processo di individuazione dei geni responsabili di tali malattie e mettere in grado gli scienziati di rintracciare i portatori e i malati attraverso diverse generazioni. Il metodo potrebbe anche fornire la prova decisiva sulla paternità, ma il dott. Jeffreys ha dichiarato che preferisce concentrare le sue ricerche sulle applicazioni mediche. Per esempio le donne incinte che temono che i loro bambini possano avere una delle suddette malattie saranno in grado di accertarlo prima della nascita.[1]

Per vedere il test all'opera anche da noi, tuttavia, si dovrà attendere ancora qualche tempo.

Quando nel gennaio 1987 una studentessa viene trovata stuprata e uccisa a coltellate in un bosco nei pressi di Varese, sono quattro gli indagati. Uno è un sacerdote. L'indagine scientifica è affidata al professor Angelo Fiori dell'Istituto di Medicina legale dell'Università Cattolica di Roma. È lui a spiegare agli inquirenti che indagano

---

[1] G.B.: "'Impronta' genetica per identificazioni", ANSA, 11 marzo 1985.

sul caso di Lidia Macchi che esiste un test del DNA e che a eseguirlo è una società inglese. Insieme al magistrato, Fiori va a Oxford, al laboratorio della Cellmark con i reperti.[2] Ma a fine giugno del 1988 arriva la delusione: il materiale è troppo scarso, la comparazione con il sangue prelevato agli indagati non si può fare. L'omicidio rimane ancora oggi un mistero.

Anche per l'assassinio del giornalista Giancarlo Siani si cercò il DNA senza successo sui mozziconi di sigaretta lasciati probabilmente dai suoi sicari. Così con il mostro di Firenze, e in due noti gialli romani: il delitto di Simonetta Cesaroni, la giovane segretaria ammazzata in via Poma, nel 1990, e quello della contessa Alberica Filo della Torre, uccisa nella sua casa dell'Olgiata un anno dopo. Ma all'epoca la tecnologia non era sufficientemente avanzata per portare a una risposta, e di recente i casi sono stati riaperti proprio alla luce dei progressi scientifici.

Il primo caso in cui il DNA è effettivamente entrato in un tribunale italiano è quello del delitto di Balsorano. A due settimane dall'omicidio di via Poma, una bambina di sette anni, Cristina Capoccitti, viene trovata morta in un bosco a Case Castella, una frazione di Balsorano, in Abruzzo. Mauro Perruzza, il cugino tredicenne di Cristina, confessa il delitto per poi ritrattare e accusare il padre Michele, lo zio della bambina. Ma sono in molti a non credere al ragazzo e a domandarsi chi sia davvero Mauro: un eroe che per salvare suo padre si è in un primo momento autoaccusato? Oppure un ragazzo disturbato, pronto a distruggere un padre innocente? Gli inquirenti hanno trovato una canottiera di Michele con dei capelli. Il genetista Bruno Dalla Piccola, con Giuseppe Novelli, ha effettuato il test del DNA: i capelli sono di Cristina.[3] Sono stati strappati, si dice, perché c'è ancora il bulbo pilifero. Michele Perruzza viene condannato all'ergastolo in tre gradi di giudizio. Sembra che sul caso Balsorano sia stata detta la parola fine. Eppure presto tutto cambia e i dubbi, a lungo coltivati dentro e fuori dalle aule giudiziarie in tre

---

[2] Intervista dell'autrice ad Angelo Fiori, luglio 2009.

[3] Bruno DALLA PICCOLA, Giuseppe NOVELLI e Aldo SPINELLA, "PCR DNA typing for forensics", *Nature*, 354, 21 novembre 1991, p. 179; intervista dell'autrice a Bruno Dalla Piccola, luglio 2009.

processi molto controversi, riesplodono in modo davvero inaspettato, quando a Sulmona si apre un processo-satellite, che vede imputati i genitori di Mauro per istigazione alla confessione del figlio. Gli inquirenti hanno trovato un paio di slip con il sangue della bambina, sul tetto della casa dei Perruzza. Renato Mariani Costantini dell'Università di Chieti ha estratto un profilo genetico mitocondriale da un residuo di urina: è di Mauro. Al processo-satellite Michele Perruzza e la moglie saranno assolti e il giudice definirà «sorprendente» la nuova prova del DNA. Ma in realtà non è stata considerata schiacciante, perché padre e figlio si scambiavano la biancheria; inoltre le mutande sono state trovate dopo diverso tempo, esposte alle intemperie. Certo è che il gesto di gettare delle mutande sul tetto verrebbe da attribuirlo più a un ragazzino che a un adulto. Sta di fatto che al suo debutto in un tribunale italiano il test del DNA si dimostra insufficiente a dare certezze. Non è abbastanza, infatti, per ottenere la riapertura del processo per omicidio. Mauro intanto è stato affidato a un'altra famiglia e ha cambiato identità. I dubbi sono rimasti e per molti sono riemersi con prepotenza quando Michele Perruzza, nel 2003, è morto d'infarto su un'ambulanza che dal carcere di Rebibbia lo portava all'ospedale. Un infermiere, che nulla sapeva del caso di Balsorano, ha raccolto le sue ultime parole: «Dite a tutti che non sono stato io».[4]

Ma il caso di Balsorano viene presto dimenticato. Nel 1995 un'altra notizia riempie le pagine dei giornali e divide l'Italia.

A Bagni Sant'Agostino, vicino a Civitavecchia, cominciano ad arrivare decine di torpedoni carichi di pellegrini. La casa dell'operaio dell'ENEL Fabio Gregori è diventata la nuova Lourdes. Il capofamiglia racconta a una giornalista di *la Repubblica*:

> Il 2 febbraio, era il pomeriggio del giorno della Candelora, ci stavamo preparando ad andare in chiesa, stavo sistemando il bimbo piccolo sul seggiolino della macchina, quando Jessica che sempre, prima di uscire passava a salutare la statuetta, ha iniziato a gridare: «Papà, papà vieni, la Madonnina sta piangendo, papà corri, la Madonnina piange sangue». All'inizio

---

[4] Angelo DE NICOLA, *Presunto innocente. Cronaca del caso Perruzza*, Tracce, Pescara 2003.

> credevo che stesse giocando, poi, visto che insisteva e non voleva saperne di salire in macchina, mi sono avvicinato alla nicchia, e sulle gote della statuetta c'era davvero questo liquido scuro, una lacrima era ancora fresca, l'altra era già solida. Avevo quasi paura, ma ho provato a toccare quel liquido: ho allungato la mano, l'ho sentito, era caldo. Allora ho provato un brivido fortissimo, non so se di gioia, o di emozione, ho preso Jessica in braccio, l'ho stretta forte, e poi siamo corsi in chiesa dal parroco, don Pablo, perché proprio don Pablo, ad agosto, ci aveva portato la statuetta della Madonna da Medjugorie.[5]

Il 3 febbraio il fenomeno si ripete. Il 4 febbraio le lacrime si moltiplicano insieme alla folla dei curiosi, il 5 giornali e televisioni non parlano d'altro, e l'Istituto di Medicina legale della Cattolica esegue i primi test, che confermano: si tratta di sangue umano. Si scatena un vero putiferio che finirà di lì a un anno alla Corte costituzionale. È il professor Angelo Fiori, incaricato dal vescovo, ad accertare che si tratta di sangue umano. Ma anche la magistratura comincia a indagare, perché il CODACONS ha inviato un esposto per abuso della credulità popolare. Dopo che una TAC ha escluso marchingegni elettronici, di quelli forniti da ditte specializzate a prestigiatori e illusionisti, ad aprile arrivano i risultati delle analisi. Insieme a Fiori c'è anche il professor Giancarlo Umani Ronchi, consulente della Curia, e il consulente per la procura di Civitavecchia, Aldo Spinella, che coordina il gruppo della Criminalpol e che ai giornalisti dice: «Non è stato facile, gli esperti hanno lavorato giorno e notte. Ma, alla fine, ce l'hanno fatta: ora è stato identificato anche il DNA di provenienza di quel sangue».[6] Un particolare fondamentale, aggiunge, che potrebbe permettere, in caso di truffa, di risalire anche al proprietario del sangue, o quanto meno di escludere che il liquido appartenga a qualcuna delle persone coinvolte nella vicenda. In quel DNA è stato individuato un cromosoma Y: il sangue è maschile.

---

[5] Maria Novella DE LUCA, "Ho toccato quelle gocce: erano calde", *la Repubblica*, 2 marzo 1995.

[6] ANSA, "Madonna di Civitavecchia: sangue umano maschile in lacrimazioni", 14 aprile 1995.

Nella villetta intanto la processione continua e a poco vale il cartello che avverte che la statuetta è stata trasferita a casa del vescovo Girolamo Grillo. Lo ha voluto la magistratura, ma dopo il pronunciamento del tribunale della Libertà la statuetta, di 43 centimetri, tornerà in una nicchia antiproiettile nella chiesa di Sant'Agostino, a Pantano. Anzi, scenderà letteralmente dal cielo, scortata in elicottero fino alla chiesetta prima sconosciuta ma che all'improvviso appare nella segnaletica stradale nuova di zecca sin dal casello sull'Aurelia. Si pensa già a un santuario. Ma a fine aprile per Fabio Gregori e la sua famiglia, come per migliaia di fedeli fanatici, è già cominciata la settimana di passione. Gregori riceve l'avviso di garanzia e i magistrati chiedono a tutti i maschi di sottoporsi a un prelievo di sangue per comparare i loro DNA con quello della Madonnina. I Gregori oppongono un deciso rifiuto. Sulla decisione di Fabio Gregori e degli altri cinque suoi familiari di dire no ai test non si sbilancia monsignor Grillo: «Ognuno è libero di fare le proprie scelte. Non posso essere io a giudicare se i Gregori abbiano fatto bene o male a rifiutare i prelievi richiesti dalla Procura» dice.[7] «Sono sicuro che la magistratura, se procederà ai raffronti, farà un buco nell'acqua. In ogni caso la commissione teologica proseguirà la propria indagine e non si fermerà neppure di fronte alla scoperta di un colpevole».[8] Aldo Spinella spiega intanto che è un DNA ha dei tratti piuttosto rari, riscontrabili all'incirca in una persona su 50.000. Il 20 giugno il giudice per le indagini preliminari accoglie la richiesta del pubblico ministero e ordina un incidente probatorio per far sottoporre coattivamente i Gregori al test del DNA. La reazione dei Gregori non si fa attendere. Due giorni dopo, tramite il legale di famiglia, Fabio Gregori fa sapere che non ha alcuna intenzione di sottoporsi al test. Luglio è un mese infuocato. All'udienza per l'incidente probatorio il legale dei Gregori chiede di invalidare l'ordinanza per presunte violazioni della privacy. «Anche oggi di fronte ai magistrati ho ripetuto per l'ennesima volta il racconto delle lacrimazioni,» ha detto

---

7 ANSA, "Madonna Civitavecchia: vescovo su no dei Gregori a test del DNA", 30 aprile 1995.

8 Nando MORI, "Madonnina, la richiesta del PM: 'test del DNA sui Gregori'", *la Repubblica*, 21 giugno 1995.

Fabio Gregori «ho la coscienza a posto e sono pronto a sottopormi alle analisi se a chiedermele sarà la curia».[9]

A intervenire sarà invece la Corte costituzionale, chiamata a esprimersi sulla legittimità di imporre il prelievo di sangue dopo il deciso rifiuto del parrocchiano. Il 9 luglio 1996 arriva la sentenza, un pronunciamento che farà giurisprudenza. La Corte costituzionale darà infatti ragione ai Gregori, suggerendo la necessità di regolare la questione perché, da un punto di vista tecnico, c'è un buco legislativo. L'articolo 224 del Codice di procedura penale è vago sulla discrezionalità del giudice di intromettersi nella privacy di un cittadino: ecco allora che l'indagato di un reato non può essere costretto in modo coatto al prelievo. La vicenda giudiziaria dei Gregori si è conclusa così e il Santuario della Madonna delle lacrime, a Borgo Pantano, è oggi meta di pellegrinaggi da tutta Italia.

Aldo Spinella ha ironizzato su quel 1995:

> Una specie di anno dei miracoli, tra madonnine che piangevano, quadri che lacrimavano e macchie di sangue attribuite a Padre Pio. I pellegrini intasavano intere autostrade e noi tutti cercavamo di venirne a capo. [Con una sentenza sono state vanificate] procedure prima consentite, grazie alle quali abbiamo contribuito a catturare i responsabili della strage di Capaci in cui trovò la morte Giovanni Falcone.[10]

È grazie al DNA infatti che, solo due anni prima, gli inquirenti erano arrivati alle prime certezze sull'attentato che ha ucciso il giudice Giovanni Falcone. Sulla collina, allo svincolo di Capaci, gli investigatori avevano recuperato cinquantuno mozziconi e cinque pacchetti di sigarette vuoti. Aldo Spinella per la polizia, e Luciano Garofano dell'arma dei Carabinieri, con l'aiuto dell'FBI, avevano individuato il DNA di tre persone: Gioacchino La Barbera, Santo Di Matteo e Antonino Gioè.[11] Il telegiornale annunciava che gli attentatori avevano lasciato decine di mozziconi di sigaretta fortemente

---

[9] ANSA, "Madonna Civitavecchia: udienza su prelievi per esami DNA", 4 luglio 1995.

[10] CICAP, "La Madonnina 'salva' il crimine", *Scienza e Paranormale*, 63.

[11] Alan COWELL, "Italy Accuses 18 in 1992 Slaying Of Anti-Mafia Prosecutor in Sicily", *The New York Times*, 13 novembre 1993.

masticati, quando la nipote di Antonino Gioè ha detto: «Zio, quello che ha ucciso Falcone è uno che ha il tuo stesso vizio». Merit blu.

Il DNA tornerà nelle indagini di mafia con il caso di Bernardo Provenzano, il successore di Totò Riina dal 1993. Il boss è stato scovato in una clinica di Marsiglia dopo una latitanza di oltre quarant'anni. Le forze dell'ordine non cercavano un morto, come diceva l'avvocato del capo di Cosa Nostra, ma un uomo vivo e vegeto. Al genetista Giuseppe Novelli, il procuratore Pietro Grasso ha affidato in gran segreto le analisi del DNA su campioni sequestrati alla clinica dove il boss nel 2005 è stato operato sotto falsa identità. Il confronto con il DNA del fratello di Provenzano ha portato agli inquirenti la certezza che non stavano cercando un fantasma.[12]

Di DNA, negli anni Novanta, si parla anche nelle cronache rosa: al centro di battaglie legali per presunte paternità finiscono anche personaggi dello spettacolo come Pippo Baudo e Mike Bongiorno; e Maradona, per un figlio nato negli anni napoletani da una relazione con Cristina Sinagra. Anche se al test del DNA, per la verità, il Pibe de oro non si è mai sottoposto. Una sentenza della corte di Cassazione del febbraio 1997, due anni dopo il riconoscimento del bambino da parte di Maradona, eviterà che si ripetano controversie legali come questa e come quella che ha visto coinvolto Paulo Roberto Falcao: se il presunto padre rifiuta di sottoporsi al test del DNA, ciò costituisce prova indiretta della paternità.

Nel 1998 tutto il mondo parla di Bill Clinton, incastrato dal DNA. Chi non ricorda il vestitino blu elettrico di Monica Lewinsky? Gli agenti dell'FBI il 30 luglio sono entrati alla Casa Bianca per prelevare un campione di sangue a Clinton, e confrontarlo con la traccia di sperma trovata sul vestito della stagista della Casa Bianca. Il profilo genetico è quello di Clinton che per un soffio evita l'*impeachment*.

Nel novembre 2003 l'Italia piange i caduti della strage di Nasiriya. L'iracheno Abu Omar Al Kurdi confessa nel 2004, ma i kamikaze erano due: chi era l'altro? A scoprirlo nel 2006 è il Reparto investigazioni scientifiche (RIS) di Roma, che annuncia l'identificazione dell'algerino Bellil Belgacem, che porterà alla cattura di due

---

[12] Declan BUTLER, "Ghost Buster, an Italian scientist revived the hunt for the mafia's boss of bosses", *Nature*, 445, 22 febbraio 2007.

cellule spagnole di Al Qaeda, una delle più importanti operazioni di antiterrorismo a livello internazionale. Il DNA, estratto dai carabinieri, è finito infatti nelle banche dati dell'Interpol dove è spuntata una somiglianza. Il profilo era quasi identico a quello di un presunto reclutatore di martiri della Jihad, pedinato dagli investigatori spagnoli: è il fratello di Bellil Belgacem.[13]

Un capello e un mozzicone di sigaretta sono bastati a incastrare Laura Proietti, brigatista coinvolta nell'omicidio di Massimo D'Antona, ucciso in via Salaria, a Roma, nel 1999. Era della donna il capello trovato sul posto di guida del furgone parcheggiato accanto al marciapiede dove fu ucciso il giuslavorista. Il riscontro è arrivato nel 2006, quando gli uomini della DIGOS che pedinavano la Proietti, già sospettata, si sono fermati a raccogliere la sigaretta che la Proietti ha gettato via mentre entrava in un ristorante. La traccia di saliva sul mozzicone è identica a quella del capello.

Per il terrorista nero Gianni Nardi, il test del DNA è arrivato invece dopo la morte. Nardi, esponente della destra eversiva, nel 1976 era morto in un incidente stradale a Maiorca, in Spagna. Ma il suo nome è ricomparso nelle cronache con Lady Golpe, Donatella Di Rosa. La donna fa parlare di sé per una serie di dichiarazioni su presunte trame di potere e traffici d'armi, che non trovano riscontro. È il 1993 quando riferisce un presunto progetto di colpo di Stato in cui sarebbe stato coinvolto Nardi, ancora vivo. La tomba in Spagna viene aperta e nel 1995 il DNA conferma la morte di Nardi.

È stato il DNA a mettere la parola fine anche in un altro caso che vede coinvolto un assassino. Tutti sembravano essersi dimenticati di Andrea Ghira quando nel 2005 il caso del massacro del Circeo torna alla ribalta con uno scoop della trasmissione televisiva *Chi l'ha visto?*, che indaga sul latitante Ghira, responsabile insieme a Gianni Guido e Angelo Izzo dell'omicidio di Rosaria Lopez e del tentato omicidio di Donatella Colasanti, salva per miracolo.[14] I tre giovani neofascisti della Roma bene le avevano torturate, massacrate e chiuse nel bagagliaio

[13] Intervista dell'autrice a Giampietro Lago, capo del Laboratorio di biologia dei RIS di Roma, marzo 2008.

[14] Federica SCIARELLI con Giuseppe RINALDI, *Tre bravi ragazzi*, Rizzoli, Milano 2006.

di un'auto, in attesa di disfarsene il giorno successivo, dopo aver parcheggiato l'auto sotto casa per andare a dormire. Ma Donatella ce l'aveva fatta a fingersi morta e sopravvivere. Qualcuno nella notte aveva sentito i suoi lamenti, i pugni contro le lamiere dal bagagliaio, così era scampata ai suoi aguzzini. I massacratori sono condannati all'ergastolo, ma Ghira fa subito perdere le sue tracce. Come e con l'aiuto di chi è scappato? Dove si nasconde? *Chi l'ha visto?* scopre che è fuggito in Spagna dove si è arruolato nella legione straniera ed è morto. La sua tomba è a Melilla. Sulla lapide c'è scritto Maximo Testa, ma il DNA mitocondriale delle ossa sembra confermare che è Ghira. La sua latitanza è durata trent'anni, fino al test del DNA.

È la notte di Pasqua del 2003 quando Anna Maria Fronthaler, una donna di sessantaquattro anni, viene stuprata e massacrata nella sua casa di Valle San Silvestro, a Dobbiaco, sulle Dolomiti. Dal DNA sulla vittima i RIS di Parma riusciranno a incastrare l'assassino, Andreas Kristler, un ragazzo di diciannove anni. Sono arrivati a lui dopo aver il primo screening genetico di massa mai condotto in Italia. A tutti i maschi della località è stato chiesto il DNA e il profilo di un uomo era molto somigliante a quello dell'assassino, che infatti era il figlio militare. La notte dell'omicidio si trovava a Dobbiaco in licenza per le feste di Pasqua.[15]

Solo un anno prima veniva uccisa la ventiduenne Annalisa Vicentini, nella pineta di Chioma, vicino a Livorno, con due colpi di pistola, una Makarov, di fabbricazione sovietica. Resta invece ferito, dopo la colluttazione, Stefano Poli, amante della ragazza. È lui l'unico testimone del delitto. Racconta dell'aggressione da parte di un uomo. Gli investigatori hanno in mano il suo profilo del DNA, l'impronta viene inviata all'Interpol. Il colpo di scena arriva nel febbraio del 2003, quando i RIS di Roma ricevono un fax. Arriva da Scotland Yard e dice: «Abbiamo una corrispondenza». A Litherland, vicino a Liverpool, la polizia britannica arresta Peter Neil Hamkin, un barista di ventitré anni. È lui il killer, annunciano i carabinieri che hanno chiesto l'estradizione. Ma c'è un problema: Hamkin non è mai stato in Italia e in più ha un alibi. Ci sono venti testimoni che assicurano che il giorno del delitto serviva birra in un pub. Comincia a farsi

[15] Luciano GAROFANO, *Delitti imperfetti*, Il Saggiatore, Milano 2007.

largo l'ipotesi che si tratti di un errore, ma in Inghilterra come in Italia sono in molti ad assicurare che il test del DNA non sbaglia mai. Forse Hamkin ha usato documenti falsi per venire in Italia, suggeriscono gli inquirenti, che restano convinti della sua colpevolezza. Viene richiesto un nuovo test, che scagiona Hamkin. Cosa ha portato a un errore così clamoroso? All'ANSA, il sostituto procuratore Giuseppe Rizzo racconta di aver ricevuto dall'Interpol delucidazioni: pare che la polizia britannica abbia trovato 6-8 loci compatibili su quindici tracciati dai carabinieri per il confronto. In un secondo esame una regione è poi risultata diversa. Il delitto di Livorno sembra destinato ad allungare la lista dei crimini irrisolti quando nel luglio del 2006 arriva il secondo colpo di scena. Il killer è un russo, di circa trent'anni, ed è già in carcere, in Germania. Questa volta il DNA corrisponde davvero. Ma di chi è? Alla polizia tedesca, al momento dell'arresto, ha fornito generalità false. Dice di chiamarsi Andrei Orul, di essere nato ad Atene da madre russa, ma di non conoscere il suo vero nome, né la data di nascita. L'identità del killer resta un mistero pirandelliano. Il DNA ha permesso di arrivare a lui, ma il paradosso è che non si conosce la sua vera identità. È stato condannato all'ergastolo nel febbraio del 2008. Secondo gli avvocati difensori, Eraldo Stefano e Ferdinando Imposimato, l'uomo è innocente. A sparare sarebbe stato Poli, visto che la pistola, almeno due testimoni lo confermerebbero, sarebbe appartenuta a lui.

In molti ricorderanno infine lo stupro della Caffarella. Era il giorno di san Valentino del 2008 quando a Roma, nel Parco della Caffarella, due minorenni, quattordici anni lei, sedici lui, sono stati rapinati da due stranieri che hanno abusato della ragazzina. Procura e polizia si mettono al lavoro per disegnare un identikit degli aggressori. Qualche giorno dopo la ragazzina riconosce da una foto il romeno ventunenne Alexandru Loyos Isztoika, il Biondino, che viene arrestato. Tempo poche ore e, grazie alla confessione di Isztoika, viene arrestato anche Karol Racz, trentasei anni, ribattezzato Faccia da pugile. Il PM chiede al giudice di convalidare i fermi e di emettere un'ordinanza di custodia cautelare in carcere. Racz non solo si dichiara innocente: ha anche un alibi. Ma per tutti ormai sono loro gli stupratori della Caffarella. La sorpresa arriva all'inizio di marzo, quando trapela la notizia che il DNA è incerto. L'ANSA afferma che «non ci sarebbe ancora al 100% la certezza scientifica che il DNA rilevato sulle vittime corrisponda totalmente a quello dei due romeni arrestati».[16] La notizia trova presto conferma e infuriano le polemiche perché i due rumeni nel frattempo restano in carcere. Il Biondino dichiara che la confessione è stata estorta a forza di botte dalla polizia rumena. Poi un nuovo colpo di scena. Le indagini portano in breve tempo ai veri aggressori, altri due rumeni. Stavolta il DNA conferma. Quando saranno scarcerati il Biondino e Faccia da Pugile, la polizia si giustificherà dicendo che nessun errore è stato commesso, anzi, lo scrupolo di fare il test del DNA c'è stato. Peccato sia arrivato dopo l'arresto. Questo è un esempio di ciò che non dovrebbe mai accadere, e di quanto il nostro Paese abbia da imparare dalla storia del test del DNA, visto che, negli Stati Uniti, un sospettato su quattro viene scagionato da reati di stupro già nel corso delle indagini preliminari. Questa vicenda ricorda bene i casi americani di falsi riconoscimenti da parte di vittime in perfetta buona fede, così come di confessioni estorte.

Ma il 2009 è stato un anno di svolta: a venticinque anni dalla scoperta dell'impronta genetica, anche l'Italia ha oggi una banca dati nazionale del DNA. Con la ratifica del Trattato di Prum, che prevede la cooperazione tra forze di polizia a livello internazionale, il 24 giugno 2009 è stata istituita la banca genetica che raccoglie i profili di condannati, indagati e imputati.

La banca dati italiana è prevista dalla legge 85/09 pubblicata sulla Gazzetta Ufficiale del 13 luglio 2009. *Il Sole 24 Ore* ne riassume così le caratteristiche:

> Entro un anno tutti i detenuti nelle carceri italiane saranno sottoposti al prelievo. Nella banca dati confluiranno i profili di sconosciuti raccolti sul luogo di un delitto, persone scomparse e cadaveri non identificati. Potranno essere costretti al prelievo anche persone non indagate purché sia in ballo un reato non colposo punito con tre anni di carcere e l'accertamento sia indispensabile per la prova dei fatti. Saranno distrutte

[16] AGI, "Stupro Caffarella: DNA incerto, altre analisi su due rumeni", 2 marzo 2009.

> d'ufficio le tracce genetiche di una persona che poi viene assolta e quelle raccolte in modo irregolare. Niente archivio del DNA per i reati tributari, fallimentari e finanziari.[17]

Polemiche sulla privacy come per il data base britannico? No, per adesso i giudizi sembrano positivi. Ecco il commento, il professor Francesco Pizzetti, presidente dell'Authority per la protezione dei dati personali all'indomani dell'annuncio del data base italiano:

> È perfettamente possibile istituire una banca dati del DNA [...] adottando le misure di sicurezza e i criteri impartiti dal Garante, senza mettere a pregiudizio la sfera di libertà dei cittadini. Se verranno seguite le indicazioni a suo tempo date e si manterrà sostanzialmente l'architettura a suo tempo definita d'intesa tra Giustizia e Interni, potrà essere una cosa che non suscita allarme o reazioni da parte nostra o dei cittadini.[18]

---

[17] Angela MANGANARO, "Indagini con la banca dati del DNA", *Il Sole 24 Ore*, 15 luglio 2009.

[18] "Banche dati DNA, l'Italia parte nel 2010, L'Inghilterra dovrà distruggerle", *Corriere della Sera*, 5 dicembre 2008.

Appendice B

CENNI SUL SISTEMA DEI MARCATORI

Il sistema per tracciare un profilo del DNA non è identico in tutto il mondo: quello britannico, per esempio, è a dieci marcatori ed è noto come *Second Generation Multiplex Plus* o SGM+. Lo statunitense CODIS, quello più diffuso, ne utilizza invece tredici. Nello stesso modo, non esistono regole universali nella elaborazione statistica del risultato.

I marcatori sono scelti in base al loro potere discriminante, e sono tanto più interessanti quanto più variano tra gli individui della popolazione: in altre parole, si sceglie di analizzare quei loci che presentano diverse varianti alleliche nella popolazione.

Ogni marcatore ha le sue peculiarità. Per esempio HumCD4, un marcatore SRT (*Short Tandem Repeat*), presenta dieci forme alleliche. La sua sequenza caratteristica è TTTTC e si può trovare ripetuta da cinque a quattordici volte, secondo pattern precisi. Nello schema che segue il pedice indica il numero di ripetizioni:[1]

allele 5: $(TTTTC)_5$
allele 6: $(TTTTC)_6$
allele 7: $(TTTTC)_7$
allele 8: $(TTTTC)_8$
allele 9: $(TTTTC)_3$ CTTTTC $(TTTTC)_5$
allele 9 (2): $(TTTTC)_9$
allele 10: $(TTTTC)_3$ CTTTTC $(TTTTC)_6$
allele 11: $(TTTTC)_3$ CTTTTC $(TTTTC)_7$
allele 12: $(TTTTC)_3$ CTTTTC $(TTTTC)_8$
allele 14: $(TTTTC)_3$ CTTTTC $(TTTTC)_{10}$

A volte, come nel caso dell'allele 9, nella popolazione sono presenti due diverse forme per lo stesso numero di ripetizioni.

I moderni sistemi di analisi, una volta estratto il DNA da un campione biologico, sono in gran parte automatizzati grazie a

[1] Ugo RICCI *et al.*, *La prova del DNA per la ricerca della verità*, cit, p. 91.

macchinari prodotti da società biotech come la Applied Biosystems, la Orchid Biosciences (nata dalla fusione di Lifecodes e Cellmark), o la Perkin Elmer.

Il risultato delle analisi consiste nella generazione di grafici che mostrano uno o due picchi per ogni marcatore, a seconda che un individuo sia omozigote o eterozigote per quel locus, e che corrispondono agli alleli. Ogni picco è una curva gaussiana la cui area è proporzionale al peso molecolare di ogni forma allelica.

Il picco viene automaticamente tradotto in un valore numerico, formando una tabella di coppie di numeri associate ai singoli marcatori, che viene interpretato da software specifici e il cui risultato deve essere comunque confermato dal personale di laboratorio.

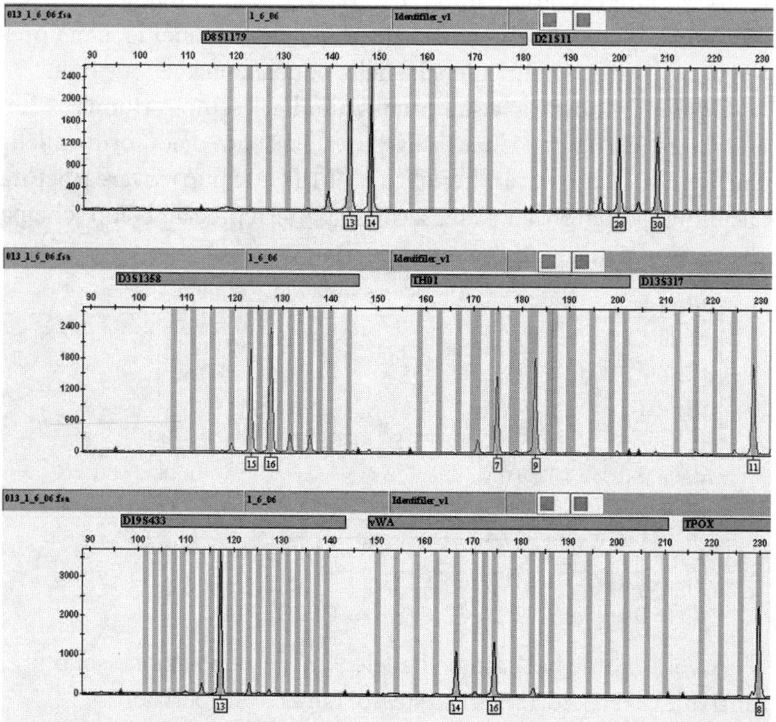

Figura 3 – Particolare del risultato di un test del DNA *come appare oggi, con i caratteristici picchi associati a ogni marcatore analizzato (cortesia del colonnello Luciano Garofano).*

Cronologia

1984-2009: VENTICINQUE ANNI D'IMPRONTE GENETICHE

1984 Alec Jeffreys mette a punto il primo metodo per identificare le persone con il DNA. Il sistema si basa sui "minisatelliti" o VNTR (*Variable Number Tandem Repeats*). Lo scienziato dell'Università di Leicester, in Inghilterra, traccia la prima *DNA fingerprinting* (impronta digitale genetica).

1985 Il test di Jeffreys entra per la prima volta in tribunale e permette a un cittadino britannico originario del Ghana, Andrew Sarbah, di non essere deportato.

1986 Primo uso del DNA per un caso criminale. La polizia britannica risolve un duplice omicidio grazie al test di Jeffreys, che scagiona un innocente e incastra il colpevole, Colin Pitchfork.

1987 Grazie alla scoperta di Kary Mullis, la genetica forense si avvale della PCR (*Polymerase Chain Reaction*), la reazione a catena della polimerasi, una rivoluzione che consente di effettuare il test del DNA su campioni biologici degradati o di piccole dimensioni.

1988 Processo a Tommie Lee Andrews: è la prima volta che il DNA entra in un tribunale americano. Primo kit del DNA commercializzato: si chiama Amplitype HLA DQA1 e sfrutta la PCR.

1989 Negli Stati Uniti il test è messo a dura prova in tribunale con il processo a Joseph Castro, che viene assolto nonostante la prova del DNA. Le guerre del DNA arrivano al culmine.

1990 Alec Jeffreys riesce a estrarre DNA da un osso per l'identificazione del criminale nazista Josef Mengele.

1991 Primo uso dei "microsatelliti" STR (*Short Tandem Repeats*). In pochi anni diventeranno i marcatori standard a livello mondiale.

1992 Nasce Innocence Project grazie agli avvocati e professori della Cardozo School of Law dell'Università Yeshiva di New York, Barry Scheck e Peter Neufeld.

1993 Primo americano innocente condannato a morte e scagionato grazie al test del DNA: Kirk Bloodsworth.

1994 O.J. Simpson viene incriminato per l'omicidio di Nicole Brown e Ron Goldman.

1995 In Inghilterra nasce la prima banca dati genetica, il NDNAD; a oggi è il più esteso data base genetico al mondo.

1996 In Italia una sentenza della Corte di cassazione impedisce di prelevare il DNA della famiglia Gregori, proprietaria della Madonnina di Civitavecchia. La sentenza bloccherà l'allestimento di una banca dati genetica nazionale.

1997 Primo profilo del DNA da oggetti toccati e da singola cellula.

1998 L'FBI rende operativa la banca dati CODIS (*Combined Dna Index System*).

1999 Josiah Sutton è condannato per stupro con una falsa prova del DNA prodotta dal laboratorio della polizia scientifica di Houston.

2000 L'esame del DNA conferma l'incredibile leggenda sul cuore del Delfino di Francia, il re bambino morto all'indomani della Rivoluzione francese.

2001 Le vittime dell'11 settembre sono identificate grazie a un nuovo tipo di marcatori, gli SNPs (*Single Nucleotide Polymorphisms*).

2002 Innocence Project scagiona il centesimo innocente.

2003 Scoppia lo scandalo delle frodi in camice bianco con il caso di Josiah Sutton.

2004 Il ministero della Giustizia statunitense stila un rapporto sulle frodi del tecnico di laboratorio Jacqueline Blake.

2005 Un ragazzino americano rintraccia il padre biologico grazie al DNA e a Internet. Risale al genitore attraverso un sito genealogico che mette in rete sequenze del cromosoma Y associate a cognomi.

2006 La coscienza di massa in Argentina sui figli dei *desaparecidos* e la loro ricerca raggiunge il culmine di popolarità quando una famosa telenovela, *Montecristo*, inserisce tra i protagonisti giovani nati in prigionia durante la dittatura.

2007 Innocence Project libera il duecentesimo innocente condannato.

2008 Si conclude un mistero durato un secolo, quello sulla sorte dei Romanov. I resti di tutta la famiglia dello zar sono identificati grazie al test del DNA.

2009 Il 24 giugno l'Italia ratifica il Trattato di Prum. Nasce la banca dati nazionale del DNA.

Indice dei principali nomi

Galápagos

Collana a cura di Martha Fabbri

1. Michael FRAYN, *Copenaghen*
2. Nicola NOSENGO, *L'estinzione dei tecnosauri. Storie di tecnologie che non ce l'hanno fatta*
3. Paola COPPOLA e Giancarlo STURLONI, *Armageddon Supermarket. Le armi di distruzione di massa nella società della paura*
4. Belinda MARTINEAU, *Il primo frutto. La creazione del pomodoro Flavr Savr e la nascita del cibo biotech*
5. John SKOYLES e Dorion SAGAN, *Il drago nello specchio. L'evoluzione dell'intelligenza umana dal big bang al terzo millennio*
6. Deborah CADBURY, *Cacciatori di dinosauri. L'acerrima rivalità scientifica che portò alla scoperta del mondo preistorico*
7. Robert GHATTAS, *Insalate di matematica. Sette buffet per stimolare l'appetito numerico*
8. Fabio TOSCANO, *Il genio e il gentiluomo. Einstein e il matematico italiano che salvò la teoria della relatività generale*
9. Guido BARBUJANI, *Dilettanti. Quattro viaggi nei dintorni di Charles Darwin*
10. Stephen WEBB, *Se l'universo brulica di alieni... dove sono tutti quanti? Cinquanta soluzioni al paradosso di Fermi e al problema della vita extraterrestre*
11. Didier NORDON, *Le ostinazioni di un matematico, ovvero come morire tre volte per la congettura di Goldbach*
12. Giovanni CARRADA, *Comunicare la scienza. Kit di sopravvivenza per ricercatori*
13. Jeremy BERNSTEIN, *Il club dell'uranio di Hitler. I fisici tedeschi nelle registrazioni segrete di Farm Hall*
14. Giancarlo STURLONI, *Le mele di Chernobyl sono buone. Mezzo secolo di rischio tecnologico*
15. Dan LLOYD, *Radiant Cool. Lo strano caso della mente umana*
16. Fulvio CERFOLLI, *Il gusto dell'ecologia. Una scienza e i suoi protagonisti*
17. Massimiano BUCCHI e Federico NERESINI, a cura di, *Cellule e cittadini. Le biotecnologie nello spazio pubblico*
18. Matteo MERZAGORA, *Scienza da vedere. L'immaginario scientifico sul grande e sul piccolo schermo*
19. Franco GÀBICI e Fabio TOSCANO, *Scienziati di Romagna*

20. Silvia BENCIVELLI, *Perché ci piace la musica. Orecchio, emozione, evoluzione*
21. Jim OTTAVIANI e Leland PURVIS, *Un pensiero abbagliante. Niels Bohr e la fisica dei quanti*
22. Paolo GANGEMI, *Insalate di matematica.² Nuovi buffet per stuzzicare l'appetito numerico*
23. Simone TURCHETTI, *Il caso Pontecorvo. Fisica nucleare, politica e servizi di sicurezza nella guerra fredda*
24. Alice ANDREOLI, *Renna aggredisce Babbo Natale. E altre storie di uomini e animali*
25. Marco MALASPINA, *La scienza dei Simpson. Guida non autorizzata all'Universo in una ciambella*
26. Fabio TOSCANO, *Il fisico che visse due volte. I giorni straordinari di Lev Landau, genio sovietico*
27. E. DEL PRETE, A. RUSSO, G. ANZELLOTTI, *Matematici al lavoro. Competenze, potenzialità e carriere dei laureati in matematica*
28. Dario NARDUCCI, *Cosa sono le nanotecnologie. Istruzioni per l'uso della prossima rivoluzione scientifica*
29. Fabio TOSCANO, *L'erede di Galileo. Vita breve e mirabile di Evangelista Torricelli*
30. Gianna MILANO e Mario RICCIO, *Storia di una morte opportuna. Il diario del medico che ha fatto la volontà di Welby*
31. Elena CANADELLI e Paola ZOCCHI, a cura di, *Milano scientifica, 1875-1924*
32. Nicola NOSENGO e Daniela CIPOLLONI, *Compagno Darwin. L'evoluzione è di destra o di sinistra?*
33. Andrea BERNAGOZZI e Davide CENADELLI, *Seconda stella a destra. Guida turistica al Sistema Solare*
34. Anna Maria LOMBARDI, a cura di, *Il* Sogno *di Keplero. La Terra vista dalla Luna in un racconto dell'astronomo tedesco*
35. Stefano MORIGGI e Gianluca NICOLETTI, *Perché la tecnologia ci rende umani. La carne nelle sue riscritture sintetiche e digitali*
36. Alice ANDREOLI, *Identità alla prova. La controversa storia del test del* DNA *tra crimini, misteri e battaglie legali*
37. Doriana RODINO, a cura di, *Naturale è bello. La scienza dei rimedi naturali di bellezza*

IN USCITA

Olivia JUDSON, *Consigli sessuali per animali in crisi*

Fabio TOSCANO, *La formula segreta*